编委会

著：李德家

撰写人员：石建宁　宝　山　王亚妮　余梦琦

马　瑞　马娥姣　雷银山　高　敏

宁夏主要林业
有害生物原色图鉴

李德家　著

黄河出版传媒集团
阳　光　出　版　社

图书在版编目（CIP）数据

宁夏主要林业有害生物原色图鉴 / 李德家著. -- 银川：阳光出版社, 2023.11
ISBN 978-7-5525-7124-0

Ⅰ. ①宁… Ⅱ. ①李… Ⅲ. ①森林害虫 – 病虫害防治 – 宁夏 – 图解 Ⅳ. ①S763.3-64

中国国家版本馆CIP数据核字(2023)第237004号

宁夏主要林业有害生物原色图鉴　　李德家　著

责任编辑　赵　倩
封面设计　琉　璃
责任印制　岳建宁

黄河出版传媒集团
阳　光　出　版　社　出版发行

出 版 人　薛文斌
地　　址　宁夏银川市北京东路139号出版大厦（750001）
网　　址　http：//www.ygchbs.com
网上书店　http：//shop129132959.taobao.com
电子信箱　yangguangchubanshe@163.com
邮购电话　0951–5047283
经　　销　全国新华书店
印刷装订　宁夏凤鸣彩印广告有限公司
印刷委托书号　（宁）0027826

开　本　880 mm × 1230 mm　1/16
印　张　18.75
字　数　280千字
版　次　2023年11月第1版
印　次　2023年11月第1次印刷
书　号　ISBN 978–7–5525–7124–0
定　价　168.00元

前　言

林业有害生物灾害是破坏森林生态系统，制约森林经济效益、生态效益和社会效益发挥的重要因素。随着全球气候变化和人类活动导致的其他环境变化，我国林业有害生物的危害和威胁日趋严重，已成为破坏森林资源和生态环境安全的主要因素之一。林业承担着保护森林、湿地、荒漠等生态系统和维护生物多样性的重要职责，是生态文明和美丽中国建设的主阵地。新的时代背景和国家战略布局的变化赋予了林业工作新的定位和使命，也对林业有害生物防控工作提出了更高要求，林业有害生物防控重要性也更加突显。

宁夏回族自治区位于我国中部偏北，黄河中游，北纬 35° 14′ ~39° 23′，东经 104° 17′ ~107° 39′ 。北部和西北部与内蒙古后套平原、腾格里沙漠毗连，西南与陇中黄土高原相邻，南抵甘肃陇山山地和陇东黄土高原，东邻鄂尔多斯高原，东南与陕北高原相邻，属于典型的黄土高原与内蒙古高原过渡地带，也是全国荒漠化、生态系统最为脆弱的省区之一，生态区位十分重要。第三次国土资源调查显示，全区森林面积 1 231.82 万亩，森林覆盖率为 16.8%。森林资源在美丽宁夏建设和黄河流域生态保护和高质量发展建设中均起着至关重要的作用。然而，近些年来，随着生态文明建设步伐日益加快，对外开放交流的广度和深度不断拓展，松材线虫病、美国白蛾、黄花刺茄、刺苍耳等外来有害生物入侵风险剧增，甘肃鼢鼠、臭椿沟眶象、榆木蠹蛾、枣尺蠖等主要林业有害生物的防治压力随着绿化面积增加而持续增大，斑衣蜡蝉和多种盲蝽、木虱、叶蝉、叶螨等次要林业有害生物逐渐上升为主要林业有害生物，对我区森林资源构成了巨大破坏和威胁，林业有害生物防控工作面临着前所未有的压力。

为做好林业有害生物防控工作，保护好宁夏森林资源和生态环境安全，宁夏回族自治区林业和草原局按照国家林业和草原局的安排，于 2014—2017 年开展了第三次林业有害生物普查，普查范围涉及全区 5 个地级市 22 个县（区）4 个国家级自然保护区所辖范围内的所有林地。我们根据全区第三次林业有害生物普查成果，结合作者30年来积累的宁夏林业有害生物信息资料，延续8年多时间精心拍摄了一些突显辨别特征（症状）的有害生物生态照片，系统整理出部分与林业生产较为密切的林业有害生物种类汇编成此图鉴，以期为广大林草从业人员、经营者和相关研究人员提供可利用的工具手册。

本图鉴编辑过程中得到了虞国跃、魏美才、武三安、盛茂领、王新谱、杨贵军、罗心宇老师的热心帮助，在此深表感谢。

尽管作者付出了辛勤努力，但由于水平有限，书中难免存在疏漏和错误，恳请读者批评指正，我们将在续集中勘误以正确发挥作用。

作 者

2023年3月

目　录

CONTENTS

第一章　昆　虫

一、直翅目　ORTHOPTERA

二、半翅目　HEMIPTERA

三、鞘翅目 COLEOPTERA

第一章 昆虫

一、直翅目
ORTHOPTERA

1 东方蝼蛄
Gryllotalpa orientalis Burmeister，1839

分类地位：直翅目，蝼蛄科。

别名：非洲蝼蛄、小蝼蛄、地拉蛄等。

寄主植物：榆树、槐、杨、柠条锦鸡儿、大豆属、菜豆属、松科植物等，苗圃地常见。

形态特征：成虫，体长 30~35 mm，前胸宽 6~8 mm。体浅茶褐色。前胸背板卵圆形，长 4~5 mm。前翅超过腹部末端。若虫共 6 龄。

生物学特性：成虫、若虫均在土中活动，取食播下的种子、幼苗、茎基，严重时咬断根茎致使植物枯死。在宁夏约 2 年完成 1 代。以成虫及若虫在土中越冬。越冬成虫、若虫于来年 4 月上旬开始活动，秋季天气变凉后即以老龄幼虫潜至 60~120 cm 土壤深处越冬。若虫共 6 龄。第 2 年完成羽化即以成虫越冬。

分布：国内除新疆外广泛分布。

东方蝼蛄成虫（李德家　摄）

表1-1　华北蝼蛄和东北蝼蛄形态比较

特征	种类	
	华北蝼蛄	东方蝼蛄
体长	体粗壮，长 39~45 mm	体较小，长 29~31 mm
前足腿节下缘	弯曲	平直
后足胫节内缘	有 1~2 个刺	有 3~4 个刺
腹部	近圆形	近纺锤形

2 银川油葫芦 *Teleogryllus infernalis*（Saussure，1877）

分类地位：直翅目，蟋蟀科。

别名：黑蟋蟀。

寄主植物：豆类、瓜果类、沙枣、果树、杂草等。

形态特征：雄虫，体长 19 mm 左右，雌虫体长 21 mm 左右；体褐色至黑褐色。头黑色有反光；口器及两颊赤褐色，复眼内侧有橙黄斑。前胸背板黑色，有 1 对半月形斑纹；中胸腹板后缘有 1 小切口。雄虫前翅黑褐色，斜脉 4 根，发音镜大，镜面一般有 1 横脉，但也有 2 条、3 条或无；雌虫，前翅有黑褐、淡褐两型，背面可见许多斜脉；雌雄虫前翅一般达不到腹端，后翅发达，远超过腹端，如长尾。足污褐色，后腿节粗大，内侧肉红色，后胫节有背刺 5 对。尾毛约与后腿节等长。产卵管甚长，约与体长相等。卵，长圆形，乳白色，微黄，表面光滑，长约 3.5 mm。若虫，初化若虫乳白色，渐变黑褐色；3 龄以后，后胸背片后缘变为白色，4 龄时出现翅芽。

生物学特性：为杂食性昆虫，可取食寄主植物的根、茎、种实及幼苗。生活于菜园、果园、林地、苗圃及较湿润的草丛中，掘洞潜藏。1 年 1 代，以卵在土内越冬，5 月中旬开始孵化为若虫，脱皮 5 次，经过 6 个龄期化为成虫；8 月间成虫盛发；9 月下旬开始产卵，卵产于土内 1.0~1.5 cm 处，产卵约百粒。有趋光性，常自相残杀，鸣声与油葫芦相似而音调略细。

分布：宁夏、陕西、甘肃、内蒙古、新疆、黑龙江、辽宁、北京、天津、河南、山东、江苏等地。

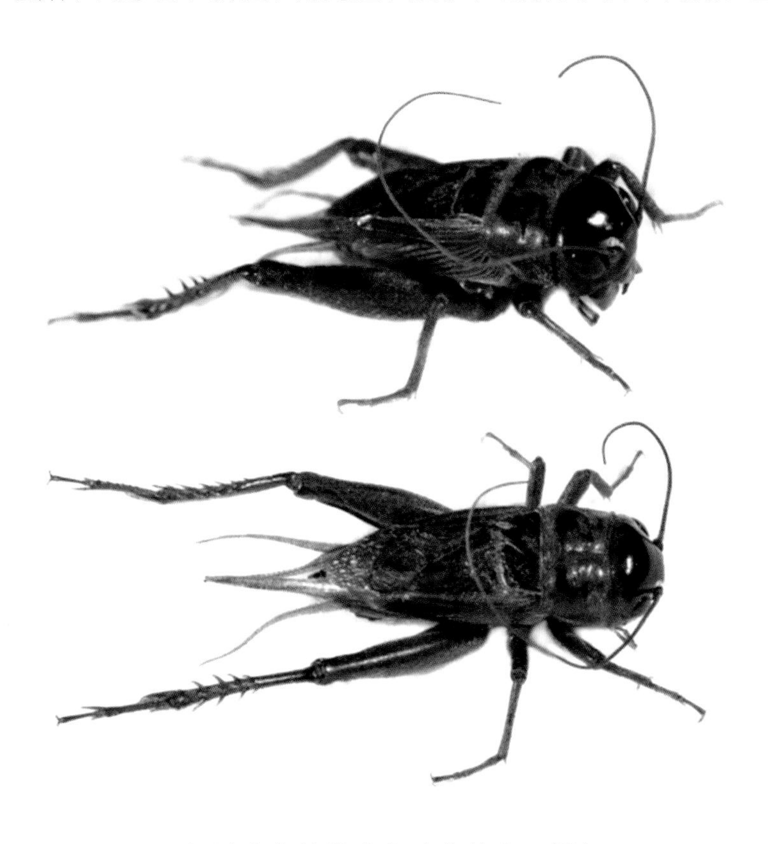

银川油葫芦雄成虫（李德家　摄）

二、半翅目
HEMIPTERA

3 大青叶蝉
Cicadella viridis（Linnaeus，1758）

分类地位：半翅目，叶蝉科。

异名：*Tettigella viridis* Linnaeus。

别名：大绿浮尘子、大青衣虫、瞎碰。

寄主植物：杨、柳、柏、胡桃（核桃）、山桃、槐、榆树、云杉、沙棘、沙枣、桦、白蜡、枣、苹果、梨、禾本科、豆科、十字花科、芦苇等植物。

形态特征：成虫，体长 7~10 mm，雄较雌略小，青绿色。头橙黄色，左右各具 1 小黑斑，单眼 2 个，触角窝上方，两单眼间有 1 对黑斑。前翅革质绿色微带青蓝，端部色淡近半透明；前翅反面、后翅和腹背均黑色，腹部两侧和腹面橙黄色。足黄白至橙黄色，跗节 3 节。卵，长卵圆形，微弯曲，一端较尖，长约 1.6 mm，乳白至黄白色。若虫，与成虫相似，共 5 龄。初龄灰白色；2 龄淡灰微带黄绿色；3 龄灰黄绿色，胸腹背面有 4 条褐色纵纹，出现翅芽；4、5 龄同 3 龄，老熟时体长 6~8 mm。

生物学特性：在我国北方 1 年发生 3 代，以卵在树木枝条表皮下越冬。各代发生不整齐，世代重叠。初孵若虫常喜群聚取食，受惊扰便斜行、横行或跳跃而逃。孵化 3 天后迁移至矮小的杂草、农作物及

 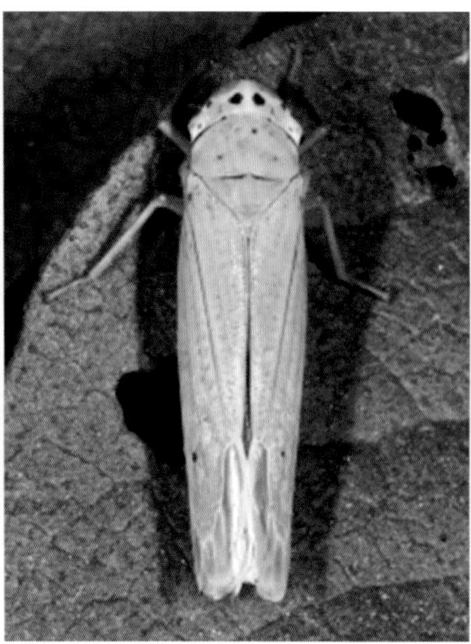 

大青叶蝉成虫栖息状（李德家　摄）

大青叶蝉成虫产卵状（李德家　摄）

大青叶蝉若虫（李德家　摄）

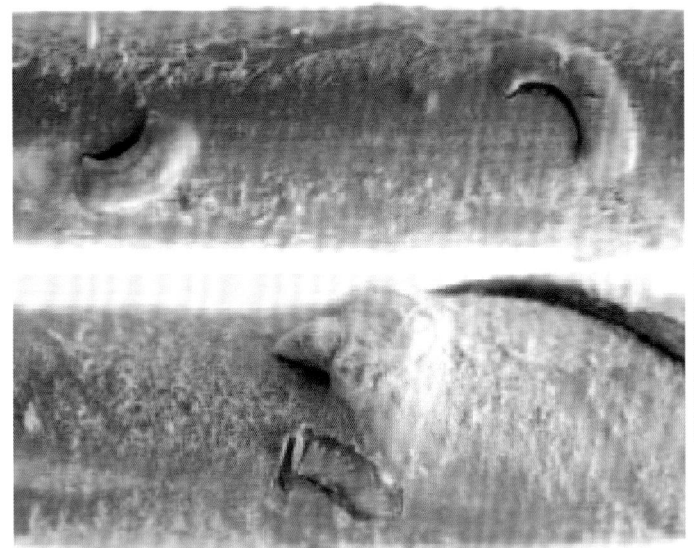

新疆杨苗干被产卵为害状（孙慧芳　摄）

侧柏苗干被产卵为害状（李德家　摄）

花卉上为害。第1代若虫期43.9天，第2、3代若虫平均24天。成虫趋光性强，羽化后经1个多月的补充营养方交尾产卵。夏季卵多产于芦苇、野燕麦、早熟禾、玉米等禾本科植物及农作物茎秆、叶鞘上。越冬卵产于林木及果树幼嫩的枝条或主干上，以产卵器刺破表皮形成凸起的肾形产卵痕，常6~12粒卵于其中，排列整齐。每雌可产卵30~70粒。成虫和若虫为害叶片，刺吸汁液，造成褪色、畸形、卷缩，甚至全叶枯死；在苗木枝干上大量产卵，可致苗木枯死。此外，还可传播病毒和植原体病源。

分布：全国各地。

4 桃一点斑叶蝉
Erythroneura sudra（Distant，1908）

分类地位：半翅目，叶蝉科。

异名：*Typhlocyba sudra* Distant。

寄主植物：桃、李、杏、红叶李、苹果、梨、山楂、葡萄、月季等。

形态特征：成虫，体长 3.1~3.3 mm，淡黄绿色。头冠顶端具 1 大而明显的黑色圆斑，黑点外围有 1 晕圈。中胸腹面常有黑色斑块。前翅前缘区的长圆形白色蜡质区显著。足暗绿，爪黑褐色。雄虫腹部背面具黑色宽带，雌虫仅具 1 个黑斑。若虫，体长 2.4~2.7 mm，体淡黄绿色，复眼紫黑色，翅芽淡黄色。

生物学特性：1 年发生 3~4 代。以成虫潜伏于落叶、杂草堆中、树皮隙缝及常绿树松、柏等丛中越冬。翌年桃、杏萌发后即迁往桃、杏等寄主上为害。世代重叠。卵多散产在叶背主脉内，少数产于叶柄内，孵化后留下焦褐色长形破缝。每雌可产卵 40~160 粒。成、若虫吸汁液，被害叶初现黄白色斑点渐扩成片，严重时全叶苍白早落。若虫喜群集于叶背为害。成、若虫有横向爬行的习性，无趋光性。

分布：宁夏、内蒙古、河北、福建和东北等地。

桃一点斑叶蝉成虫、若虫（李德家　摄）

桃一点斑叶蝉为害状（李德家　摄）

5 斑衣蜡蝉
Lycorma delicatula（White，1845）

分类地位：半翅目，蜡蝉科。

别名：花姑娘、椿皮蜡蝉、红娘子、樗鸡等。

寄主植物：臭椿、香椿、葡萄属、国槐、刺槐、珍珠梅、海棠、紫叶李、苹果、梨、桃、山楂、合欢、柳属、杨属、榆属等。

形态特征：成虫，雌虫体长 18~22 mm，翅展 50~52 mm；雄虫体长 14~17 mm，翅展 40~45 mm；体隆起，头部小，头顶前方与额相连接处呈锐角。触角在复眼下方，鲜红色，歪锥状，柄节短圆柱形，梗节膨大呈卵形，鞭节极细小，长仅为梗节的 1/2。前翅长卵形，基部 2/3 淡褐色至蓝墨色，上布黑色斑点 10~20 余个，个体间变化大；端部 1/3 黑色，脉纹白色。后翅膜质，扇状、基部一半红色，有黑色斑 6~7 个，翅中有倒三角形的白色区，翅端及脉纹为黑色。卵，呈块状，表面覆 1 层灰色粉状疏松的蜡质，内为排列整齐的

斑衣蜡蝉1、2龄若虫（李德家 摄）

斑衣蜡蝉3、4龄若虫（李德家 摄）

斑衣蜡蝉卵块（李德家 摄）

斑衣蜡蝉成虫（李德家 摄）

卵。每块 5~6 行至 10 余行，每行 10~30 粒。卵粒长圆形，长约 3 mm，宽约 1.5 mm，高 1.5 mm。若虫， 1 龄若虫体长 4 mm，宽 2 mm；体背有白色蜡粉所成的斑点；头顶有脊 3 条，中间 1 条较浅；触角黑色，具长形的冠毛；足黑色，前足腿节端部有 3 个白点，中足及后足仅 1 个白点，胫节的背缘各有白点 3 个。2 龄若虫体长 7 mm，宽 3.5 mm；触角鞭节细小，冠毛短，略较触角长度长；体形似 1 龄。3 龄若虫体形似 2 龄，白色斑点显著；体长 10 mm，宽 4.5 mm；头部较 2 龄延长；触角鞭节细小，冠毛的长度与触角 3 节之和等长。4 龄若虫体长 13 mm，宽 6 mm；体背淡红色，头部最前的尖角、两侧及复眼基部黑色；足基部黑色，布白色斑点；头部较以前各龄延伸；翅芽明显；由中胸和后胸的两侧向后延伸。

生物学特性：1 年发生 1 代，以卵块在枝干上越冬。翌年 4—5 月陆续孵化。若虫喜群集嫩茎和叶背为害，若虫期约 60 天，4 次蜕皮后羽化为成虫，羽化期在 6 月下旬至 7 月间。8 月成虫交尾产卵。成虫、若虫均有群集性，较活泼、善跳跃。受惊扰即跳离。成虫以跳助飞，多白天活动危害，寿命 4 个月，危害至 10 月下旬死亡。成虫、若虫危害时间达半年之久。猖獗程度与当年 8—9 月降水量密切相关，如雨日多、湿度高则不利于其产卵和孵化，当年受害轻，反之危害猖獗。

分布：该虫 1998 年传入宁夏，目前在全区各地均发生危害。我国北至辽宁，南至台湾，大部分地区广泛分布。

斑衣蜡蝉为害状（李德家　摄）

6 垂柳喀木虱
Cacopsylla babylonica Li & Yang，1991

分类地位：半翅目，木虱科。

别名：柳木虱。

寄主植物：垂柳、沙枣。

形态特征：成虫，体长 1.5~2.0 mm；体黄棕色至红棕色，前胸盾中内具浅色纵纹，盾片具 4 条浅色纵纹，中间 2 条粗直，相互靠近，两侧 2 条细，弧形；触角第 4~6 节端部黑色，第 7~11 节黑色；后胫距 5 个，基跗节具 2 个爪状距；前翅脉间斑不显（实为翅面上的黑毛）。

生物学特性：成、若虫均刺吸柳树嫩梢、叶片表皮组织，吸吮树液。严重时，整株叶片失绿，造成树势衰弱。若虫多生活在嫩枝、叶背和雌花序上，数量多，若虫排泄物呈乳白色絮状物，看上去像柳絮；成虫具趋光性。

垂柳喀木虱成虫（左雌、右雄）（李德家　摄）

垂柳喀木虱成虫（李德家　摄）

垂柳喀木虱若虫（李德家　摄）

分布：宁夏、北京、陕西、甘肃、河北、山西、广西、四川、重庆、云南、贵州等地。

7　中国梨木虱
Cacopsylla chinensis（Yang & Li，1981）

分类地位：半翅目，木虱科。

别名：梨木虱。

寄主植物：梨属、葡萄属。

形态特征：成虫，分冬型和夏型。冬型体长 2.8~3.2 mm，体褐至暗褐色，具黑褐色斑纹，前翅臀区具明显褐斑。夏型体长 2.3~2.9 mm，绿至黄色，翅上无斑纹。胸背均具 4 条红黄色或黄色纵条纹。卵，长卵形，长 0.3 mm，一端尖细，具一细柄，夏卵乳白色，越冬成虫在梨展叶前产的卵暗黄，展叶后产的卵淡黄至乳白色。若虫，扁椭圆形，第 1 代初孵若虫淡黄色，复眼红色；夏季各代若虫初孵时乳白色，后变绿色；末龄若虫绿色，翅芽长圆形，突出于体两侧。

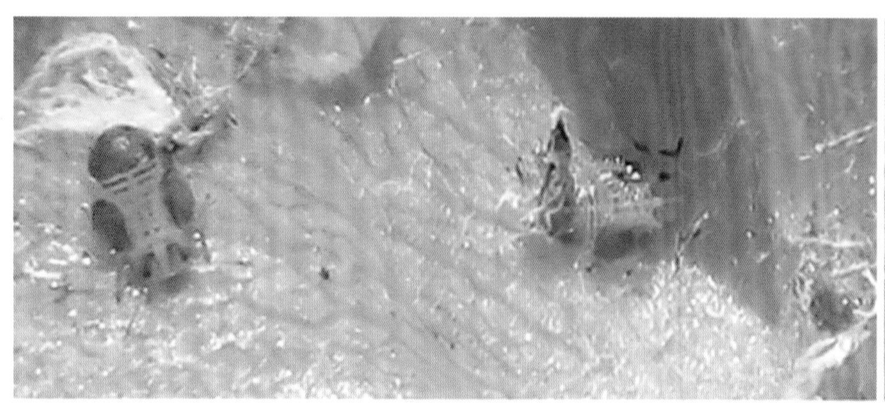
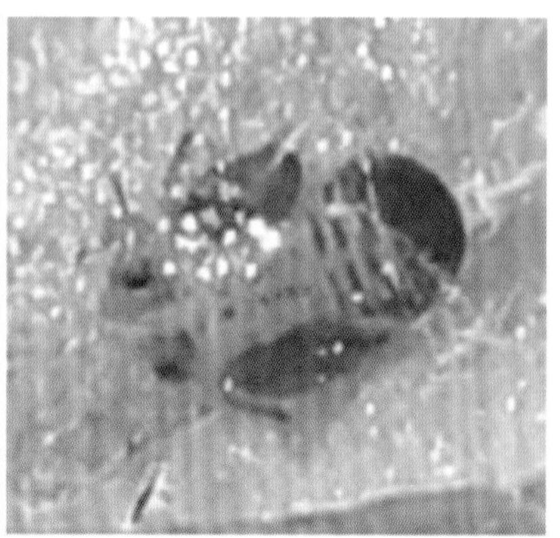

中国梨木虱若虫（李德家　摄）

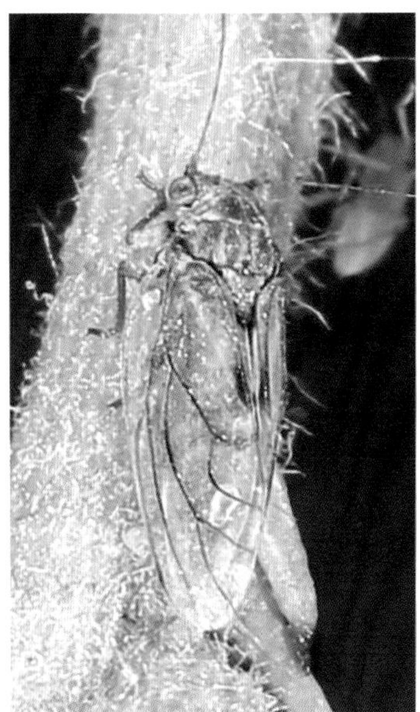

中国梨木虱若虫、成虫（李德家 摄）

生物学特性：该虫在辽宁年生 3~4 代，在北京、河北、山东 4~6 代。以冬型成虫在树缝内、落叶、杂草及土缝中越冬。翌春 3 月中旬梨树花芽膨大时越冬成虫开始出蛰，3 月下旬为出蛰盛期，世代重叠。成虫出蛰后于小枝上活动，刺吸汁液，并交尾产卵，第 1 代卵多产于短果枝叶痕、芽缝处，以后各代卵产在幼嫩组织的茸毛间、叶正面主脉沟内和叶缘锯齿间。盛花期前半月为产卵盛期，卵期 7~10 天。卵散产或 2~3 粒一起，每雌可产卵 290 粒左右。第 1 代若虫孵化后多钻入刚开绽的花丛内为害，以后各代多在叶面吸食为害，并分泌黏液。成、若虫刺吸芽、叶、嫩梢汁液；叶片受害出现褐斑，严重时全叶变褐早落。排泄蜜露诱发煤污病发生，污染果面影响品质。该虫天敌有瓢虫、草蛉、寄生蜂、花蝽、跳小蜂等。草蛉、瓢虫和小花蝽在蚜虫多时，捕食梨木虱较少，对梨木虱控制效果较差，而跳小蜂对梨木虱的控制效果较好。

分布：宁夏（银川市、石嘴山市、吴忠市、中卫市）、辽宁、内蒙古、山西、河北、北京、山东、河南、江苏、安徽、湖北、陕西、新疆、青海等地。

8 杜梨喀木虱
Cacopsylla betulaefoliae（Yang & Li，1981）

分类地位：半翅目，木虱科。

别名：异杜梨喀木虱。

寄主植物：杜梨、褐梨。

形态特征：成虫体长 2.7~2.9 mm，粗壮，粉绿至粉黄色，似被 1 层白粉；触角黄色，体绿色者头顶有淡黄色斑 2 块，上方有小褐点 2 个；胸背具褐色斑纹；体黄色者腹部腹板两侧黑褐色，腹端黑色；体其他色者头、胸黄色，腹部绿色；前翅透明，长椭圆形，外缘各室有明显黑色刺斑；足黄色，爪黑色；

杜梨喀木虱雄成虫（李德家　摄）

杜梨喀木虱若虫（李德家　摄）

前翅外缘各室均有明显褐斑。

生物学特性：代数不详。以成虫在树皮裂缝、杂草、落叶或土隙中越冬。翌年 4 月开始活动，成虫产卵于嫩叶叶背，被害叶失绿和诱发煤污病，7—8 月发生严重。

分布：华北地区，山东、宁夏。

9　乌苏里梨喀木虱
Cacopsylla burckhardti（Luo & al，2012）

分类地位：半翅目，木虱科。

寄主植物：栽培梨、秋子梨等。

形态特征：体连翅长雄虫 3.4~3.9 mm，雌虫 3.8~4.3 mm。触角第 3 节浅色，第 4~8 节端部黑色，且越后其所占比例越大，第 8 节约占半，第 9~10 节黑色，端节具一长一短刚毛，长者与端节长度相近。

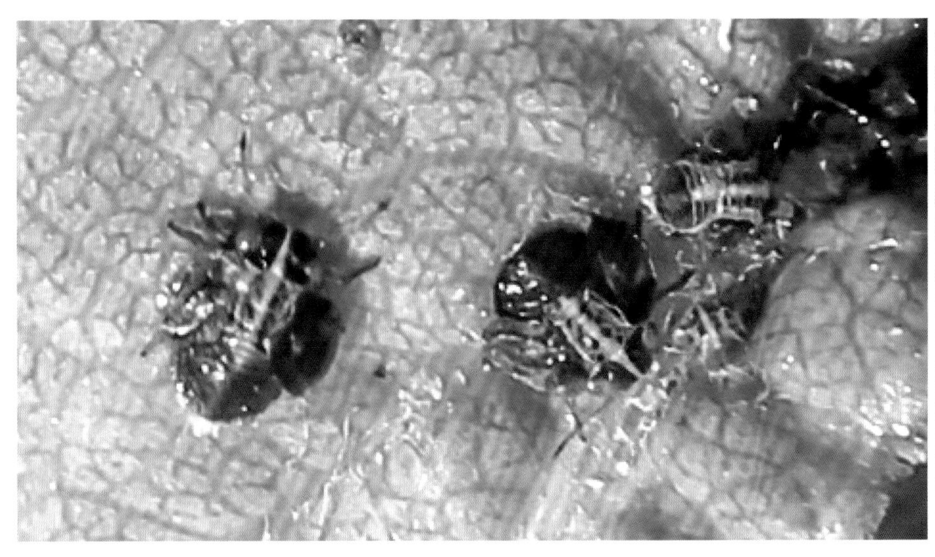
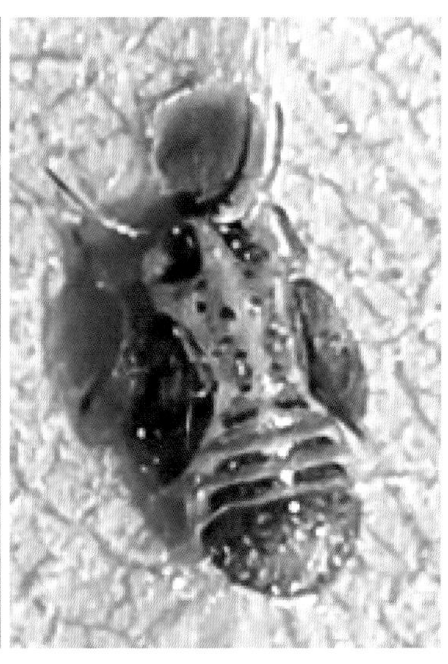

乌苏里梨喀木虱若虫（李德家 摄）

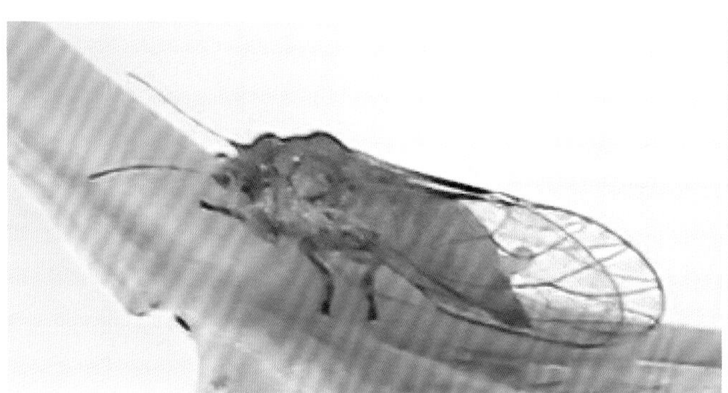

乌苏里梨喀木虱成虫（李德家 摄）

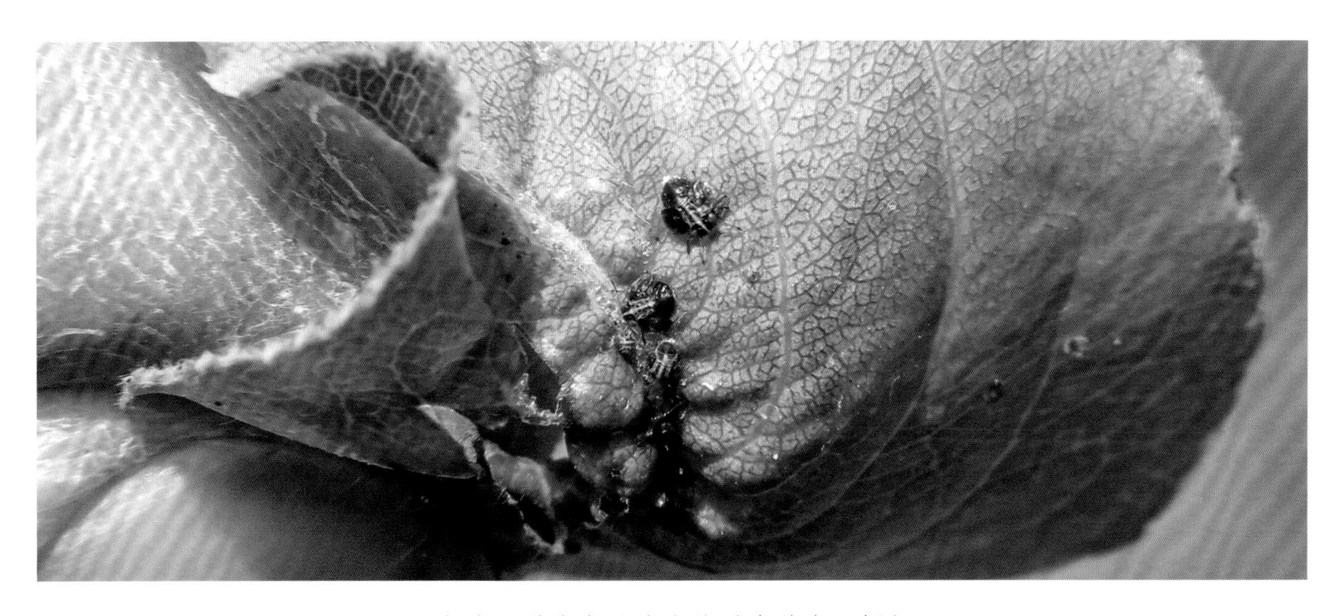

乌苏里梨喀木虱为害状（李德家 摄）

前翅爪片处无黑褐色斑。颊锥短于头顶，端部不尖，圆突，两锥在基部1/3后分开。阳基侧突浅色，宽大，端部不明显收窄。若虫具花斑，由黑褐色、桃红色和淡蓝色组成。冬型成虫前翅爪片缝处无斑。

生物学特性： 1 年发生 1 代，夏季不见踪迹。卵多产在叶芽、花芽和嫩叶，成堆，也可产在小枝上；早春在叶片上寄生时可使叶皱褶、扭曲。

分布： 宁夏、甘肃、北京。

10 桑木虱 *Anomoneura mori* Schwarz，1896

分类地位： 半翅目，木虱科。

别名： 桑异脉木虱、白蝘、白丝虫、蜢子。

寄主植物： 桑树、侧柏、圆柏。

形态特征： 成虫体长 3.5~4.0 mm；体型似蝉，复眼半球形，赤褐色，单眼 2 个，淡红色；体色多变，初羽化时水绿色，后变为黄绿色、黄红色或黑褐色，触角黄褐色，第 4~8 节末端和第 9、10 节黑色；胸背隆起，具深黄纹数对；前翅灰白色，半透明，多暗褐色斑点，翅中部和端部有黑褐色带纹；卵，初白色，后变黄色，末端尖，具一卵角，另一端圆，具卵柄，孵化前尖端两侧各出现一红色眼点；若虫，黄绿色，体扁平，腹末具白色蜡毛。

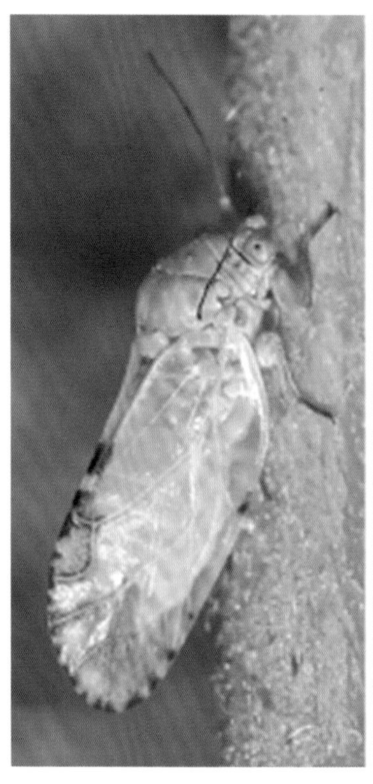

桑木虱成虫（李德家　摄）

桑木虱成虫（李德家　摄）

桑木虱若虫（李德家　摄）

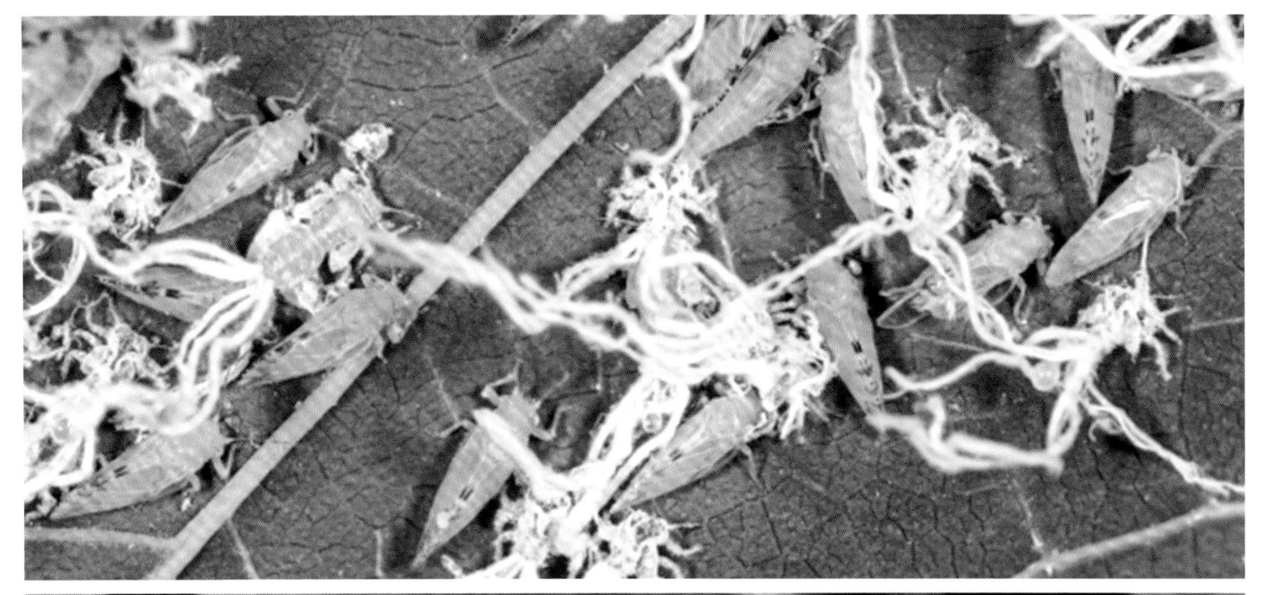
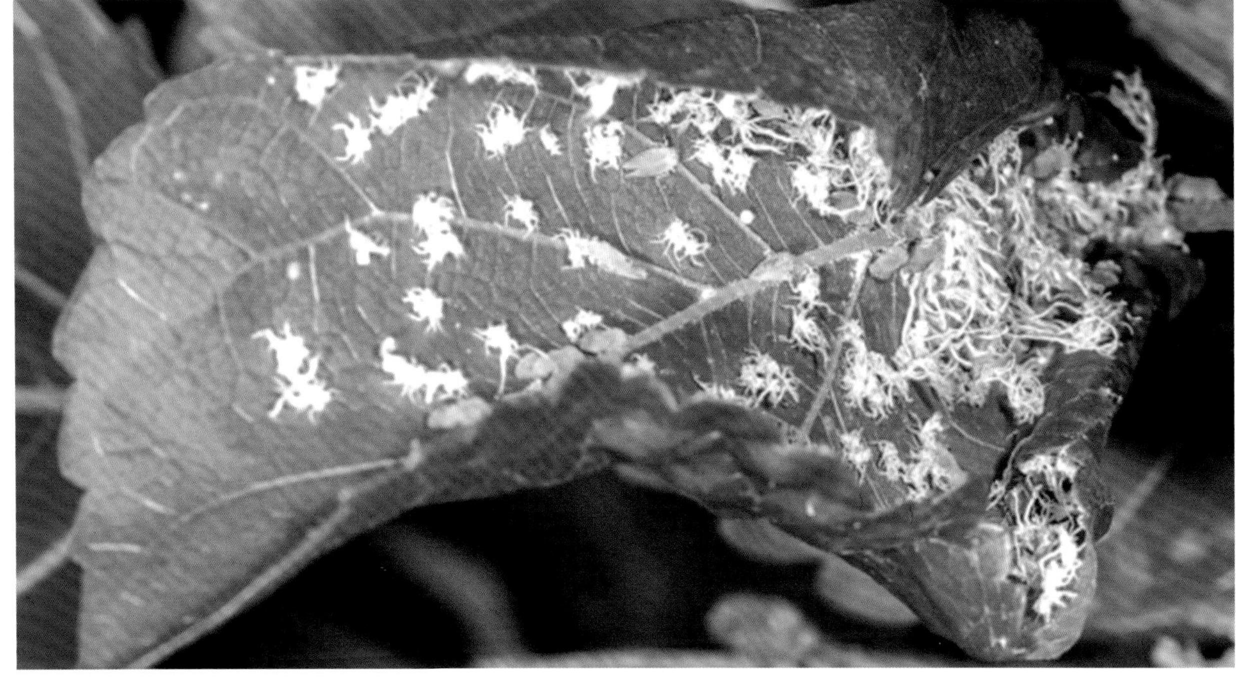

桑木虱为害状，若虫分泌蜡丝（李德家　摄）

生物学特性：1年1代，以冬型成虫在树缝内、落叶、杂草及土缝中越冬。翌年3月下旬开始交尾产卵，卵产在脱苞后尚未展开的幼叶上，卵期10~22天，卵孵化后，若虫先在产卵叶背取食，被害叶边缘向叶背卷缩呈筒状或耳朵状，不久枯黄脱落，若虫随即迁往其他叶片为害，被害叶背面被若虫尾端的白蜡丝满盖，易腐烂及诱发煤污病。若虫共蜕皮5次，于5月上中旬羽化为成虫。成虫具群集性，在嫩梢和叶背吸食叶片汁液。桑树夏伐期间，成虫迁到附近的柏树上吸食，桑芽萌发后迁回桑树，秋季则在桑树和柏树上取食为害，当气温由12 ℃降至4.4 ℃时，成虫在桑树树缝、虫孔或柏树上越冬。成虫、若虫均能为害，若虫群集，其分泌的蜡丝布满叶片，在桑叶背呈一片雪白，排泄物污染被害叶和下层桑叶，可诱发煤污病，受害桑树生长不良，叶片向叶背卷缩呈筒状，严重时桑芽不能萌发，组织坏死或出现枯黄斑块，严重影响桑叶产量和叶质，阻碍春蚕业发展。可迁移到柏树上临时取食，因此，桑、柏不混栽可减轻其对桑叶的危害。

分布：宁夏、北京、天津、河北、河南、山东、四川、贵州、江苏、安徽、浙江、湖北、重庆、陕西、内蒙古、辽宁等地。

11 皂荚幽木虱
Colophorina robinae（Shinji，1938）

分类地位：半翅目，幽木虱科。

异名：*Euphalerus robinae*（Shinji，1938）。

别名：皂荚云实木虱、皂角幽木虱。

寄主植物：皂荚、山皂荚。

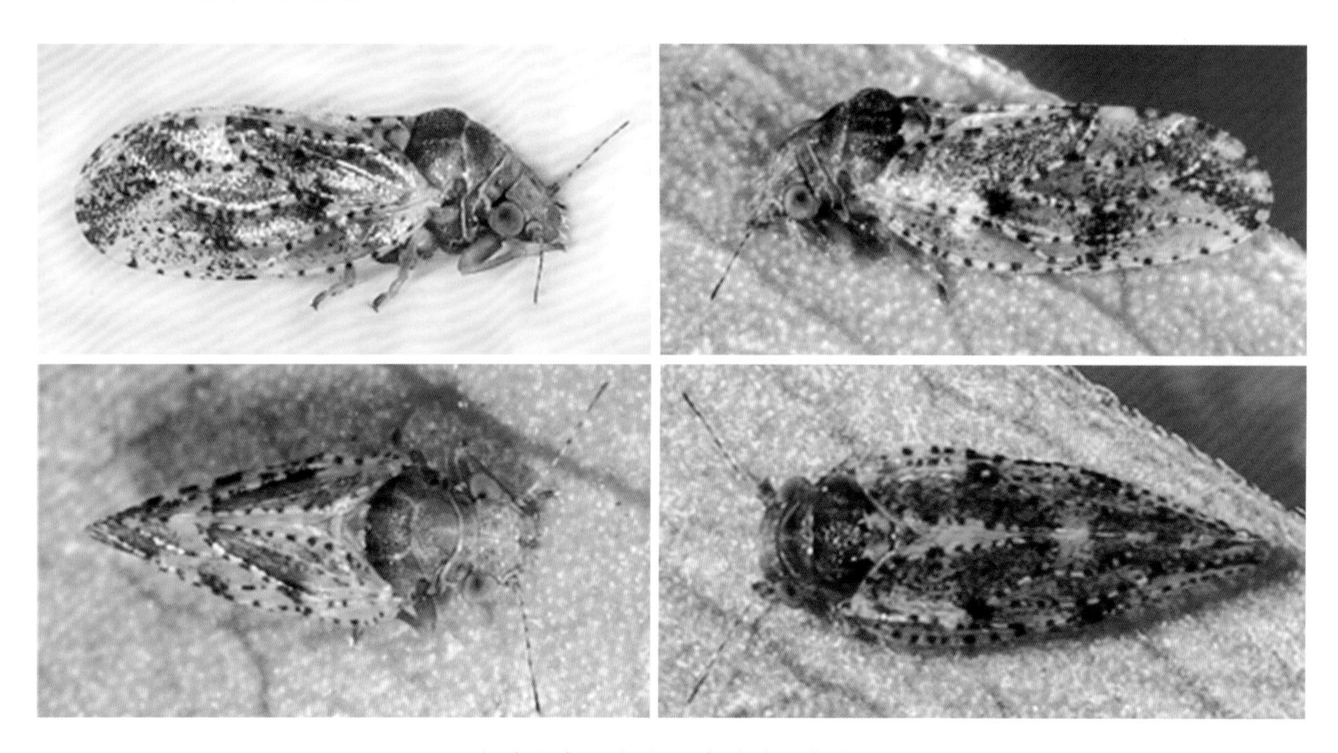

皂荚幽木虱成虫（李德家　摄）

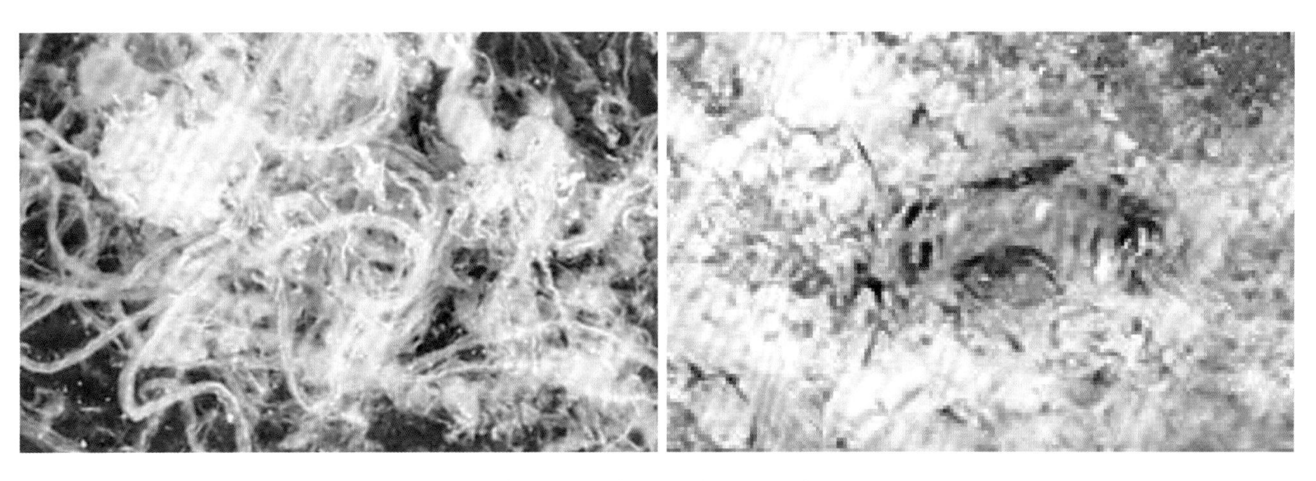

皂荚幽木虱若虫（李德家　摄）

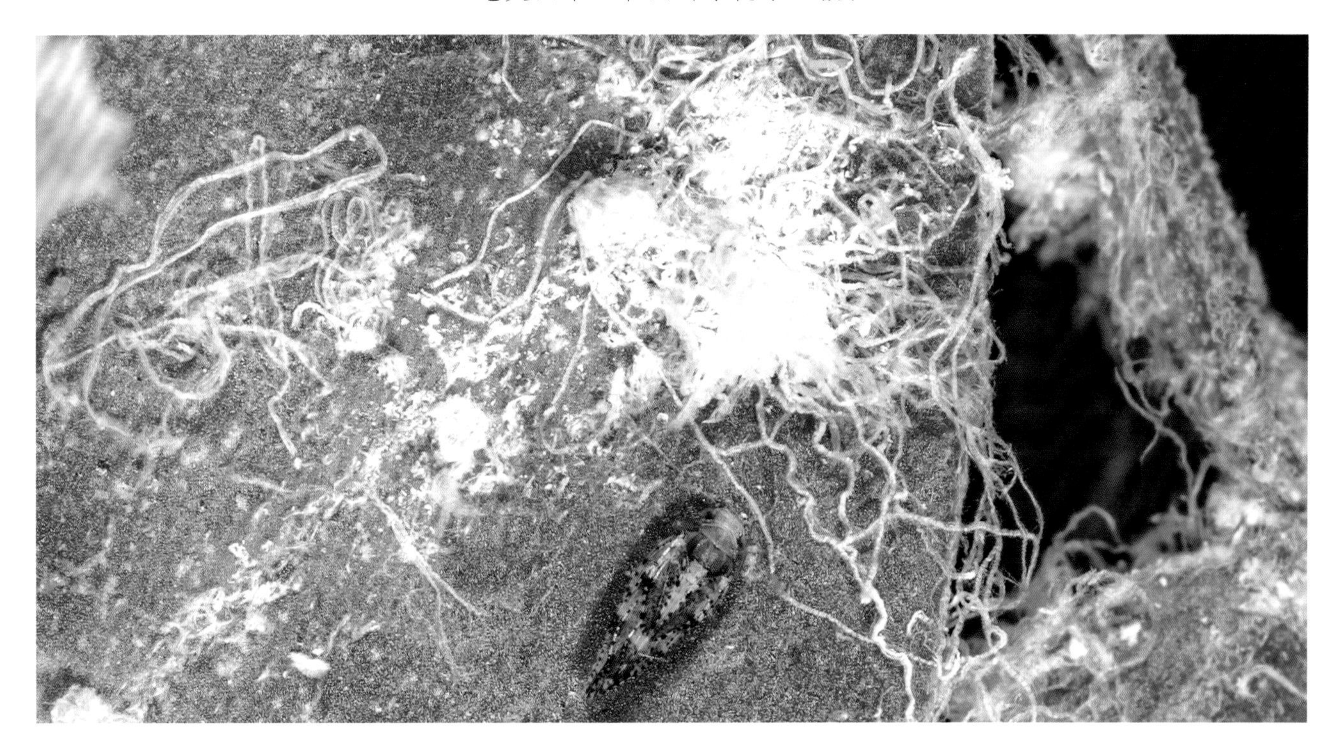

皂荚幽木虱为害状（李德家　摄）

形态特征：成虫，雌虫体长 2.1~2.2 mm，翅展 4.2~4.3 mm；雄虫体长 1.6~2.0 mm，翅展 3.2~ 3.3 mm。初羽化时体黄白色，后渐变黑褐色。复眼大，紫红色，向头侧突出呈椭圆形。单眼褐色。触角 10 节，各节端部黑色，基部黄色，顶端 2 根刚毛黄色。头顶黄褐色，中缝褐色，两侧各有 1 个凹陷褐斑。中胸前盾片有褐斑 1 对，盾片上有褐斑 2 对，随着体色加深花斑逐渐不明显。前翅初透明，后变半透明，外缘、后缘及翅中央出现褐色区，翅脉上有褐斑，翅面上散生褐色小点。后翅透明，缘脉褐色。足腿节发达，黑褐色；胫节黄褐色，端部有 4 个黑刺；基跗节黄褐色，有 2 个黑刺，端跗节黑褐色。雌虫腹部末端尖，产卵瓣上密被白色刚毛；雄虫腹部末钝圆，交尾器弯向背面。卵，长椭圆形，有短柄，长 0.28~0.34 mm，宽 0.12~0.19 mm。初产乳白色，一端稍带橘红色，后变紫褐色，孵化前灰白色。若虫，5 龄时体长 2.10~2.25 mm，体宽 0.6~0.62 mm。黄绿色，斑色加深。复眼红褐色。翅芽大。

生物学特性：1年3~4代。以成虫越冬。翌年4月中旬开始活动，补充营养。4月下旬开始交尾产卵，卵期19~20天。5月中旬若虫孵化，若虫共5龄，若虫期20天左右。各代成虫期依次为5月下旬、7月上旬、8月中旬和9月下旬，10月成虫在树干基部树皮缝中越冬。成虫羽化时间多集中在9：00—12：00，羽化率90%以上。交尾多在羽化后的翌天6：00左右进行，1天内交尾现象随时可见。雌虫交尾2天后开始产卵，多产在叶柄沟槽内及叶脉旁，极少产在叶面上；越冬代成虫产卵于当年生小枝的皮缝里，卵排列成串，每雌产卵量387~525粒。成虫有趋光性和假死性，善跳跃。若虫孵化多集中在8：00—10：00，孵化率95%以上，初孵若虫往小枝顶端爬行，幽居在嫩叶间，刺吸嫩叶使叶不能展开，从主脉处折合形成"豆角状"虫苞，新梢受害后畸形、萎蔫、干枯。若虫发育不整齐，即使在同一虫苞内也可见到不同龄期的若虫。老龄若虫羽化前，常爬出虫苞停在枝丫处，并分泌大量白蜡丝覆盖身体，蜕皮时多留在叶柄上。

分布：宁夏、北京，河北，辽宁，山东，贵州，陕西。

12 槐豆木虱
Cyamophila willieti（Wu，1932）

分类地位：半翅目，木虱科。

异名：*Psylla willieti* Wu.

别名：槐木虱、国槐木虱。

寄主植物：槐属植物。

形态特征：成虫，体长3.8~4.5 mm，体绿色至黄绿色。复眼褐色，单眼橙黄色。触角基2节绿色，端2节黑色，余均褐色。胸部绿色，中胸前盾片和盾片上有黄斑。前翅透明，翅痣明显，翅脉黄绿色，后缘色深，外缘在翅脉间有4个小黑斑，后缘在Cu2端部及内侧还有2个小黑斑。腹部绿至黄绿色。雄

槐豆木虱夏型雌成虫（李德家　摄）

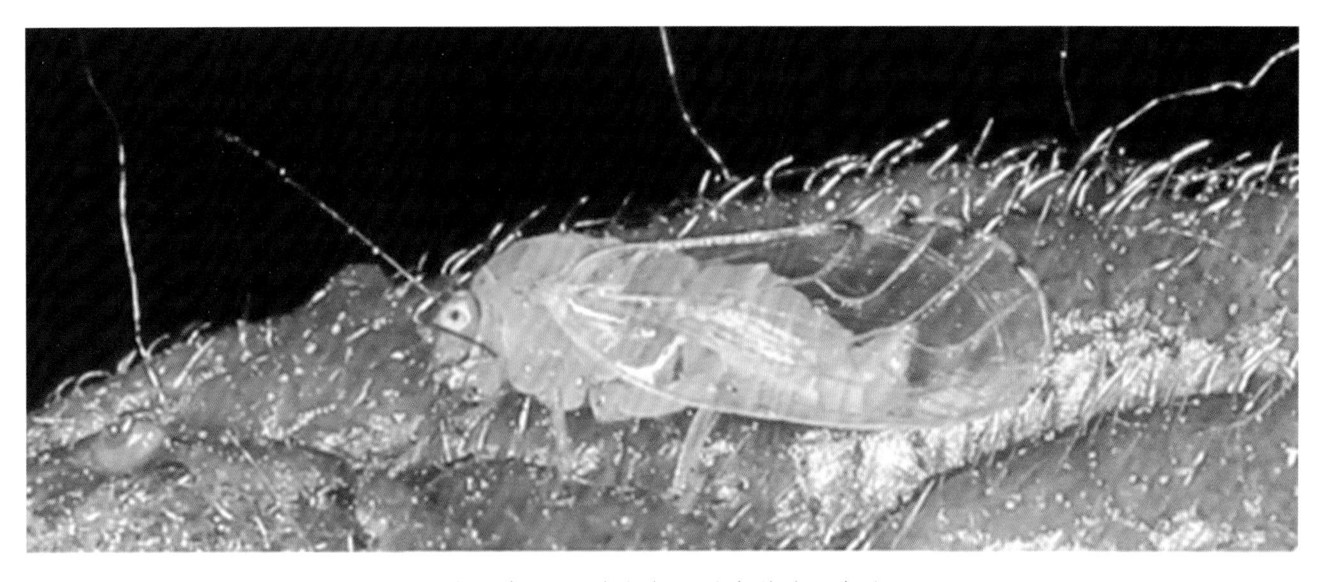

槐豆木虱夏型雄成虫（李德家 摄）

槐豆木虱冬型雌（左）雄成虫（李德家 摄）

槐豆木虱为害状（李德家 摄）

虫腹端的阳基侧突端部扩大，雌虫腹端粗壮而端尖。越冬代成虫体色深褐，胸背有成对黄斑。若虫，体淡黄绿色，经6次蜕皮，共7龄。随着龄期增加，翅芽伸长，体色加深，触角节增加。1~7龄触角节数分别为2、3、5、6、7、9、10节。

生物学特性：槐木虱在宁夏年生2代，以成虫在树皮裂缝中越冬。3月下旬开始活动，4月上旬开始产卵，4月中旬为产卵盛期，此时卵开始孵化，4月下旬为孵化盛期。第1代成虫5月中旬出现，5月下旬为盛期。第2代卵在5月下旬出现，产卵盛期为6月上旬，6月中旬为孵化高峰期，成虫6月下旬出现，短暂取食后，立即进入滞育状态，进行越夏和越冬。成虫在叶、芽背面产卵，呈块状分布，每卵块有

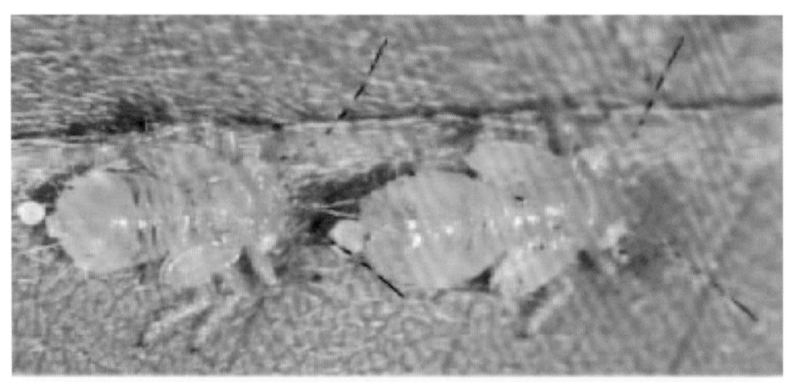

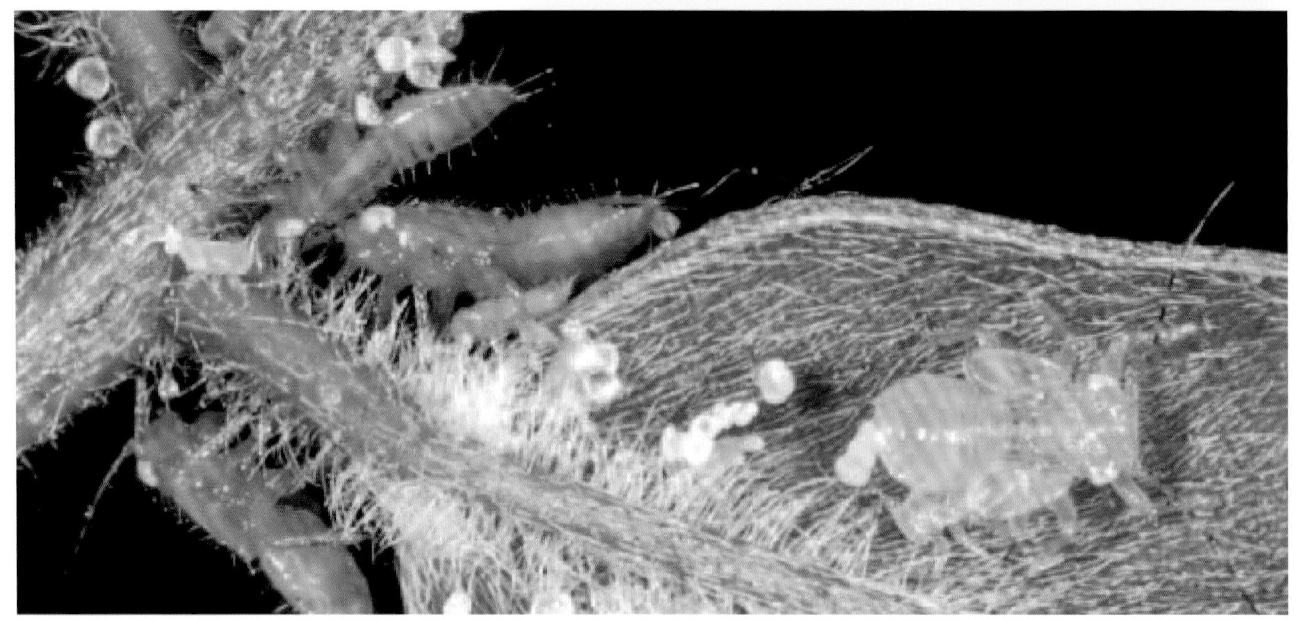

槐豆木虱若虫（李德家　摄）

卵 12~100 粒。卵平均孵化率 96%。1 龄若虫静伏不动，2~3 龄开始活动，并分泌蜡质；若虫分泌蜡质时腹部不停摆动，致使枝叶全被蜡质覆盖。1~3 龄若虫在叶片上取食，4 龄以后有的转移到枝条上危害。若虫蜕皮 6 次，所蜕之皮都粘在叶背或枝条上。成、若虫刺吸芽、叶、嫩梢汁液；并不断向外排出大量蜜露，布满叶片，诱发煤污病，影响槐树生长及城市景观、市民生活。

分布：宁夏、辽宁、山东、甘肃、陕西、河北、山西、山东、河南等地。

13 枸杞线角木虱 *Bactericera*（*Klimaszewskiella*）*gobica*（Loginova，1972）

分类地位：半翅目，个木虱科。

异名：*Paratrioza gobica*（Loginova，1972）；*Paratrioza sinica*（Yang & Li，1982）。

别名：枸杞木虱、猪嘴蜜、黄疸、土虱。

寄主植物：为害枸杞、龙葵，枸杞的专食性害虫。

形态特征：成虫，体长 3.75 mm，翅展 6 mm，形如小蝉，全体黄褐至黑褐色具橙黄色斑纹。复眼大，

枸杞线角木虱雌成虫（右）、雄成虫（李德家 摄）

赤褐色。触角基节、末节黑色，余黄色；末节尖端有毛。额前具乳头状颊突 1 对。前胸背板黄褐色至黑褐色，小盾片黄褐色。前、中足腿节黑褐色，余黄色，后足腿节略带黑色余为黄色，胫节末端内侧具黑刺 2 个，外侧 1 个。腹部背面褐色，近基部具蜡白色横带，十分醒目，是识别该虫重要特征之一。端部黄色，余褐色。翅透明，脉纹简单，黄褐色。卵，长 0.3 mm，长椭圆形，具 1 细如丝的柄，固着在叶上，酷似草蛉。橙黄色，柄短，密布在叶上别于草蛉卵。若虫初孵时黄色，背上具褐斑 2 对，

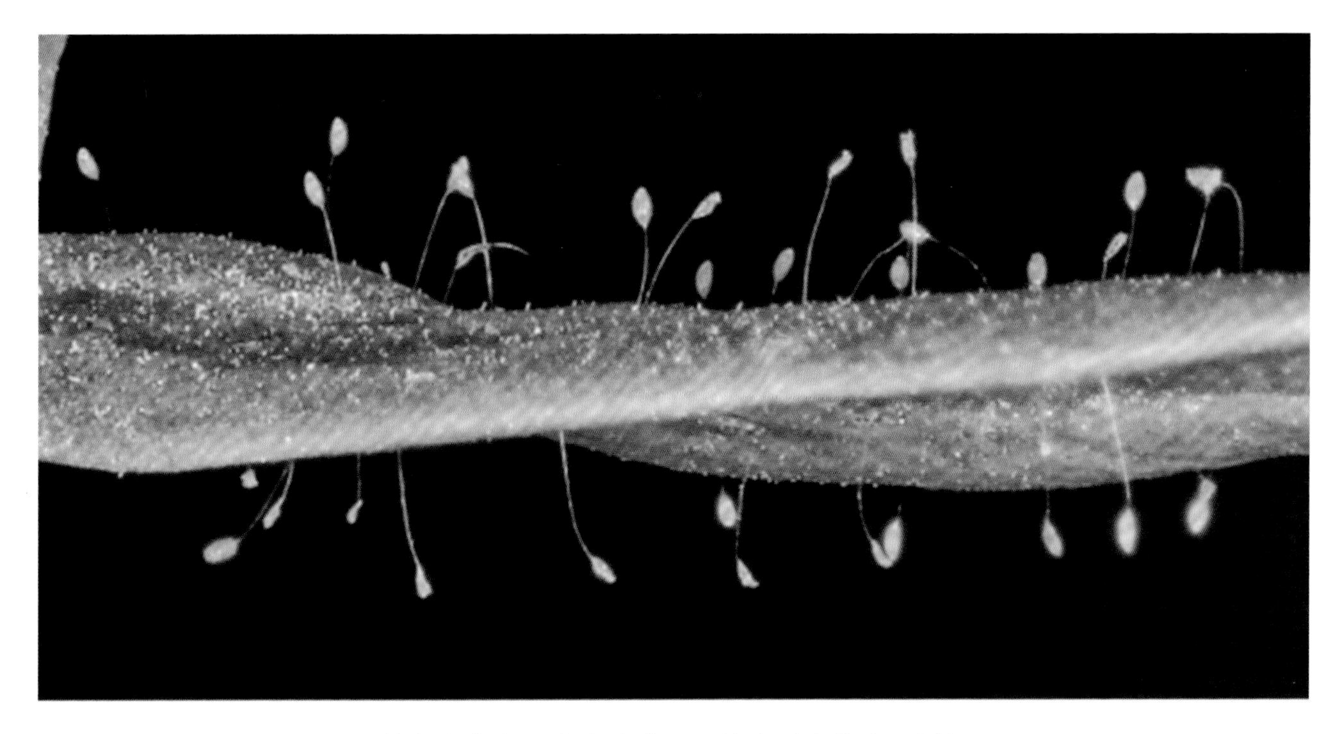

枸杞线角木虱产在叶片两面的卵（李德家 摄）

枸杞线角木虱若虫（李德家 摄）

有的可见红色眼点，体缘具白缨毛。若虫，扁平，固着于叶面或者叶背，似蚧壳虫。初孵若虫黄色，背有 2 对褐斑，有时可见红色眼点，全体周围有白缨毛。若虫稍长大，则翅芽显著，覆盖于身体前半的大部分，边缘部分体长 3 mm，宽 1.5 mm。

生物学特性： 枸杞木虱在宁夏 1 年发生 4~5 代，各代有重叠现象。以成虫在树冠、土缝、树皮下、落叶下、枯草中越冬。翌年气温高于 5 ℃时，开始出蛰危害。在中宁县木虱成虫最早出现的时间是 2 月下旬，3 月下旬为出蛰盛期，出蛰后的成虫在枸杞萌芽前不产卵，只吸吮果枝树液补充营养，常静伏于下部枝条向阳处，天冷时不活动。枸杞萌芽后，开始产卵，孵化后的若虫全附着在叶片上吮吸叶片汁液，成虫羽化后继续产卵危害。枸杞木虱各代的发育与气温关系不大，一般卵期 9~12 天，若虫期 23 天左右，每完成 1 个世代的时间大约 35 天。各代无明显的繁殖高峰，防治中若没有选准药剂，或错过防治时期，累积到哪一代，危害高峰期就暴发在哪一代。该虫有以下 4 个特点：一是出蛰早；二是以为害叶片为主，以为害枝条为辅，春天叶片未萌芽前主要刺吸枝条汁液，枸杞萌芽、展叶后主要为害嫩叶；三是只以成虫在叶片之间转移；四是繁殖数量和繁殖速度与温度无明显相关性。成、若虫均刺吸枸杞嫩梢、叶片表皮组织吸吮树液，造成树势衰弱。严重时成虫、若虫对老树、新叶、枝条全部为害，树下能观察到灰白色粉末粪便，造成整树树势严重衰弱，叶色变褐，叶片干死，产量大幅减收，质量严重降低，最严重时造成 1~2 年幼树当年死亡；成龄树果枝或骨干枝翌年早春全部干死。

分布： 宁夏、甘肃、青海、新疆、内蒙古、河北、陕西等地。

14 沙枣个木虱
Trioza magnisetosa（Loginova，1964）

分类地位： 半翅目，个木虱科。

异名： *Metatriozidus magnisetosus*（Loginova，1964）。

别名： 沙枣木虱、沙枣个木虱。

寄主植物： 主要为害沙枣，也为害杨、柳、枣、苹果、桃、杏、梨、葡萄等。

沙枣个木虱越冬态成虫（李德家 摄）

形态特征：成虫，体长 2.5~3.4 mm，深绿至黄褐色。复眼大、突出，赤褐色。触角丝状 10 节，端部 2 节黑色，顶部生 2 毛。前胸背板弓形，前、后缘黑褐色，中间有 2 条棕色综带。中胸盾片有 5 条褐色条纹。翅无色透明，前翅 3 条纵脉各分 2 叉。腹部各节后缘黑褐色。若虫，体扁宽近圆形。随龄期增加体色由黄色变为浅绿色后变为灰黄色。复眼红色，后期翅芽明显，全体缘毛密布，并附有蜡质物。

生物学特性：1 年生 1 代，以成虫在树皮下、卷叶、落叶层等处越冬。翌年 3 月成虫开始活动，为害沙枣嫩芽；4 月上旬开始产卵，4 月下旬至 5 月上旬为产卵盛期。雌虫产卵量在 400 粒左右。成虫产卵

沙枣个木虱雌（左）雄成虫（李德家 摄）

沙枣个木虱雌成虫（李德家 摄）

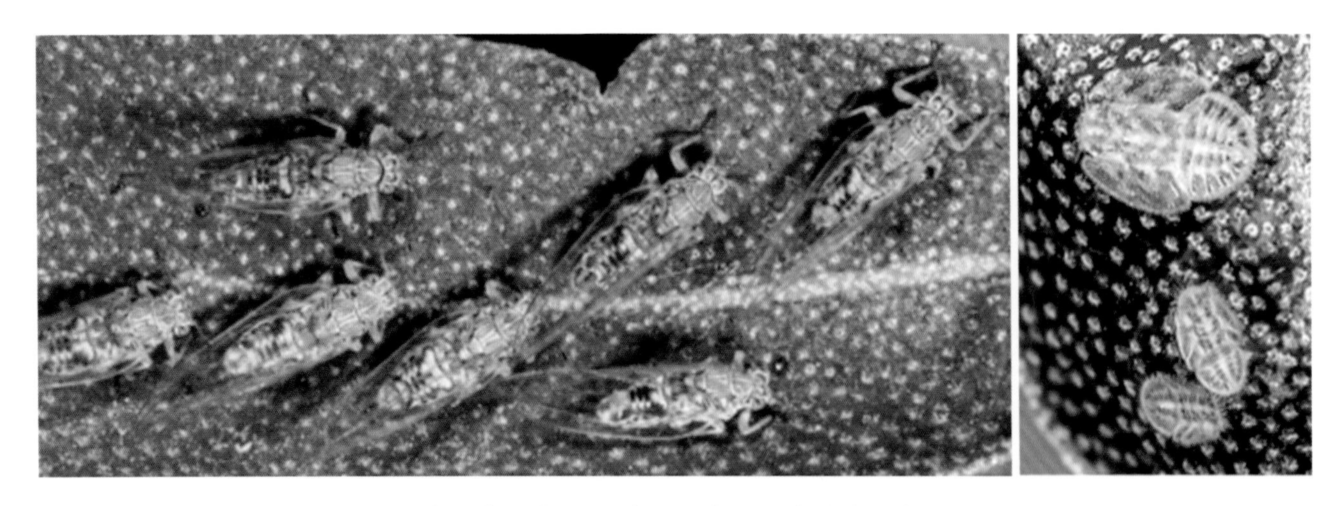

沙枣个木虱成虫、若虫栖息状（李德家　摄）

沙枣个木虱为害状（李德家　摄）

持续时间较长，直到6月上旬结束。5月中旬若虫开始孵化。初孵若虫群聚嫩叶背面取食，并分泌白色蜡质物于卷叶内。若虫共5龄，历时30~50天，随着龄期增加，被害加重，最后卷叶发黄，脱落，尤其是3~4龄时，卷叶内蜡质物增多，撒落地面，地下一片雪白色。6月中旬为新成虫羽化初期。6月底至7月初为羽化盛期，此时成虫开始大量向周围果树上迁移危害，10月底至11月初越冬。具爆发性，叶片受害后卷曲皱缩，当卷叶率达到50%以上时，便可引起整株枯死。当年羽化成虫又向周围果树迁飞，造成林果受损。

分布：我国主要分布于北京、山西、内蒙古、陕西、甘肃、新疆、青海等地，宁夏种植沙枣的地区均有沙枣木虱分布，包括银川市、石嘴山市、吴忠市和中卫市。

15 沙枣绿后个木虱
Trioza elaeagni Scott，1880

分类地位：半翅目，个木虱科。

异名：*Metatriozidus elaeagni*（Scott，1880）。

别名：沙枣木虱、沙枣个木虱。

寄主植物：沙枣。

沙枣绿后个木虱雌成虫（李德家　摄）

沙枣绿后个木虱雄成虫（李德家　摄）

形态特征：雄雌体粉绿色。单眼橘黄色，复眼黄褐色；触角黄绿色，第 10 节褐色。中胸前盾片和盾片、小盾片及后小盾片黄绿色。足绿色至黄绿色。前翅透明，缘纹 3 个、淡色；脉黄绿色。腹部翠绿色，雄肛节绿黄色，雌生殖节黄褐色。雄体翅长 3.05 mm。头宽 0.55 mm，向下斜伸；头顶后缘弧凹，侧前缘膨突，中单眼嵌于其间；颊锥粗锥状，端圆尖，短于头顶长，中央分开；触角长为头宽的 1.55 倍。胸宽 0.58 mm，宽于头宽。后胫节具基齿，端距 3（1+2）个，后基突尖锥状。前翅长 2.60 mm、宽 1.02 mm，长为宽的 2.55 倍；端圆尖。后翅 1.78 mm、宽 0.66 mm，长为宽的 2.70 倍。生殖节侧视肛节粗壮，腹缘膨突；下生殖板近梯形；阳茎端节端膨大勺状；阳基侧突粗锥状，向端渐变细尖。雌体翅长 3.38 mm。头宽

沙枣绿后个木虱雌成虫（李德家　摄）

沙枣绿后个木虱若虫（李德家　摄）

0.63 mm；头顶宽 0.33 mm，中缝长 0.19 mm；颊锥长 0.13 mm；触角长 0.84 mm，为头宽的 1.33 倍。胸宽 0.63 mm。前翅长 2.87 mm、宽 1.14 mm，长为宽的 2.52 倍。后翅长 2.00 mm、宽 0.70 mm，长为宽的 2.86 倍。头、胸、足的构造和脉序类同雄虫。雌生殖节侧视锥状；肛节腹缘膨突，背缘弧弯，端上翘；亚生殖板短三角形，基缘弧鼓，腹缘平直；生殖突背中突杆状，约为背瓣长的 0.66 倍；背瓣端产卵器三角形，宽大；腹瓣基突棒状，端细尖；肛节顶视宽长楔状；肛门长椭圆形，长为肛节长的 0.28 倍。

生物学特性：6 月上旬可见若虫，6 月中下旬若虫基本都羽化为成虫，7 月多见成虫。

分布：内蒙古、宁夏、新疆等地。

16　文冠果隆脉木虱
Agonoscena xanthoceratis Li，1994

分类地位：半翅目，斑木虱科。

寄主植物：文冠果等。

形态特征：成虫，雄头至翅端长 1.35~1.50 mm，雌 1.57~1.75 mm。初羽化时体白色，后为淡绿色、橙黄色、灰褐色。冬型（第 3 代）体色显较夏型（第 1、2 代）深且褐斑显著。触角淡黄色，10 节，第 8 节末端和第 9、10 节黑色，末端具 1 对长刚毛。复眼及单眼 3 个，均红色。胸部背面具褐色纵斑，前翅周缘、腹部各节背板和腹板具褐斑，侧板黄色。雌虫尾端尖而略下弯，雄虫尾端

文冠果隆脉木虱雌（左）雄成虫（李德家　摄）

开张（萧刚柔，1992）。卵，长卵形，基部具卵柄，长 0.20~0.23 mm、宽 0.09~0.12 mm。初产乳白色、半透明，后现微黄色，孵化前可见橘红色眼点。若虫，体扁平，淡绿色，长 1.15~1.20 mm、宽 0.70~0.80 mm。头前缘中部深凹，复眼红色，触角浅褐色、7 节，自头、胸至第 4 腹节背面具 2 个黄纹。

生物学特性： 1 年 3 代，世代重叠。以成虫潜藏在树干下部树皮裂缝或地表落叶中群集越冬。翌年

文冠果隆脉木虱雌成虫和若虫（李德家 摄）

文冠果隆脉木虱卵和初孵若虫（李德家 摄）

4 月中旬文冠果芽萌发时越冬成虫活动、交尾产卵；成虫常数个或数十个密集在 1 叶片或嫩梢上交尾、取食，或围绕树冠跳跃、飞翔，早、晚及阴云风雨天在静伏则叶背、枝干或树缝内。以成、若虫吸食文冠果叶芽、嫩叶和嫩梢汁液。分泌的蜜露可致煤污病的发生。5 月初至 5 月下旬若虫孵化，若虫 5 龄，5 月末第 1 代成虫羽化，6 月中旬产卵；6 月下旬第 2 代若虫孵化，7 月初第 2 代成虫羽化，8 月初第 3 代成虫羽化、补充营养后部分成虫即越夏，9 月中旬成虫补充营养后即陆续越冬。

分布： 宁夏（同心县）、北京、河北、山东、山西、内蒙古、辽宁、吉林、黑龙江、陕西、甘肃、青海、新疆等地。

17 黄斑柽木虱
Colposcenia flavipunctata Li，2011

分类地位： 半翅目，斑木虱科。

寄主植物： 柽柳。

形态特征： 体连翅长 2.5~3.0 mm。体黄褐色。触角短，稍短于头宽，第 3~7 节端褐色，第 8 节端及第 9、10 节黑色。前翅半透明，污黄色，具褐色至黑褐色斑，翅脉在端缘的端部褐色，脉端两侧浅色（呈 1 浅色斑），翅前缘大部浅色，无深色斑。

黄斑柽木虱成虫（李德家　摄）

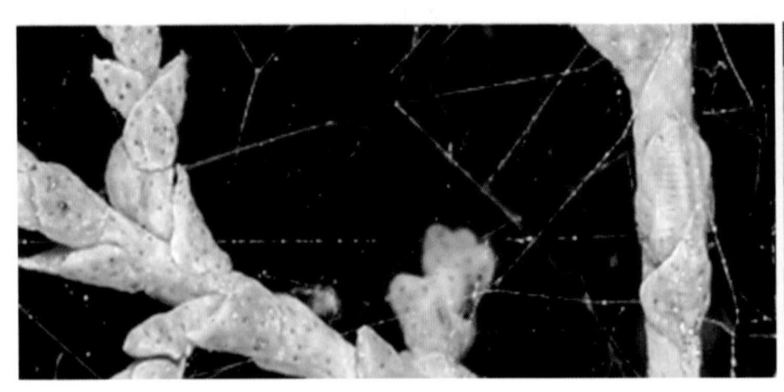
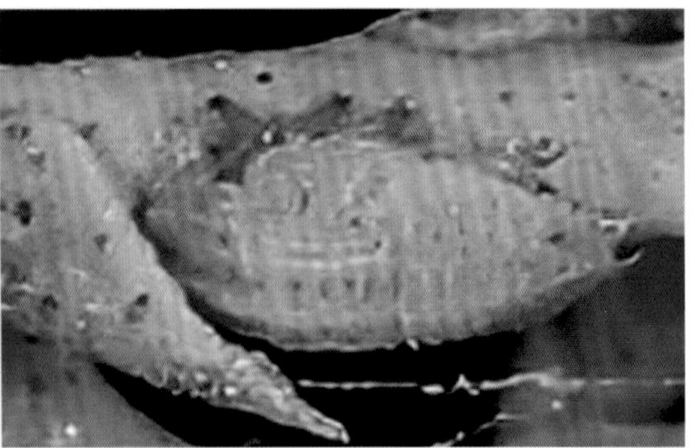

黄斑柽木虱若虫（李德家　摄）

黄斑柽木虱为害状（李德家　摄）

生物学特性：4月上旬可见成虫出蛰，雌成虫产卵于嫩芽端，6月可见新一代老熟若虫。

分布：宁夏、北京。

18 黄栌丽木虱
Calophya rhois（Löw，1878）

分类地位： 半翅目，丽木虱科。

寄主植物： 黄栌、伪盐肤木。

形态特征： 体连翅长 1.8~2.0 mm；成虫分冬型和夏型。冬型体褐色具黄斑。夏型头顶及胸部暗红褐色，两侧色稍淡；腹部鲜黄色，背面具褐斑；触角黄褐色，有时第 7~10 节黑色。

黄栌丽木虱成虫栖息状（李德家 摄）

黄栌丽木虱雌成虫（李德家 摄）

黄栌丽木虱雌（左）雄成虫（李德家 摄）

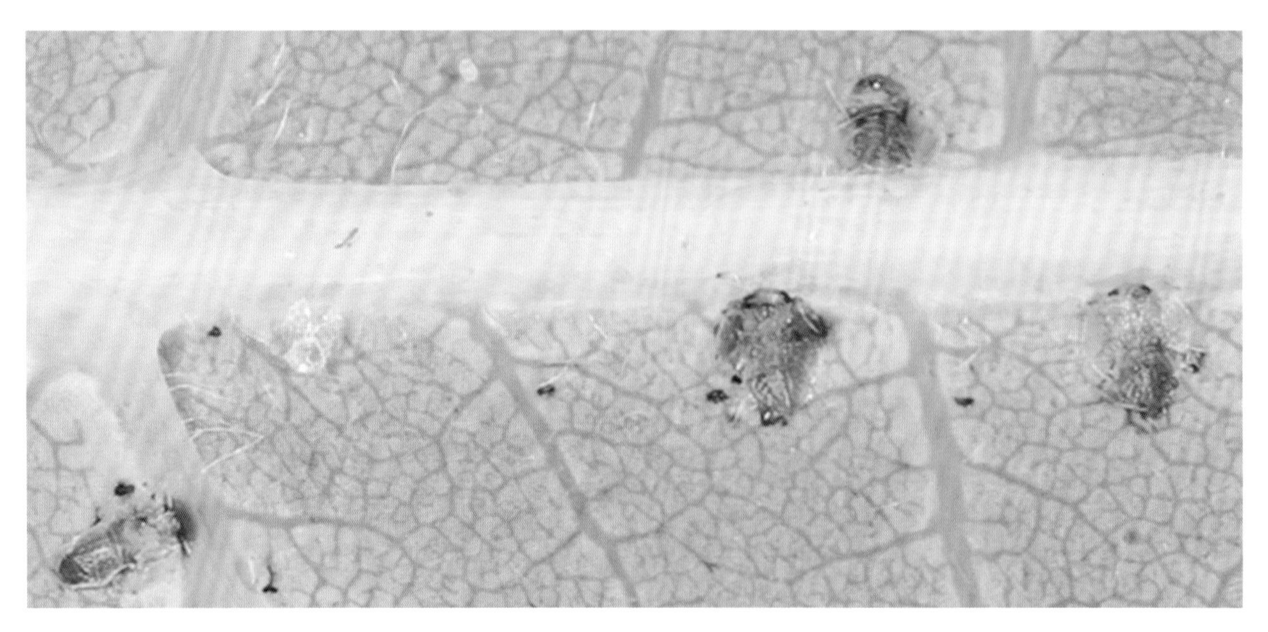

黄栌丽木虱若虫（李德家　摄）

生物学特性：1 年 2 代，以成虫在落叶、杂草丛或土中越冬。主要为害黄栌幼枝及嫩叶。若虫及成虫在叶背、嫩枝上吸食，若虫在叶背常沿叶脉分布；发生量大时，可在其他多种植物上发现成虫。捕食性天敌有丽草蛉、异色瓢虫、多异瓢虫等。

分布：北京、陕西、甘肃、宁夏（银川市）、吉林、河北、山西、山东、安徽、湖南、湖北、重庆。

19 落叶松球蚜 *Adelges laricis* Vallot，1836

分类地位：半翅目，球蚜科。

寄主植物：第 1 寄主为云杉，第 2 寄主为落叶松。

形态特征：在 1 个完整生活周期中有 6 种蚜型。主要蚜型有：伪干母，生活在落叶松上，长 1.25 mm，宽 1.0 mm，黑褐色，背面鼓圆，呈半球形，有 6 纵行明亮的背疣。触角 3 节，着生在头的下面，第 3 节最长，有 1 个感觉圈，端部有感觉锥和 3 根刚毛。眼板椭圆形，上有单眼 3 个。孤雌卵生，

伪干母在落叶松叶上为害及产卵（李德家　摄）

卵成堆产于其蜡丝团中。卵黄褐色有长丝柄，相互粘连于落叶松枝叶上。性母，有翅，黄褐色至褐色，腹部背面有成行蜡板，是伪干母所产卵的一部分（约 9%）发育而成，其若蚜有 4 龄，棕色至黄褐色。瘿蚜，生活在云杉上。有翅，体长 1.6 mm，宽 0.6 mm，赤褐色，触角 5 节，很短，约与头宽相等，基节淡红色，余为淡黄色，各节有波状棱纹，第 3 节至 5 节端部各有 1 宽圆形感觉圈，末端有锥状毛。头顶有 4 块蜡斑。前胸红褐色，中胸黑红色，均有蜡丝斑。腹部赤褐色，背面中线两侧有大型蜡丝斑。足淡黄色，有红色小点微覆蜡粉。前翅宽长，淡黄色，有 3 条脉，后翅有 1 条脉。所产卵黄褐色，微覆蜡粉，有长丝柄相互粘连于叶上，10 余粒一起产于瘿蚜两翅之下。若蚜赤褐色，中胸及翅芽淡黄褐色，薄覆蜡粉。蚜瘿

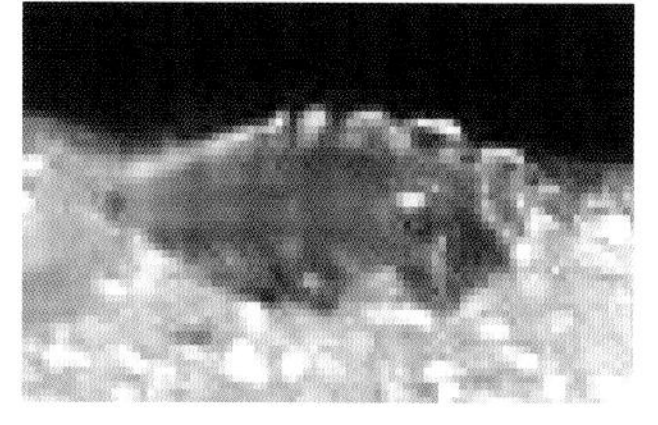

伪干母若蚜
（李德家　摄）

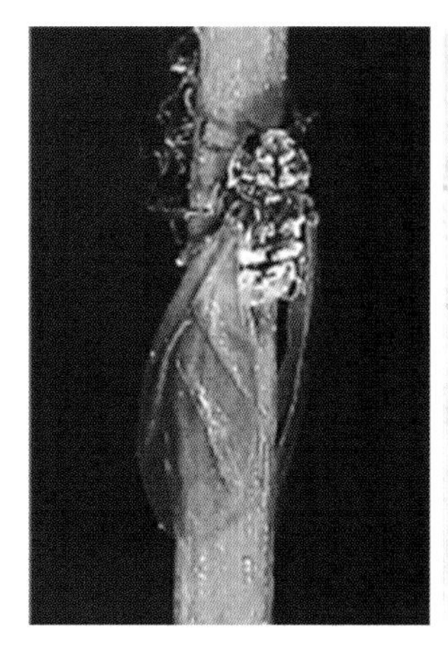

落叶松球蚜有翅侨蚜（李德家　摄）

落叶松球蚜在青海云杉上的蚜瘿及瘿室内若蚜（李德家　摄）

淡黄绿色在云杉新枝端部或半端部，球形如菠萝，长 17 mm，宽 15 mm，或较大或较小，以幼树上较多。

生物学特性：生活史复杂，1 个完整生活周期，需要两年时间，且必须在两种寄主上完成，其第 1 寄主必是云杉类，第 2 寄主才是落叶松。也可孤雌卵生，只在落叶松上形成年循环为害。以伪干母 1 龄若蚜在落叶松芽基及枝条鳞缝中越冬，次年 4 月上旬开始活动，蜕皮两次后成伪干母，孤雌卵生，中旬产卵，卵成堆产于蜡丝团中，粘连于枝条或叶上，此代卵量颇高，每蚜可产 84~234 粒，平均约 150 粒。卵期 18 天，5 月上旬孵化，蚜量很大，是落叶松受害严重时期，其中约 9% 的个体增长发育，6 月初长成有翅蚜，即性母，于 6 月中下旬飞回到第 1 寄主云杉上营孤雌卵生。约 90% 个体，发育成侨蚜，无翅，大量分泌蜡丝，布满枝叶，于 5 月底 6 月初开始产卵，此代卵量显比上代少，每蚜产 20~40 粒，卵期 15 天，6 月中旬孵化 2 代若蚜，体色乌黑，无分泌物，7 月中下旬。陆续爬到芽基及当年生枝条鳞缝中越冬。性母，于 6 月中下旬飞回第 1 寄主云杉上，孤雌卵生，卵成堆产于性母翅下，卵孵化为性若蚜，在性母翅下生活一段时间后分散，长成雌蚜和雄蚜，于 7 月初交配产卵，每雌只产 1 粒。7 月底孵化为干母若蚜。刺吸云杉叶汁，但害情轻微，9 月初在冬芽上越冬。次年 4 月中下旬开始活动，虫体由黑变绿，蜕皮两次长成干母，在新芽上营孤雌卵生，新芽受干母刺激而肿胀变形，卵于 6 月上旬孵化为瘿蚜的

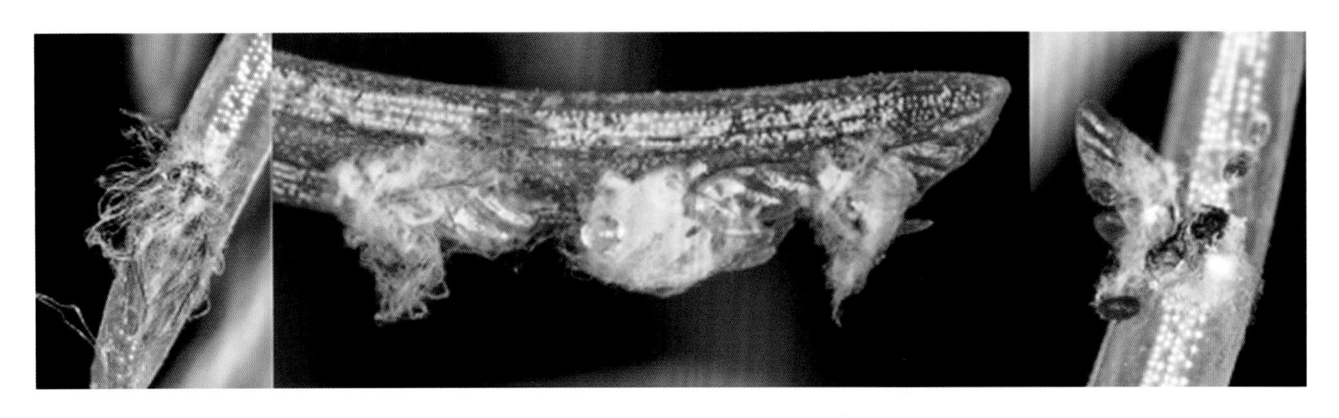

云杉针叶上的瘿蚜及所产卵（李德家　摄）

落叶松球蚜为害状（李德家　摄）

若蚜，共同刺吸新芽、新芽继续增长变成虫瘿，将若蚜包藏于叶腋的瘿室中，每瘿室有若蚜7头以上。6月25日左右，蚜瘿开裂，若蚜大量爬出，在附近叶上生活很短时间，即羽化为有翅瘿蚜。据资料报道，瘿蚜应于8月间飞迁向第2寄主落叶松上产卵，繁殖伪干母若蚜越冬，即构成1个历时两年（跨3个年度）完整的生活周期。7月上旬，有翅瘿蚜并未飞往第2寄主落叶松上，而是就地在云杉上产卵，每堆10余粒，埋藏在蜡丝团中。生活史可简化为第1寄主云杉上：性母→雌、雄蚜→干母→瘿蚜→第2寄主落叶松上：伪干母→侨蚜⇄侨蚜→性母飞回第1寄主云杉上。气候干旱高温，有利于繁殖成灾，造成落叶松早期落叶、枝条煤污，长势衰弱，甚至部分干枯或全株死亡。强风暴雨天气，可使蚜量骤减，控制灾情。一般年份，越冬死亡率40%，自然天敌有瓢虫类、蚜蝇类、粉蛉、原花蝽等。苗木携带是远距传播的主要途径，风力是林间扩散的重要因素。1972 年，宁夏六盘山自然保护区由山西引种落叶松苗木，将此蚜传入该山林区。20 世纪 80 年代初，普遍成灾，成为该保护区林木一大灾害。

分布：宁夏、甘肃、陕西、青海、新疆、内蒙古、黑龙江、吉林、辽宁、北京、河北、山西、山东、四川、云南等地。

20 油松球蚜
Pineus pini（Goeze，1778）

分类地位：半翅目，球蚜科。

异名：*Pineus laevis*（Maskell）。

寄主植物：油松、华山松、黑松、赤松等松属植物。

形态特征：无翅蚜体长 0.8~1.0 mm；体卵形，背面拱起，紫棕色，头与前胸愈合，头胸色稍深，各胸节有斑 3 对，体上被白色蜡丝。触角仅 1 节（若虫触角为 3 节，有翅蚜为 5 节）。尾片半月形，毛 4 根，无腹管。

油松球蚜无翅蚜及卵（李德家 摄）

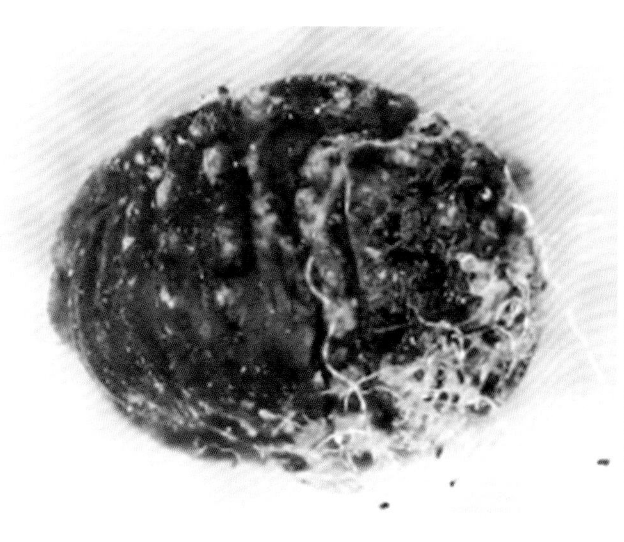
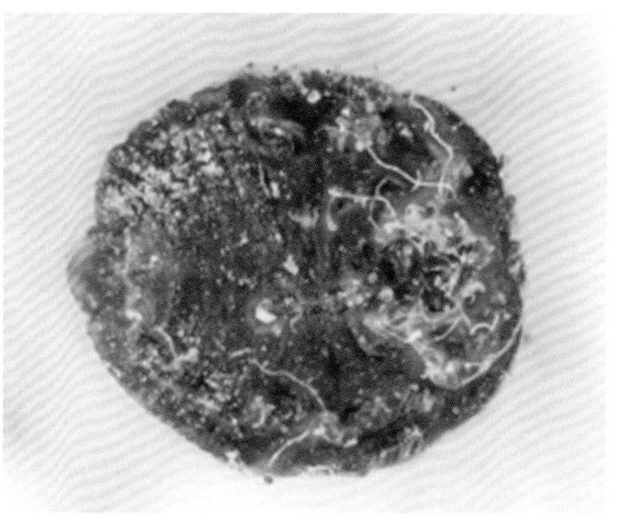

油松球蚜无翅蚜背面（左）、腹面（李德家 摄）

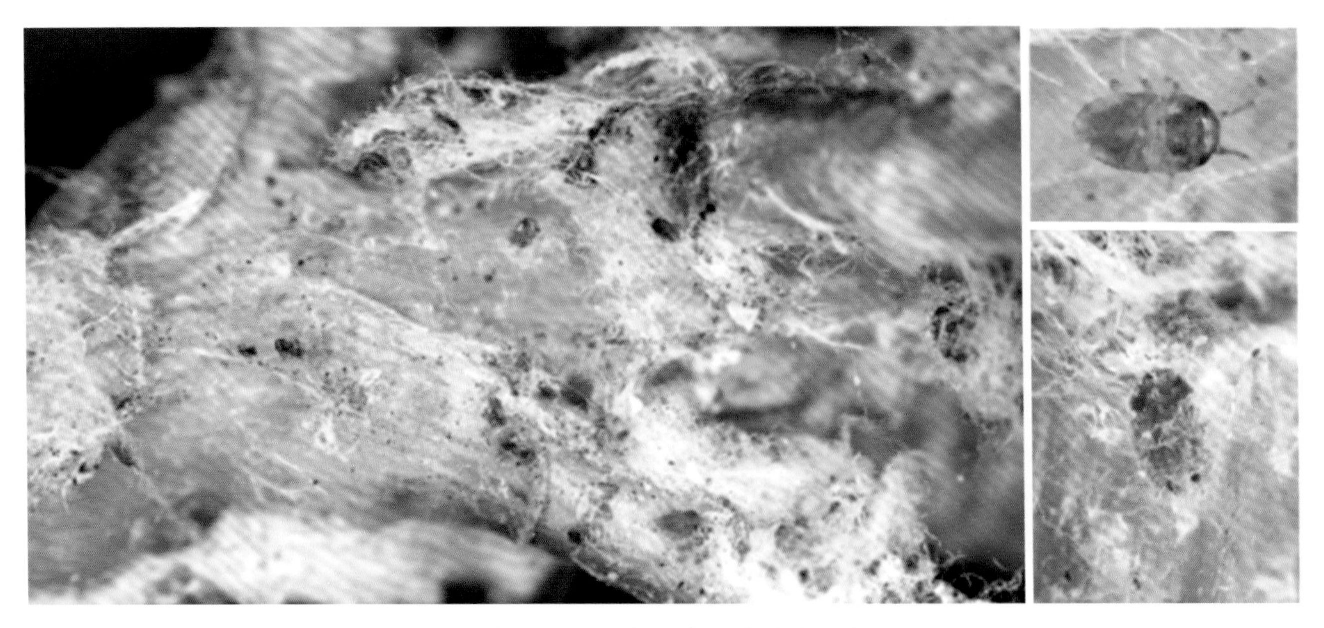

油松球蚜若蚜及为害状（李德家　摄）

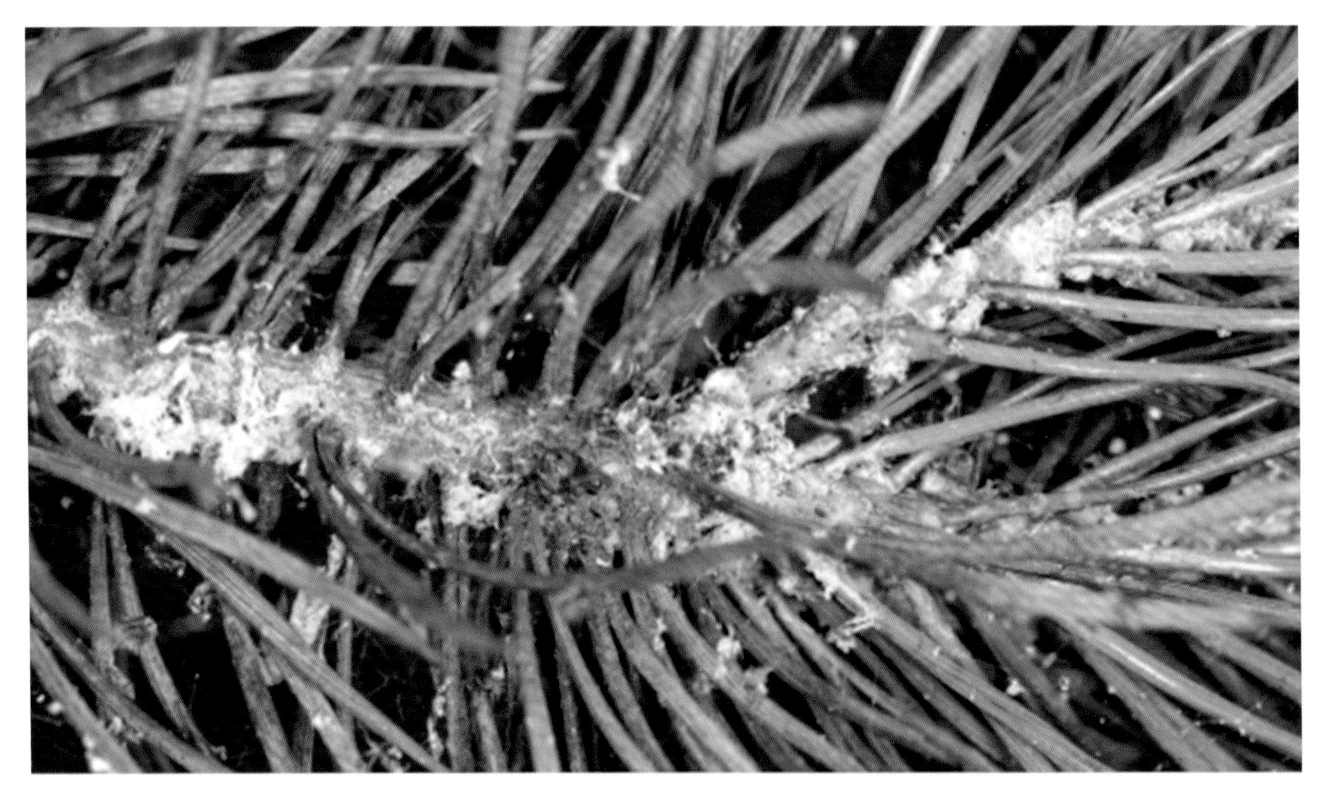

油松球蚜为害状（李德家　摄）

生物学特性：1 年 3 代，该虫是油松上常见的 1 种蚜虫，多以无翅蚜在寄主枝干裂缝中越冬，翌年春季到嫩枝上吸食，5 月产卵，若蚜孵化后固定在枝、干的幼嫩部位及新抽发的嫩梢、针叶基部，大量吸取汁液。远看一片白絮状。有异色瓢虫等天敌。

分布：宁夏、北京、河北、山东、河南、江苏、浙江等地。

21 白杨毛蚜

Chaitophorus populeti（Panzer，1801）

分类地位：半翅目，毛蚜科。

别名：杨毛蚜。

寄主植物：主要为毛白杨、新疆杨、银白杨、柳树。

形态特征：有翅蚜长 1.8~2.0 mm，绿色，体被毛。头、胸黑色，复眼深红色，触角第 3 节及第 4 节的大半为淡黄色，余为黑色。第 3 节有感觉孔 19~26 个，第 4 节 1~7 个，第 5 节除 1 个原感觉孔外，有时还有 3 个次生感觉孔。腹侧有圆形黑斑，各节背面为黑色宽横带，唯第 3 节为淡灰绿色。腹管短筒形。黑色，有横长网纹，基部周围体表有黑色环斑。尾片圆瘤状，密生微刺突，上生长毛 5 根左右。翅痣大而色黑，各脉端有灰色晕纹。中后足腿节大部黑褐色，以前腿节色较浅，胫节基、端部及跗节黑色。无翅蚜为卵圆形、长 2.2 mm，体色黄绿，背面着生针状、棒状和叉状长毛。触角第 4 节端部及第 5、6 节黑色。余为淡褐色。复眼红色，头、前胸及中、后胸中部红褐色，其中有两条黑色纵纹；腹节背面有黑色宽横带，唯第 2、3 节横带中央断开成 1 个黄绿色大斑，腹端末 2 节黄绿色。腹管淡色。基部周围黄绿色。各足腿节深色，惟前腿节色较浅。各胫节基部和端部黑色，中部黄褐色，后胫节散生小圆

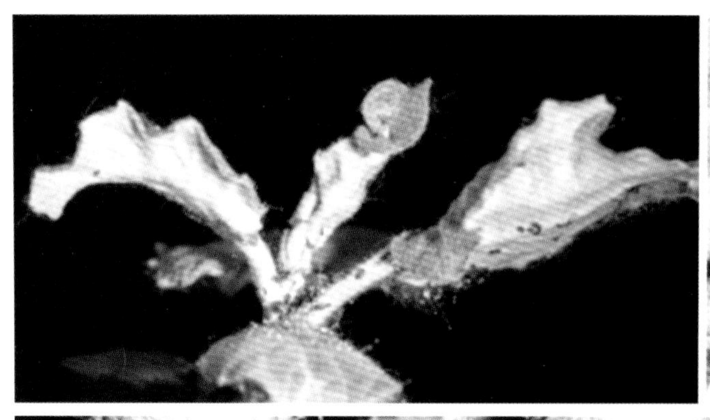

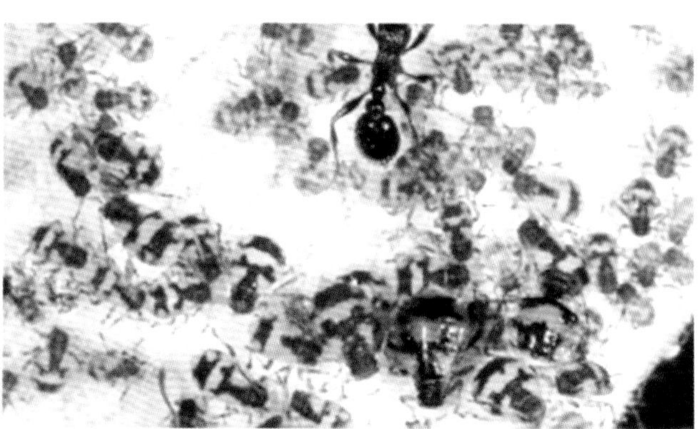

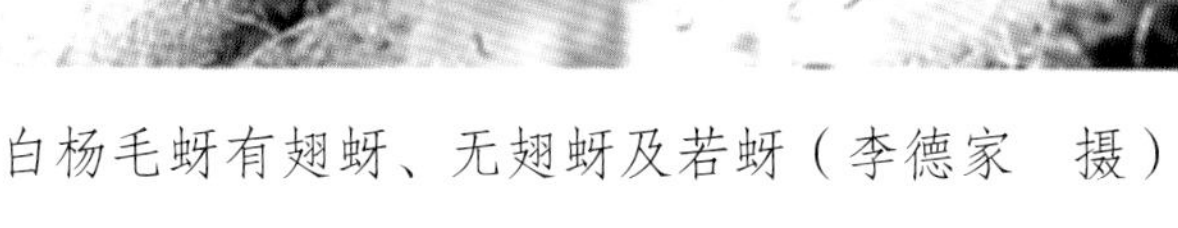

白杨毛蚜有翅蚜、无翅蚜及若蚜（李德家　摄）

白杨毛蚜有翅蚜（李德家　摄）

形感觉孔数个。尾片瘤状，生长毛 5 根。若蚜黄绿色，头胸部黄褐色，腹部背面有两条深绿色纵纹，足灰褐色。

生物学特性：以卵在寄主枝干疤痕凹缝等处越冬。卵初产为黄色，后变黑色，常数十粒至数百粒积成堆。4 月间杨树发芽时孵化，由枝干爬到新芽为害。5 月中下旬蚜量达高峰密集梢部及叶背为害，并产生有翅蚜飞迁扩散，10 月上旬产生性蚜交配产卵越冬。10 月中下旬为产卵高峰期，11 月上旬为末期。以若蚜、成蚜群集于寄主嫩枝梢、嫩叶背面刺吸为害。幼树受害最重，使梢叶卷缩，大量黏液洒满枝叶，严重影响树势。

分布：宁夏（银川市、石嘴山市、吴忠市）、新疆、河北、北京、河南、山东、吉林、辽宁、四川等地。

22 白毛蚜 *Chaitophorus populialbae*（Boyer de Fonscolombe，1841）

分类地位：半翅目，毛蚜科。

寄主植物：毛白杨、青杨、小叶杨等。

形态特征：有翅蚜，体长约 1.5 mm，粉绿色，腹部宽圆略扁，周身生淡色长毛。头部黑褐色，前缘平阔，生有 6 根长毛。复眼暗红色，眼瘤显著。前胸、中胸背板及小盾板黑褐色。腹部各节背面有黑横带，两侧各有黑斑 5 个，新鲜虫体腹部背面有 3 条深绿色晕纹，1 条在腹部第 1 节，另 2 条在

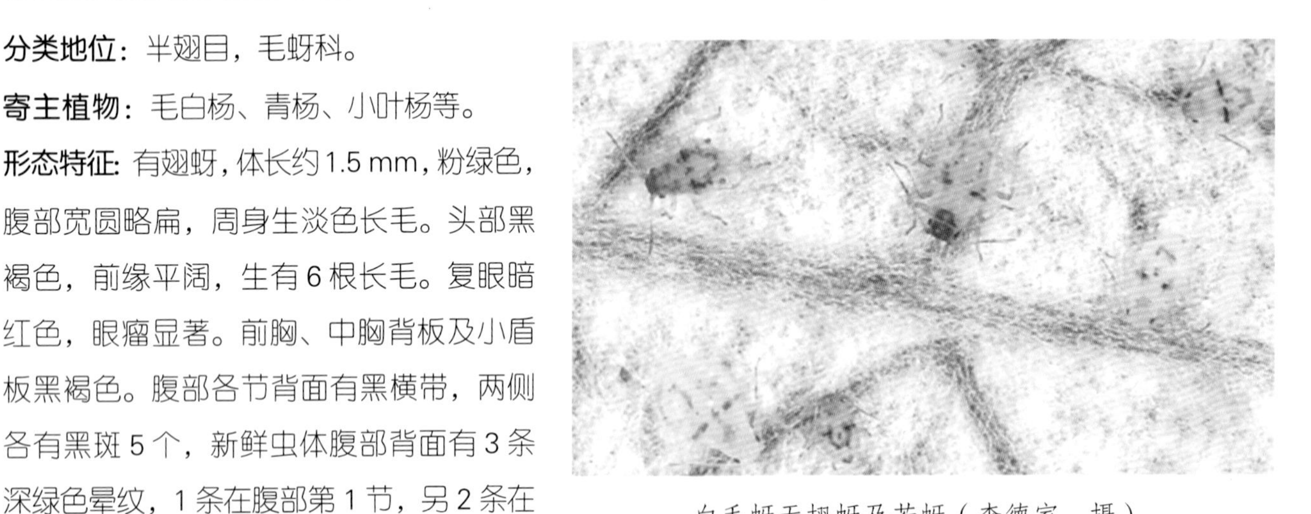

白毛蚜无翅蚜及若蚜（李德家　摄）

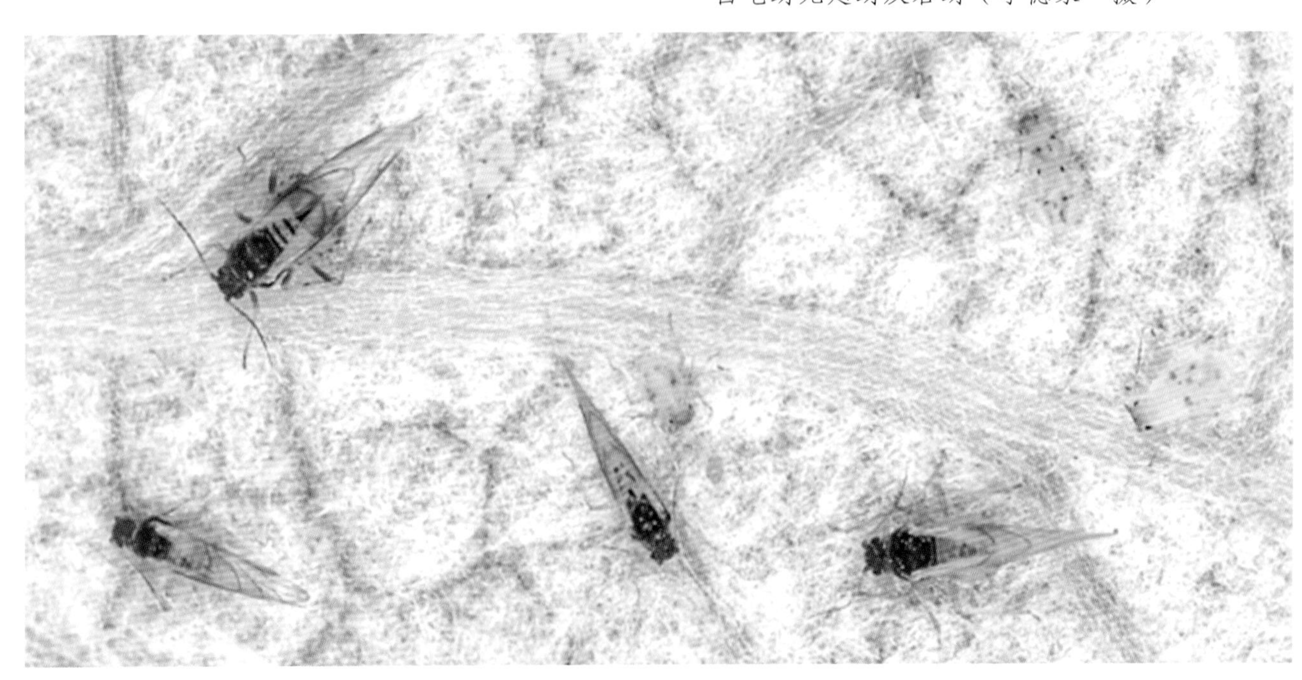

白毛蚜蚜群（李德家　摄）

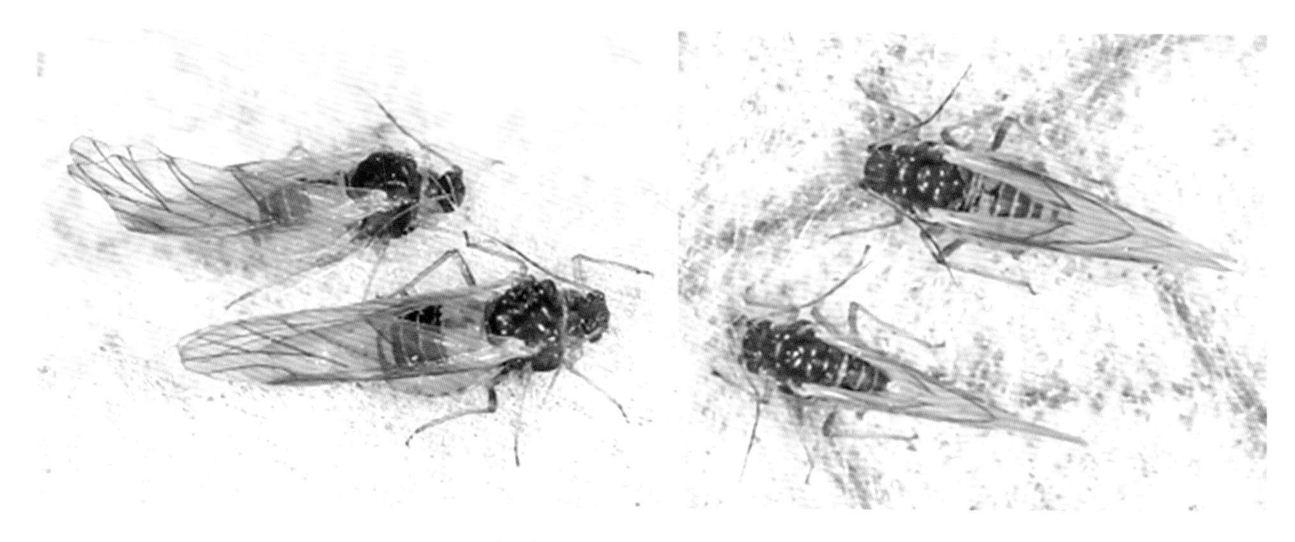

白毛蚜有翅孤雌蚜（李德家 摄）

背中部呈弧形环绕腹管；腹管黑色短筒形，有网状纹。尾片极小，淡黄色，扁球形，有长短刚毛 6~7 根。触角第 1、2 节暗褐色，第 5、6 节黑色，余为黄色，第 3 节有感觉孔 6~15 个，单行排列。翅斑黑色，中脉分叉 2 次，部分个体 1 次分叉，翅面呈灰色光泽。足黄色，唯后足腿节及各跗节黑褐色。无翅蚜，体色粉绿略圆扁，背面有深绿色晕斑，周身生淡色长毛。复眼暗红色。触角上无感觉孔。各足淡黄色，跗节深色。腹管及尾片淡色。雄蚜，似有翅蚜。体长 1.8 mm，头、胸黑色；腹部污黄色，背面各节有黑色横斑和小点。雌蚜，体长 2.8 mm，黄褐色，头部暗褐色，体背面有深褐色斑，前胸上 2 个，中胸上 4 个，后胸及近腹管处有暗褐色晕斑各 2 块；后足胫节比较粗壮。与白杨毛蚜 *Chaitophorus populeti* 相比，本种个体小，颜色浅，也可寄生在老叶背面。

生物学特性： 1 年多代，以卵在枝条上越冬。6—7 月危害颇重，并使叶片布满分泌黏液，滋生黑霉，影响树势。9 月下旬产生性蚜，10 月上旬开始交配产卵越冬。以若蚜和成蚜在寄主嫩叶和老叶的叶背为害。

分布： 国内宁夏（银川市、固原市）、北京、天津、河北、河南、山东、陕西、辽宁；国外日本，朝鲜半岛，蒙古国，中亚，欧洲，非洲，（引入）北美洲。

23 柳黑毛蚜
Chaitophorus saliniger Shinji，1924

分类地位： 半翅目，毛蚜科。

寄主植物： 柳属植物，包括垂柳、杞柳、龙爪柳等。

形态特征： 无翅孤雌蚜，体黑色，附肢褐色。体长 1.4 mm，宽 0.7 mm。头及各胸节间明显分离；腹部背片 Ⅰ ~ Ⅶ 有 1 愈合的大斑。气门片、触角、腹管、腹部节间斑黑色，尾片灰黑色，尾板淡色。体表粗糙，中额稍隆。腹管具网纹。尾片瘤状，具毛 6 或 7 根。尾板半圆形，明毛 10~13 根。生殖板骨化深色，呈馒头形，具毛约 30 根。有翅孤雌蚜，体长卵形，长 1.4 mm，宽 0.6 mm。体黑色，头部具粗糙刻纹；胸部有突起及褶皱纹；体毛长、尖锐，顶端不分叉。气门黑色圆形半开放，节间斑明显

柳黑毛蚜无翅孤雌蚜及若蚜（李德家 摄）

黑色。喙不达中足基节，端节长为基宽 2 倍。触角 0.8 mm。腹管短筒形，0.06 mm，与触角第 1 节约等长，端部约 1/2 具粗网纹。尾片瘤状，具长毛 7~8 根，尾板具毛 15~17 根。生殖板骨化黑色，宽带形。

生物学特性：1 年发生在 10 代以上，每年发生世代数不一致，全年在柳树上生活。以卵在枝条的缝隙、芽苞周围越冬。翌年 4 月上旬，越冬卵孵化成干母，5—6 月种群易大发生，危害严重。5 月下旬至 6 月上旬可产生有翅孤雌胎生雌蚜，扩散到周围柳树上为害。全年以无翅孤雌胎生雌蚜为主。10 月下旬产生无翅孤雌蚜和有翅孤雌蚜，交尾后产卵，以卵越冬。以口针刺入叶片取食，叶片常卷曲变黄并枯死，影响柳林的生长与观赏。大发生时整株柳树枯黄，且蚜虫排泄的蜜露可诱发煤污病，造成大量落叶，致使树木死亡。

分布：宁夏、河北、黑龙江、吉林、辽宁、内蒙古、山东等地。

24 沙枣钉毛蚜
Capitophorus elaeagni（del Guercio，1894）

分类地位：半翅目，蚜科，钉毛蚜属。

别名：沙枣丁毛蚜、胡颓子钉毛蚜。

寄主植物：主要为害沙枣。

形态特征：有翅蚜，体长 1.5 mm，黄绿色，有深绿色斑纹。头部灰褐色。复眼鲜红色。触角黑色，长超过胸部。胸部黄绿色，侧缘及背面散有深绿色斑，背中央有 1 方形灰黑色大斑。腹管黄绿色，端部暗色，细长，约等于触角第 3、4 节之和。尾片黄色。胫节端及跗节黑色。翅痣黄色。无翅蚜，体长 1.5 mm，全体黄绿色，胸部背面有“北”字形深绿色斑纹，腹部背面后部有深绿色斑 2 纵列。

沙枣钉毛蚜蚜群（李德家 摄）

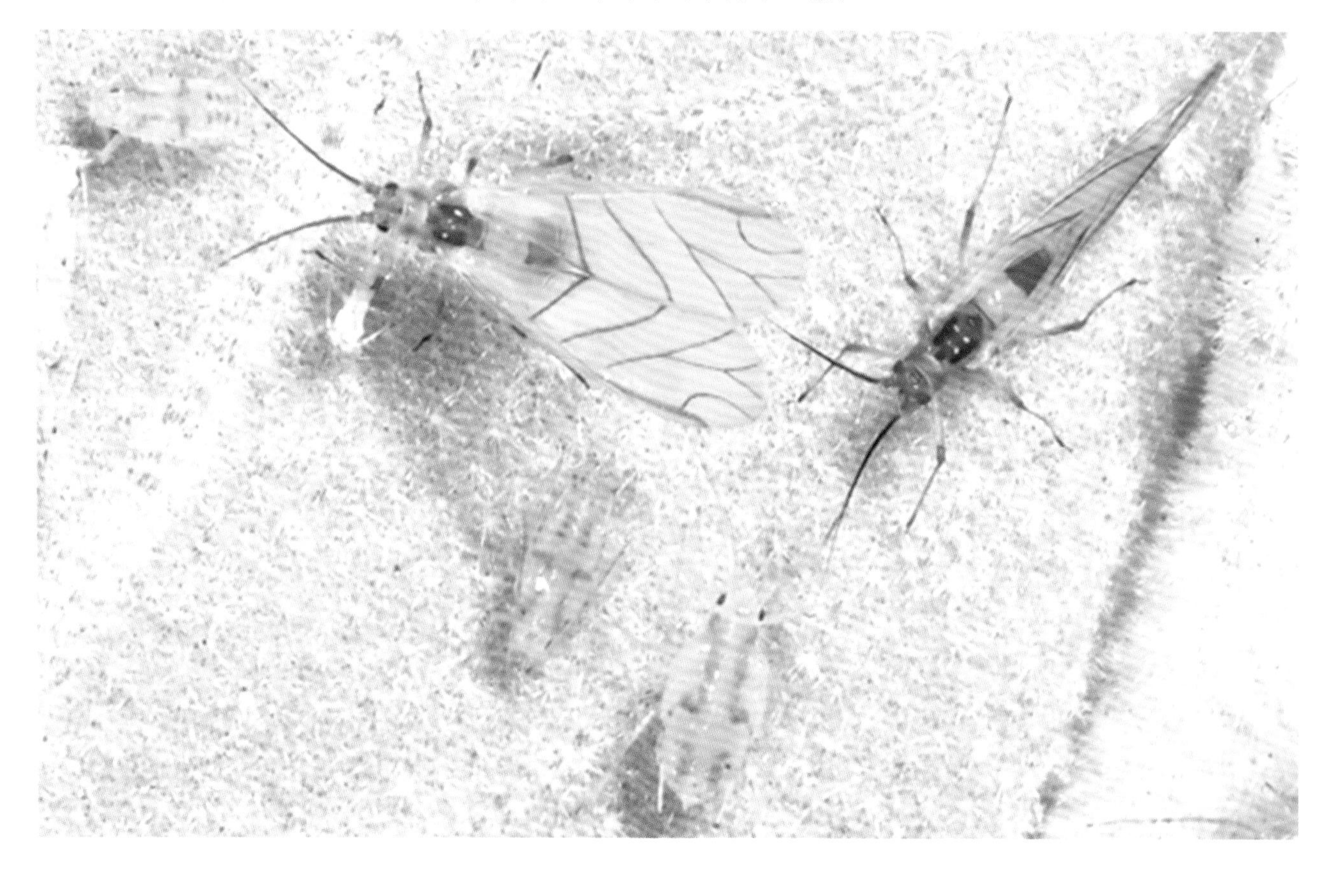

沙枣钉毛蚜有翅孤雌蚜和若蚜（李德家 摄）

体背面有白色钉形毛约 8 纵行，侧缘每节约有钉形毛 2 根。腹管淡色，细长。

生物学特性：以若蚜、成蚜群集于寄主嫩枝梢、嫩叶背面刺吸为害。4—5 月，严重为害沙枣嫩梢，影响树木生长，是沙枣树的重要害虫。

分布：国内宁夏（银川市、石嘴山市）、台湾；国外日本。

25 苹果黄蚜
Aphis spiraecola Patch，1914

分类地位：半翅目，蚜科，蚜属。

别名：绣线菊蚜。

寄主植物：主要为害苹果、山楂、海棠、沙果、杏、梨、樱花、绣线菊、榆叶梅、鬼针草等。

形态特征：成蚜，有翅蚜，体长 1.5 mm，黄色；复眼暗红色；头、胸、腹管、尾片均黑色；靠近腹管基部的内侧，有 1 暗色斑块，腹侧常有 3 个深色小斑。尾片长圆形，上生刚毛 8~10 根。触角长过腹部中央，第 5 节的上端和第 6 节全部为黑色，第 3 节有圆形感觉孔 5~10 个，排成 1 排。各足胫节端和跗节黑色，后足胫节下半部暗褐色。翅面呈灰色荧光，翅痣深灰色。无翅蚜，体长 1.8 mm，全体黄色，复眼暗红色，触角端、足端、腹管和尾片均黑色。触角第 3 节无感觉孔。若蚜，体色与成蚜相同。有翅若蚜体侧出现黑灰色翅芽；无翅若蚜头端和腹管灰黄色。

苹果黄蚜无翅孤雌蚜和若蚜（李德家　摄）

苹果黄蚜有翅孤雌蚜和若蚜（李德家 摄）

生物学特性：以若蚜、成蚜群集于寄主嫩梢、嫩叶背面及幼果表面刺吸为害，受害叶片常呈现褪绿斑点，后向背面横向卷曲或卷缩。群体密度大时，常与蚂蚁共生。苹果黄蚜终年寄生在苹果树上，仅作株间或近缘种间的转移。年最高繁殖 19~20 代。以卵在芽腋处越冬。次年 4 月上旬孵化为干母，吸食嫩芽汁液，成长后即大量胎生繁殖，5—6 月虫口密集为害嫩梢，使叶形皱缩、发黄，节间短缩，严重抑制枝条的生长；7 月中旬之后，受天敌和高温的控制，虫口锐减，8—9 月又回升危害，9 月下旬出现性蚜（有翅雄、雌成虫），10 月间，性蚜交配后雌虫产卵于枝条的芽腋处越冬。

分布：宁夏全区，主要在苹果种植区造成危害，包括银川市兴庆区、金凤区、西夏区、石嘴山市大武口区、平罗县、中卫市沙坡头区等地。在我国新疆、山东、四川、云南、湖北、江苏、浙江、东北、河北、陕西、甘肃、青海、河南、内蒙古、山西等地也有分布。

26 刺槐蚜
Aphis craccivora Koch，1854

分类地位：半翅目，蚜科，蚜属。

异名：*Aphis robiniae*。

别名：洋槐蚜、豆蚜。

寄主植物：刺槐（洋槐）、国槐、紫穗槐、龙爪槐、大豆、蚕豆、豇豆、菜豆、紫苜蓿等多种豆科植物。

形态特征：成蚜，无翅孤雌蚜体卵圆形，长 2.3 mm，宽 1.4 mm。体漆黑色，有光泽；附肢淡色间有黑色。腹部第 1 至第 6 节大都愈合为 1 块大黑斑；第 1、7、8 节无或有小缘斑；第 7、8 节有 1 窄细横带。头、胸及腹部第 1 至第 6 节背面有明显六角形网纹；第 7、8 腹节有横纹。缘瘤骨化，馒头状，宽与高约相等，位于前胸及腹部第 1、7 节，其他节偶有。中胸腹岔无柄，基宽为臂长的 1.0~1.5 倍。体毛短，尖锐；

刺槐蚜有翅孤雌蚜、无翅孤雌蚜和若蚜（李德家　摄）

触角长 1.4 mm，各节有瓦纹；喙长稍超过中足基节；腹管长 0.46 mm，长圆管形，基部粗大，有瓦纹。尾片长锥形，长 0.24 mm，基部与中部收缩，两缘及端部 3/5 处有横排微刺突，有长曲毛 6~7 根。尾板半圆形，有长毛 12~14 根。生殖板横圆形，具等长毛 12 根。有翅孤雌蚜，体黑色，长卵圆形，长 2.0 mm，宽 0.94 mm。触角与足灰白色间黑色。腹部淡色，斑纹黑色；第 1 至第 6 节横带断续与缘斑相连为 1 块斑；各节有缘斑，第 1 节斑小；腹管前斑小于后斑；第 7、8 节横带横贯全节；第 2 至第 4 节偶有小缘瘤。触角长 1.4 mm；第 3 节有圆形感觉圈 4~7 个，分布于中部，排列成 1 行。气门片骨化黑色，隆起。体表光滑，缘斑及第 7、8 腹节有瓦纹。尾片具长曲毛 5~8 根。尾板有长毛 9~14 根。生殖板有长毛 12~14 根。其他特征与无翅型相似。

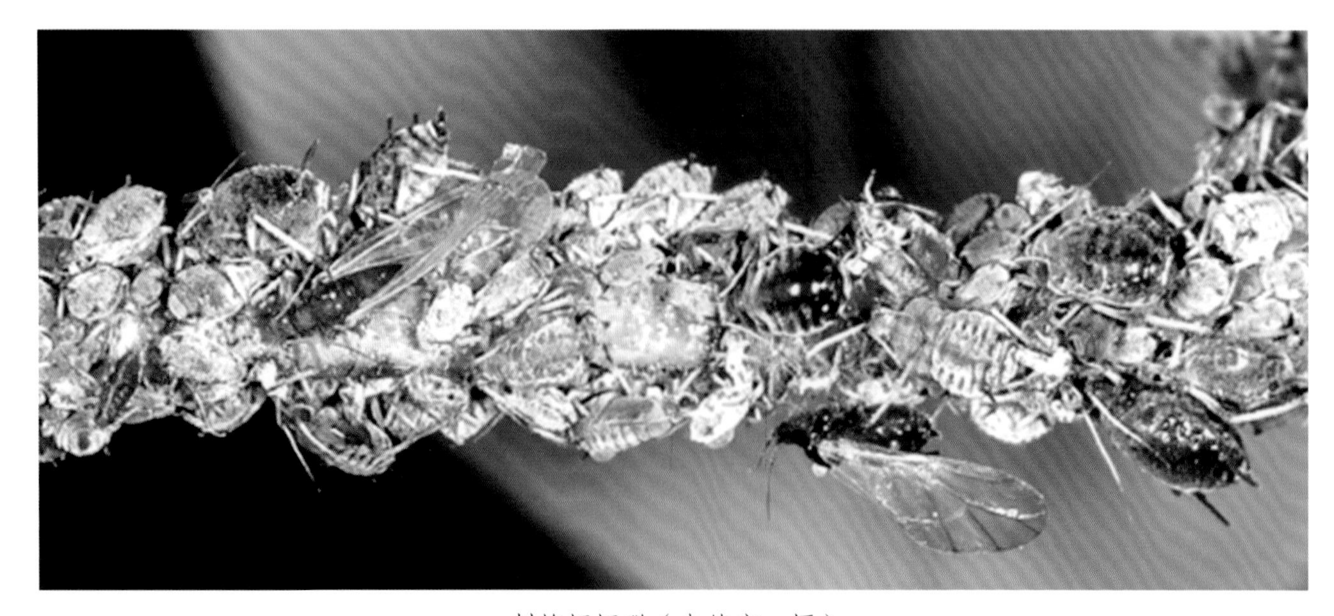

刺槐蚜蚜群（李德家　摄）

生物学特性：该虫在西北各地年发生 10 多代。以无翅胎生蚜、若蚜或少量卵于背风向阳处的野豌豆、野苜蓿等豆科植物的心叶及根茎交界处越冬。翌年 3 月在越冬寄主上大量繁殖。4 月中下旬产生有翅胎生雌蚜迁飞至槐树等豆科植物上危害，为第 1 次迁飞扩散高峰；5 月底 6 月初，有翅胎生雌蚜又出现第 2 次迁飞高峰；6 月份在刺槐上大量增殖形成第 3 次迁飞扩散高峰。对刺槐的危害较严重，成、若虫群集刺槐新梢吸食汁液，严重受害的刺槐新梢枯萎、嫩叶卷缩。7 月下旬因雨季高温高湿，种群数量明显下降；但分布在阴凉处的刺槐和紫穗槐上的蚜虫仍继续繁殖危害。到 10 月间又见在菜豆、紫穗槐收割后的萌芽条上繁殖危害。以后逐渐产生有翅蚜迁飞至越冬寄主上繁殖越冬。温度和降水量是决定该蚜种群数量变动的主要因素，5—6 月干旱季节繁殖量大、危害最猖獗，7 月多雨时种群数量明显下降。

分布：宁夏、辽宁、北京、河北、山东、江苏、江西、河南、湖北、新疆、陕西、甘肃、内蒙古等地。

27 夹竹桃蚜
Aphis nerii Boyer de Fonscolombe，1841

分类地位：半翅目，蚜科。

寄主植物：寄主为夹竹桃、萝藦、地梢瓜、牛皮消、马利筋等。

形态特征：无翅蚜体长 1.9~2.3 mm，体柠檬黄色至金黄色。有翅蚜体长 2.1 mm 左右。

生物学特性：1 年可发生 10 余代，常以成若蚜在顶梢、嫩叶及芽腋隙缝处越冬。第 2 年 4 月上中旬开始缓慢活动，5—6 月间蚜虫发生数量最大，为繁殖盛期。在同一植株上同时见到无翅成、若蚜和有翅蚜，该蚜在 1 年内有 2 次危害高峰期，即 5—6 月，9—10 月。7—8 月因温度过高和各种天敌的制约，虫口密度低，危害也减轻。

分布：我国自北至南广泛分布。

夹竹桃蚜蚜群（李德家 摄）

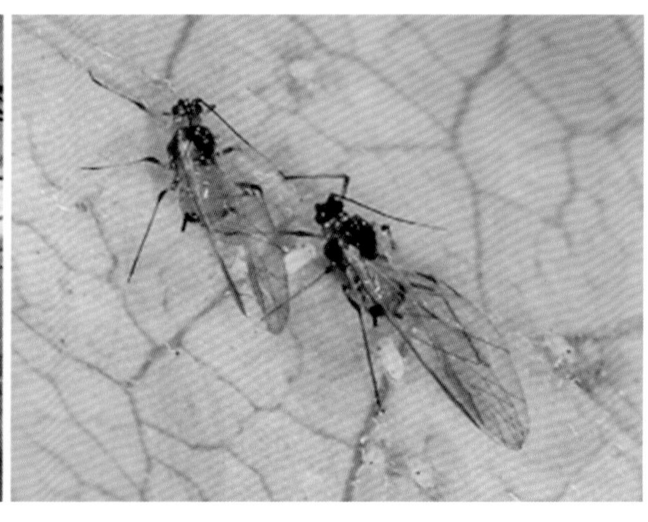

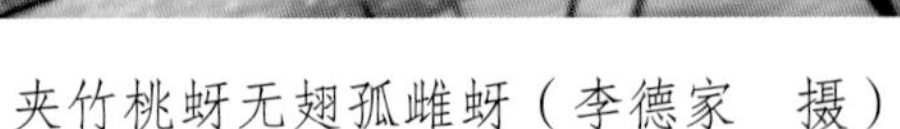

夹竹桃蚜无翅孤雌蚜（李德家　摄）

夹竹桃蚜有翅孤雌蚜（李德家　摄）

28　桃粉大尾蚜

Hyalopterus persikonus Miller，Lozier & Foottit，2008

分类地位：半翅目，蚜科。

别名：桃大尾蚜、桃装粉蚜、桃粉绿蚜、桃粉蚜。

寄主植物：杏、梅、桃、李、芦苇、榆叶梅等。

形态特征：成蚜，有翅胎生雌蚜体长 2.0~2.1 mm，翅展 6.6 mm 左右，头胸部暗黄至黑色，腹部黄绿色，体被白蜡粉。无翅胎生雌蚜体长 1.5~2.6 mm，体绿色，被白蜡粉，复眼红褐色，腹管短小，尾片长大，

桃粉大尾蚜为害状（李德家　摄）

桃粉大尾蚜有翅蚜、无翅蚜和若蚜（李德家　摄）

黑色，圆锥形，有曲毛5~6根。若蚜体小，淡黄绿色，与无翅胎生雌蚜相似，被白粉。有翅若蚜胸部发达，有翅芽。卵，椭圆形，长0.6 mm，初黄绿后变黑绿色。

生物学特性：1年发生10~20代，北方10余代，生活周期类型属乔迁式，以卵在桃等冬寄主的芽腋，裂缝，裂缝及短枝杈处越冬，冬寄主萌芽时孵化，群集于嫩梢、叶背为害繁殖。5—6月繁殖最盛为害严重，大量产生有翅胎生雌蚜，迁飞到夏寄主（禾本科等植物）上为害繁殖，10—11月产生有翅蚜，返回冬寄主上为害繁殖，产生有性蚜交尾产卵越冬。成、若虫群集于新梢和叶背刺吸汁液，被害叶失绿并向叶背对合纵卷，卷叶内积有白色蜡粉，严重时叶片早落，嫩梢干枯。排泄蜜露常致煤污病发生。

分布：华中、华北、西北、东北地区（宁夏全境）。

29 桃蚜
Myzus persicae（Sulzer，1776）

分类地位：半翅目，蚜科。

别名：桃绿蚜、菜蚜、烟蚜等。

寄主植物：桃、苹果、杏、梨、李、樱桃、海棠、山楂、枸杞、大丽花、芍药、牡丹、金鱼草、牵牛花、梅、槭树等树种，及烟草、菠菜、马铃薯、白菜、番茄、茄子、辣椒等常见农作物，寄主达300多种。

形态特征：成蚜，无翅孤雌蚜，体卵圆形，长1.4~2.6 mm。绿、青绿、黄绿、淡粉色至红褐色；头部色深。体背粗糙有粒状结构，但背中域光滑，体侧表皮粗糙，背片有横皱纹，第7、8腹节有网纹。额瘤显著内倾，中额微隆起。触角为体长的0.8倍，第6节鞭部为基部的3倍以上，各节有瓦纹。喙达中足基节。腹管圆筒形，长0.53 mm，向端部渐细，有瓦纹，端部有喙突。尾片圆锥形，近端部2/3收缩，有6或7根曲毛。尾板末端圆，有8~10根毛。有翅孤雌蚜，体长卵圆形，体长1.6~2.1 mm。头、胸部、腹管、尾片均黑色，腹部淡绿、黄绿、红褐色至褐色，变异较大。触角丝状6节，黑色，第3节基部

桃蚜为害状（李德家 摄）

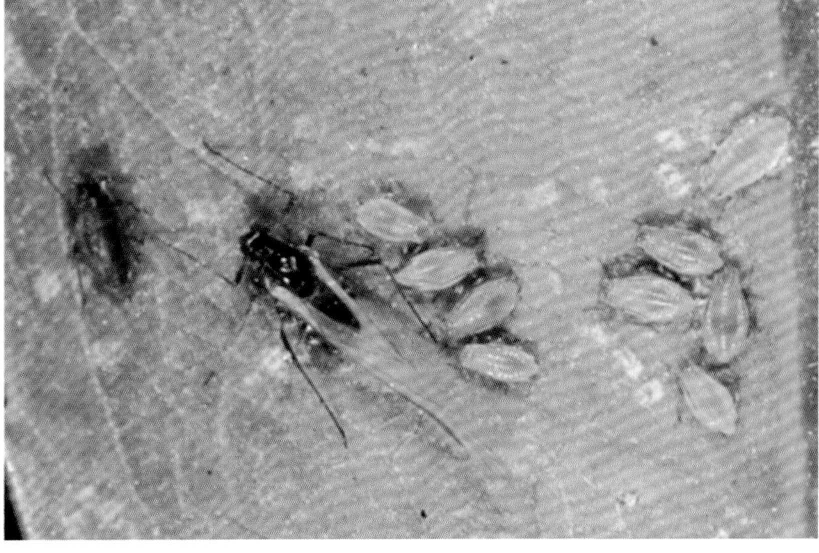

桃蚜无翅蚜、有翅蚜及若蚜（李德家 摄）

淡黄色。第 3 节有 9~11 个小圆形感觉圈。翅透明淡黄色。腹背中央及两侧有淡黑色斑纹，第 8 腹节背中央有 1 对小突起，腹管细长圆筒形，尾片粗圆锥形，近端部 1/3 收缩，有 6~7 根曲毛。无翅有性雌蚜，体长 1.5~2.0 mm。体肉色或红褐色。头部额瘤显著、外倾。触角 6 节，较短。腹管圆筒形，稍弯曲。有翅雄蚜，与有翅孤雌蚜秋季迁移蚜相似，腹部黑色斑点大。若蚜，似无翅孤雌蚜，淡粉红色，仅体较小；有翅若蚜胸部发达，具翅芽。卵，长椭圆形，长 0.7 mm，初淡绿后变黑色。

生物学特性：成、若蚜群集于芽、叶、嫩梢上刺吸为害，叶被害后向背面不规则卷曲皱缩以致脱落。其排泄物诱发煤污病发生，降低观赏价值，同时还传播病毒病，影响树木生长。

生活习性：桃蚜生活周期类型属于典型的乔迁式。在西北地区年发生 10~20 代。以卵在桃、杏花芽、叶芽基部越冬。翌年桃树萌芽时，卵开始孵化为干母，群集芽上为害，展叶后迁移到叶背、嫩梢、花上为害，并不断进行孤雌生殖，4 月下旬至 5 月上旬繁殖最快，为害最盛，并产生有翅蚜迁移至十字花科蔬菜上为害，至晚秋又产生有翅蚜迁回桃树，不久出现性蚜（有翅雄、雌成虫），性蚜交配后雌虫产卵越冬。桃蚜发生与温、湿度有关，冬季温暖、早春雨水均匀的年份易发生，高温和高湿不利于发育。此外，研究发现，在蔷薇科果树上孵化的干母，只有在桃树上才能顺利成活，而在其他果树上干母发育迟缓，最后陆续死亡。这一发现揭示了根治桃蚜的重点，应放在桃树上。

分布：全国各地均有分布。

30 桃瘤蚜
Tuberocephalus momonis（Matsumura，1917）

分类地位：半翅目，蚜科。

异名：*Myzus momonis* Matsumura。

别名：桃瘤头蚜、桃纵卷瘤蚜。

寄主植物：樱桃、榆叶梅、杏、梨，菊科、桃属、柳属等。

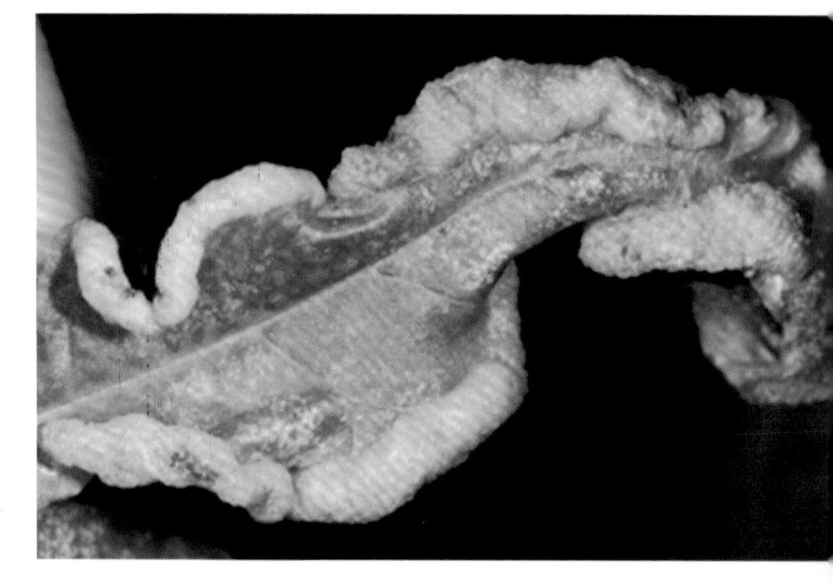
桃瘤蚜为害状（李德家　摄）

形态特征：成蚜，无翅孤雌蚜，卵圆形，长 2.0 mm、宽 0.87 mm。灰绿色至深褐色；头部黑色；腹部及腹部斑灰黑色，节间淡色；触角、喙、足腿节基部 1/2 稍淡色外其余全黑色；腹管、尾板、尾片及生殖板灰黑色至黑色。体表粗糙。体缘有微刺突，无缘瘤。中额瘤隆起，圆形，内缘外倾。触角长 1.1 mm，各节有瓦纹。喙超过中足基节。腹管为体长的 0.17 倍，圆筒形向端部渐细，有微刺构造的瓦纹，有短毛 3~6 根。尾片三角形，顶端尖，有毛 6~8 根。尾板有毛 4 根，尾板末端平或半圆形。有翅孤雌蚜，体长1.7 mm，宽0.72 mm，翅展5.1 mm；淡黄褐色至草绿色，头、胸黑色。额瘤显著，向内倾斜。触角丝状6节，略与体等长；第3节有30多个感觉圈；第6节鞭状部为基部长的3倍。腹管圆柱形，中部略膨大，有黑色覆瓦状纹。尾片圆柱形，中部缢缩。翅透明，脉黄色。各足腿节、胫节末端及跗节色深。其他特征与无翅孤雌蚜相似。若蚜，与无翅孤雌蚜相似，体较小，淡黄色或淡绿色，复眼朱红色。有翅若蚜胸部发达有翅芽。卵，椭圆形，黑色，初产时为绿色。

桃瘤蚜虫瘿内的干母（黑色）及若蚜（黄色）（李德家 摄）

生物学特性：北方年发生10余代。生活周期类型属于乔迁式。以卵在桃、榆叶梅、樱桃等果树枝条的芽腋处越冬，5月上旬（榆叶梅花刚谢）出现危害，6—7月大发生，并产生有翅孤雌蚜迁飞到草坪或禾本科植物上危害，10月上旬又迁飞回桃树等冬季主上，产生有性蚜，产卵越冬。成、若蚜群集于叶背刺吸汁液，致使叶缘向背面纵卷成管状，被卷处组织肥厚凹凸不平，初时淡绿色，后呈桃红色，严重时全叶卷曲很紧似绳状或皱成团，致使叶片干枯脱落，影响植物生长及其观赏价值。

分布：宁夏、黑龙江、辽宁、内蒙古、陕西、山西、北京、河北、河南、山东、江苏、浙江、江西、福建、台湾等省（区）。

31 月季长管蚜 *Sitobion rosivorum*（Zhang，1980）

分类地位：半翅目，蚜科。

异名：*Macrosiphum rosivorum* Zhang & Zhong，1980

别名：玫瑰蚜。

寄主植物：寄主广泛。为害月季、野蔷薇、玫瑰、十姐妹、百鹃梅、梅花等蔷薇科植物及七里香等其他科属花卉。

形态特征：成虫，无翅孤雌蚜，卵形，体长4.2 mm，宽1.4 mm。头部土黄至浅绿色。胸腹草绿色。有时橙红色，头部额瘤隆起外倾，中额微隆。呈浅“W”形。触角长约3.9 mm。比体略短，触角第3节有圆

月季长管蚜若蚜为害状（李德家 摄）

月季长管蚜有翅孤雌蚜（李德家　摄）

月季长管蚜无翅孤雌蚜（李德家　摄）

形感觉圈 6~12 个，腹管长圆管形，端部有网纹，其余有瓦纹。尾片圆锥形，表面有小圆突起，构成横纹，有曲毛 7~9 根。有翅孤雌蚜，体长 3.5 mm，宽 1.3 mm。体草绿色，中胸土黄色。触角长 2.8 mm，第 3 节有圆形感觉圈 40~45 个。尾片上有曲毛，9~11 根。其他与无翅孤雌蚜相似。若蚜，初孵若蚜体长约 1 mm，初为白绿色，渐变为淡黄绿色，腹眼红色。

生物学特性：月季长管蚜 1 年发生 10~20 代，不同地区发生代数有异。该蚜在春秋两季群居为害新梢、嫩叶和花蕾，使花卉生长势衰弱，不能正常生长，乃至不能开花。冬季在温室内可继续繁殖为害。在北方以卵在寄主植物的芽间越冬；在南方以成蚜和若蚜在梢上越冬。以成、若蚜群集于寄主植物的新梢、嫩叶、花梗和花蕾上刺吸为害，导致枝梢生长缓慢，花蕾和幼叶不易伸展，花朵变小或无法正常开放。同时诱发煤污病，严重影响了植物的观赏价值。同时，由于蚜虫分泌蜜露，常引发煤污病，并招来蚂蚁危害，造成植株死亡。月季长管蚜的发生与温度、湿度和降水量有很大关系。在气温 20℃左右，加之干旱少雨时，有利于其发生与繁殖。盛夏阴雨连绵不利于蚜虫发生与危害。从 3—4 月开始为害嫩梢，花蕾及叶反面有时可盖满 1 层。5 月中旬是第 1 次繁殖高峰，7—8 月高温和连续阴雨天气，虫口密度下降。9—10 月虫口回升。每年以 5—6 月和 9—10 月发生严重。秋季又迁回月季等冬寄主上为害与产卵。北方冬季高温温室内，可继续发生危害。气候干燥，相对湿度 70% ~80% 时繁殖速度最快，危害最严重。

分布：宁夏及我国东北、华北、华东、华中等地区均有分布。

32 松大蚜
Cinara formosana（Takahashi，1924）

分类地位：半翅目，大蚜科，长足大蚜属。

异名：*Cinara pinitabulaeformis* Zhang & Zhang，1989。

别名：马尾松大蚜、红松大蚜。

寄主植物：油松、樟子松、赤松、黑松、马尾松等。

形态特征：成蚜，体型较大。触角 6 节，第 3 节最长。复眼黑色，突出于头侧。有翅孤雌蚜体长

松大蚜无翅孤雌蚜和若蚜（李德家　摄）

松大蚜有翅孤雌蚜（杨贵军　摄）

松大蚜成虫产卵状（李德家　摄）

2.3~3.0 mm，全体黑褐色，有黑色刚毛，足上尤多，腹部末端稍尖。翅膜质透明，前缘黑褐色。无翅孤雌蚜体较有翅型成虫粗壮；腹部散生黑色颗粒状物，被有白蜡质粉，末端钝圆。雄成虫与无翅孤雌蚜极为相似，仅体型略小，腹部稍尖。若蚜，体态与无翅成虫相似。由干母胎生出的若虫为淡棕褐色，体长为 1 mm，4~5 天变为黑褐色。卵，黑色。长椭圆形，长 1.8~2.0 mm，宽 1.0~1.2 mm。

生物学特性：1 年多代，以卵在松针上越冬。4 月卵开始孵化为若虫，中旬出现干母（无翅雌成虫进行孤雌胎生繁殖）。1 头干母能胎生 30 多头雌性若虫。若虫长成后继续胎生繁殖，至 6 月中旬出现有翅蚜进行扩散。从 5 月中旬至 10 月上旬，可同时看见成虫和各龄期的若虫。10 月中旬，出现性蚜（有翅雄、雌成虫），性蚜交配后雌虫产卵越冬，常 8 粒卵，偶见 9 粒、10 粒，最多 22 粒，排在松针上。成、若虫刺吸为害干、枝，影响树木生长。严重时嫩梢呈枯萎状态，受害部分的松针上常有松脂块，后期被害树皮的表面留有 1 层黑色分泌物。该虫从 1~2 年生的幼林到几百年生的过熟林均可为害。

分布：宁夏、辽宁、内蒙古、北京、河北、天津、河南、山东、陕西、山西、华南等地有分布。

33 柏长足大蚜
Cinara tujafilina（del Guercio，1909）

分类地位：半翅目，大蚜科，长足大蚜属。

别名：侧柏大蚜。

寄主植物：侧柏、垂柏、千头柏、龙柏、铅笔柏、撒金柏和金钟柏等。

形态特征：无翅孤雌蚜，体卵圆形。体长 2.80 mm，体宽 1.80 mm。活体赭褐色，有时体有薄粉被。气门圆形关闭或月牙形开放，气门片高隆。中胸腹岔无柄。体背多细长尖毛，毛基斑不显，至多比毛瘤稍大；腹部背片 VIII 有毛约 32 根。额瘤不显。触角细短；触角节 V 原生感觉圈后方有 1 小圆形次生感觉圈。喙可达后足基节。腹管位于有毛的圆锥体上，有缘突，腹管基部的黑色圆锥体约与尾片基宽

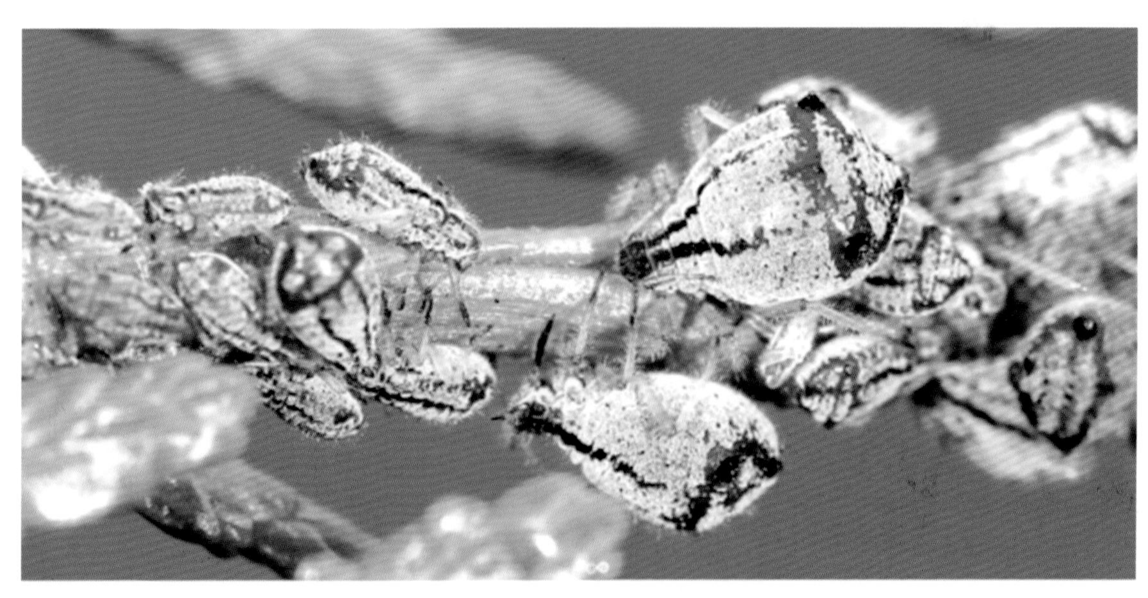

柏长足大蚜无翅孤雌蚜和若蚜（李德家　摄）

柏长足大蚜有翅孤雌蚜（李德家　摄）

相等，有长毛 6~8 圈。尾片半圆形，有微刺突瓦纹。生殖板有毛 22~35 根。有翅孤雌蚜，体卵形。体长 3.10 mm，体宽 1.60 mm。活时头胸黑褐色，腹部赭褐色，有时带绿色翅脉正常，中脉淡色，其他脉深色。其他特征与无翅型相似。

生物学特性：1 年发生 10 代左右，以卵在柏枝叶上越冬，有些地区以卵和无翅雌成蚜越冬。翌年 3 月底至 4 月上旬越冬卵孵化，并进行孤雌繁殖。5 月中旬出现有翅蚜，进行迁飞扩散，喜群栖在 2 年生枝条上为害，北京地区 5—6 月、9—10 月为两次危害高峰，以夏末秋初危害最严重。10 月出现性蚜，11 月为产卵盛期，每处产卵 4~5 粒，卵多产于小枝鳞片上，以卵越冬。特别是侧柏幼苗、幼树和绿篱受害后，在冬季和早春经大风吹袭后，失水极容易干枯死亡。对侧柏绿篱和侧柏幼苗危害性极大。嫩枝上虫体密布成层，大量排泄蜜露，引发煤污病，轻者影响树木生长，重者幼树干枯死亡。

分布：国内各省、市、区都有分布。

34 洋白蜡卷叶绵蚜 *Prociphilus fraxinifolii*（Riley，1879）

分类地位：半翅目，蚜科。

寄主植物：洋白蜡 *Fraxinus pennsylvanica*，美国白蜡树 *F.americana*，阔叶白蜡树 *F.latifolia*，黑梣木 *F.nigra*，四棱梣木 *F.quadrangulata*，墨西哥白蜡树 *F.uhdei* 和绒毛白蜡 *F. velutina*。

形态特征：无翅孤雌蚜，体长 1.6~2.1 mm；体淡黄绿色，复眼红色，触角及足无色透明或淡黄色。体被白色蜡粉，体后部的蜡粉多，长，呈条状，其上常滞留分泌的蜜露滴。喙较短，达中胸。无腹管。有翅孤雌蚜体长 1.5~1.7 mm；体被皮白色蜡粉，以腹后部最厚，丝状；体腹部淡黄绿色，头、胸部背面具黑褐色斑或大部黑褐色。触角浅褐色，6 节，各节比例为 33 ∶ 38 ∶ 100 ∶ 58 ∶ 63 ∶（71+19）；

第 6 节基部具 1~5 个次生感觉觉圈，近圆形，形状与前几节的长形次生感觉圈不同。它的个体较小，在洋白蜡上的无翅和有翅孤雌蚜体长不超过 3 mm（多短于 2.1 mm），以无翅蚜占多数；其他种个体较大，常长于 3 mm。

生物学特性：在植物生长季节，该虫寄生在洋白蜡枝梢复叶的小叶上，嫩叶卷曲成团状，常常把众多小叶（有时包括其他复叶的小叶）蜷缩在一起，分泌的蜜露也保留在卷叶内，也可从开口处下滴，使下方的叶片等遭受污染；随着卷叶内蚜虫数量和蜜露的增加，卷叶内保存了大量的蜜露，常常可见下垂的小枝；抖动树枝，会有大量的蜜露落下。有时卷叶可显枯黄。偶尔可见大量的蚜虫生活在小叶的背面，小叶并没有卷曲。卷叶内具有大量的无翅孤雌虫和少量的有翅蚜。5 月至 10 月下旬均可见，在卷叶内可见无翅孤雌蚜，7 月及以后可见少量有翅蚜。进入秋季，绵蚜的发生量减少。

分布：宁夏、北京、辽宁、新疆等地。

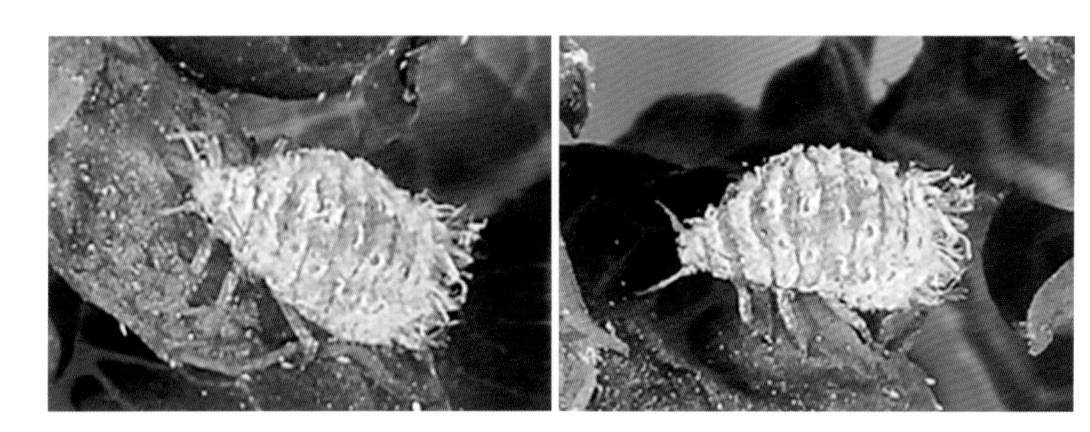

洋白蜡卷叶绵蚜无翅孤雌蚜（李德家　摄）

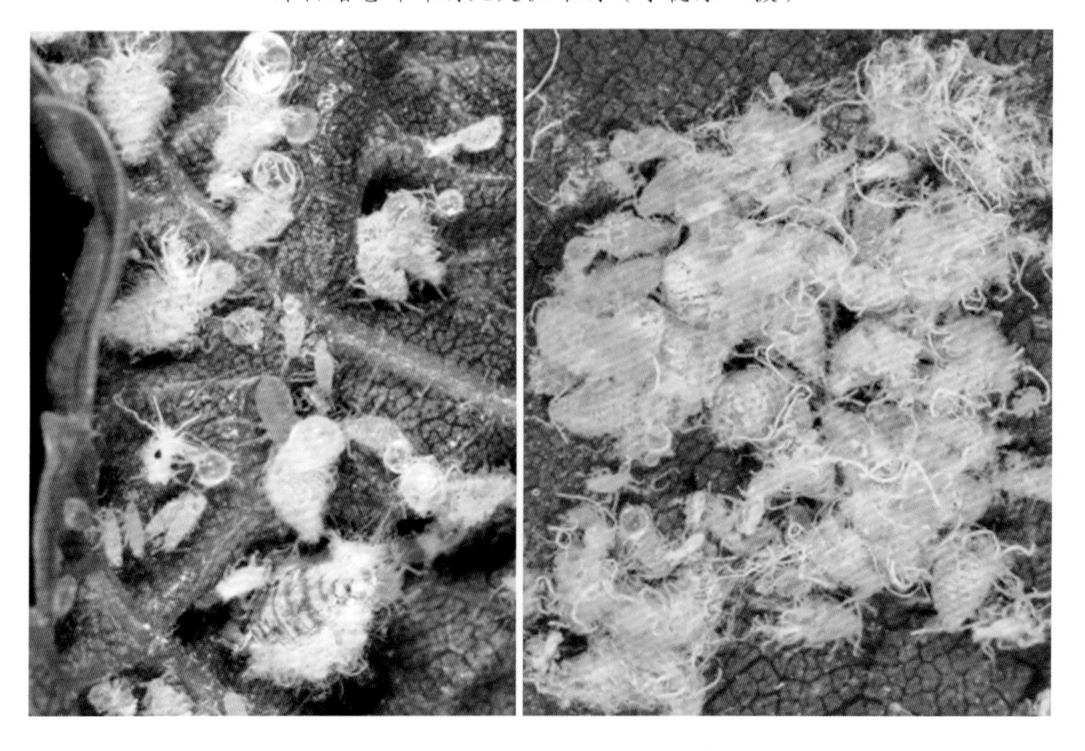

洋白蜡卷叶绵蚜无翅孤雌蚜（李德家　摄）

洋白蜡卷叶绵蚜蚜群（李德家 摄）

洋白蜡卷叶绵蚜卷叶型和不卷叶型为害状（李德家 摄）

35 苹果绵蚜
Eriosoma lanigerum（Hausmann，1802）

分类地位：半翅目，蚜科。

异名：*Aphis lanigerum* Hausmann，1802；*Coccus mali* Bingley，1803；*Myzoxylus mali* Blot，1831。

寄主植物：苹果、山荆子、海棠、花红、楸子、沙果等。

形态特征：无翅蚜体长 1.7~2.1 mm，黄褐色或红褐色，背面具大量白色长毛。触角 6 节，短，为体长的 1/6。腹管黑色，退化。尾片馒头形，具 2 根短刚毛。

生物学特性：1 年 10 多代，以 1、2 龄若虫在树干或枝的裂皮、剪口或土表下的不定芽、根上越冬。以无翅雌蚜及若蚜群集在枝干及近地表的根上，由于大量的白粉而明显可见。通常不为害本土苹果。

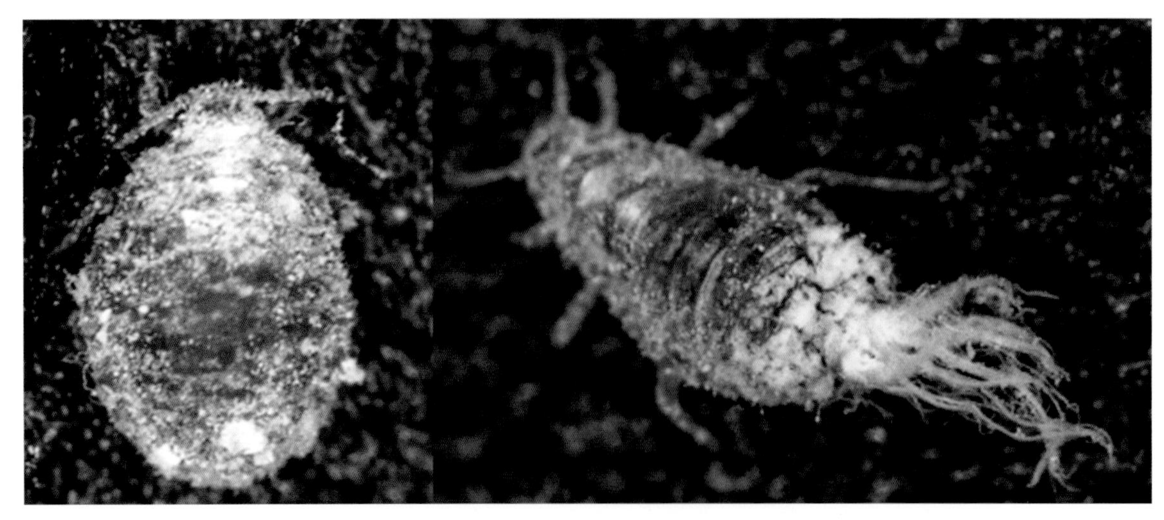

苹果绵蚜无翅干雌蚜（李德家　摄）

苹果绵蚜若蚜（李德家　摄）

苹果绵蚜若蚜（李德家　摄）

苹果绵蚜蚜群（李德家　摄）

苹果绵蚜蚜群（李德家 摄）

苹果绵蚜为害状（李德家 摄）

分布：国内宁夏（兴庆区、利通区、沙坡头区、海原县）、北京、陕西、辽宁、河北、山西、山东、河南、江苏、云南、西藏的局部地区；原产于北美洲，现已传入世界各地。

36 柳瘤大蚜 *Tuberolachnus salignus*（Gmelin，1790）

分类地位：半翅目，蚜科。

别名：柳大蚜。

寄主植物：柳属植物，包括垂柳、竹柳、杞柳、龙爪柳等。

形态特征：成虫，体长 3.5~4.8 mm。全体黑灰色，体表密被细毛。复眼黑褐色。触角黑色，6 节，甚

柳瘤大蚜无翅孤雌蚜（李德家　摄）

柳瘤大蚜有翅孤雌蚜及若蚜（李德家　摄）

短，备有长毛。口器长达腹部。足暗红色，密生细毛；后足特长。腹部膨大，第 5 节背面中央有锥形突起瘤。腹管扁平圆锥形。尾片半月形。有翅型触角第 3 节有亚生感觉孔 14~17 个，第 4 节有 3 个。无翅型触角第 3 节有亚生感觉孔 2 个，第 4 节有 1~4 个，第 5、6 节的初生感觉孔大而突出。

生物学特性：此虫 1 年约发生 10 代以上，以成虫在柳树干下部树皮缝隙内越冬。早春越冬成虫由柳树基部向上移动，4—5 月大量繁殖，盛夏时较少，秋季再度猖獗，直至 11 月上旬还有发现。此虫为害柳条，多在小枝分叉处或嫩枝上群集为害。为害处树皮常因分泌的蜜露引起煤污病而变黑，严重时枝叶枯黄。分泌的蜜露落下如微雨，地上呈现褐色。有的蜜露在树枝上结成小球，引诱大批蚂蚁取食。

分布：宁夏、吉林、辽宁、内蒙古、陕西、河北、北京、河南、山东、江苏、上海、浙江、福建、云南、台湾等。

柳瘤大蚜寄生状（李立国　摄）

柳瘤大蚜为害状（李立国　摄）

37 秋四脉绵蚜
Tetraneura akinire Sasaki，1904

分类地位：半翅目，瘿绵蚜科。

异名：*Tetraneura nigriabdominalis*（Sasaki，1899）。

别名：榆四脉绵蚜、谷榆蚜。

寄主植物：主要为害榆属树木，此外还为害谷子、高粱、麦类等多种禾本科农作物。

秋四脉绵蚜干母若蚜（李德家 摄）

秋四脉绵蚜迁移蚜若蚜（李德家 摄）

形态特征：干母，灰绿色或黄绿色，体圆形，长约 2 mm，腹端微有蜡丝。干母的若蚜，是从越冬卵中孵化出，全体黑色，足粗壮，腹末有微毛。迁移蚜，体长 2 mm，有翅。前翅脉纹 4 条，有灰黄色反光，翅痣黑绿色。触角 6 节，黑色，第 3、5 节最长，为第 4 节的 3 倍，第 3 节至第 5 节上有条状感觉孔。头、胸及足黑色，腹部灰绿色或黄绿色。在腹部背面常分泌大量蜡丝，无腹管。尾片黑色，圆形，上生刚毛 1 对。若蚜，复眼红色，头、胸褐色，腹部黄绿色。雄蚜，体长 0.8 mm，黑绿色，体型狭长无翅。雌蚜，体型肥圆，长 1.3 mm，体色有黑褐色、黑绿色及黄绿色的变异。卵，长 1 mm，初产黄色，后变黑色，1 端有 1 微小突起。

生物学特性：此蚜第 1 寄主（越冬寄主）是榆，第 2 寄主主要是高粱、玉米、甘蔗、麦类、芦苇等禾本科植物。每年发生数代，转主寄生，以卵在榆树枝干皮缝中越冬。4 月越冬卵孵化为干母若蚜，爬到新萌发的榆叶背面固定为害，被害部位出现微小红斑，叶面向上凸起，逐渐形成基部有柄的椭圆形袋状虫瘿（虫瘿外无刺毛，有刺毛者为另一种）。每头干母形成 1 个虫瘿，每片叶面可出现虫瘿 1 至多个，每头干母可胎生 30~50 头干雌若蚜。该成蚜全部具翅。5 月下旬至 6 月上旬虫瘿

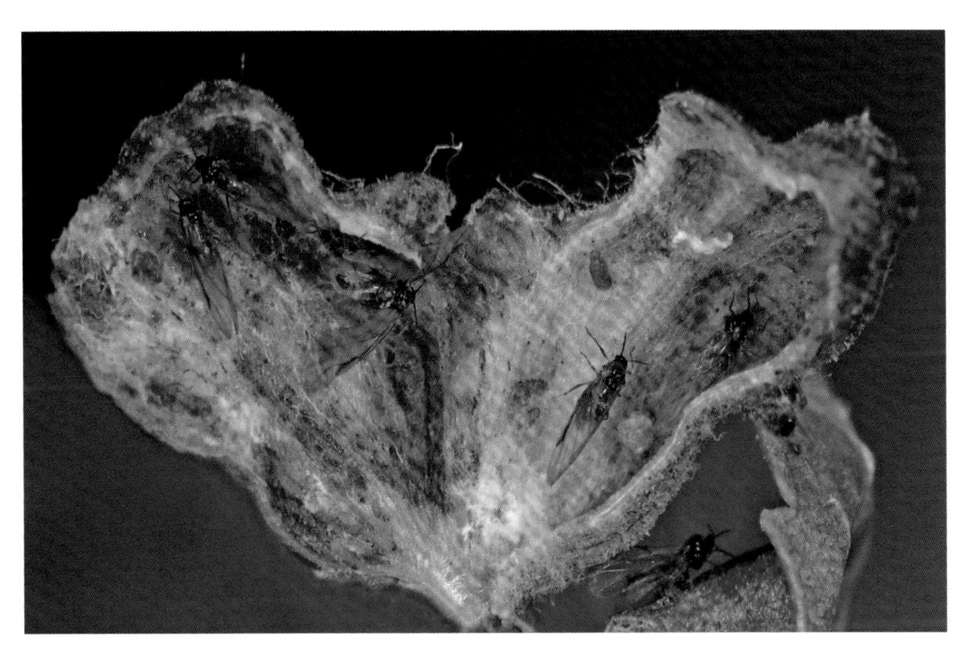

虫瘿内的秋四脉绵蚜迁移蚜（李德家 摄）

虫瘿内的迁移蚜和干母若蚜（李德家　摄）

榆树叶上的秋四脉绵蚜虫瘿（李德家　摄）

开裂，有翅干雌蚜（又叫春季迁移蚜）从裂口中爬出，向第 2 寄主植物的根部迁飞并繁殖危害。一般在 5~15 cm 的根部刺吸初生根和次生根汁液。被害部位有红色点斑，随蚜虫大量繁殖，斑痕逐渐成片，严重时根变红褐而干枯。深秋根系停止生长，蚜虫大都上升集中在 5~15 cm 处，每株根系有蚜虫百至数千头。被害株生长衰弱，植物矮小，导致晚熟、减产，有的不抽穗。主要危害期在 6 月至 9 月。9 月下旬产生有翅性母飞回 4 年以上榆树干裂缝、伤疤及分叉处等粗糙部，产下口器退化的无翅雌蚜和雄蚜，交尾后每雌只产 1 粒土黄色卵，雌蚜抱于卵上死亡，由卵越冬。秋四脉绵蚜多在较疏松的砂壤土、河淤土等地为害禾本科植物，而在容易板结的土地较轻。

分布：国内分布范围较广，适合榆树生长的省区均有分布，如宁夏、黑龙江、辽宁、吉林、北京、内蒙古、天津、河北、山东、河南、新疆、湖北、江苏、上海、浙江、台湾、云南、陕西、山西、甘肃、青海等地。

38　柳倭蚜
Phylloxerina salicis（Lichtenstein，1884）

分类地位：半翅目，根瘤蚜科。

寄主植物：馒头柳、旱柳、垂柳等柳属植物。

形态特征：孤雌蚜，梨形、体黄色，长 0.8~0.9 mm，宽 0.55 mm，头胸愈合如盾蚧；触角 3 节，第 3 节较长，端部有锥状感觉毛 3 根，其中边缘 1 根较粗大，复眼暗红色；喙 3 节，腹部 8 节，腹端圆形，有短毛 4 根，体背各节近边缘处有蜡孔群。卵，长约 0.3 mm，宽约 0.14 mm，长椭圆形。表面光滑。初产白色，后变淡黄色，半透明，有反光，后期橘黄色。若蚜，长椭圆形，长约 0.5 mm。育后期出现 2 个赤色眼点，宽约 0.3 mm，体淡黄色，触角和足灰黄色，复眼 1 对，深红色，喙深灰色颇长，远越过腹端，从腹下延伸出尾后 0.6 mm，足 3 对发达，体背部有 4 纵列淡色毛，体节明显。

生物学特性：在宁夏 1 年发生约 10 代，以卵在树皮的缝隙内越冬。翌春 3 月下旬至 3 月初开始孵化，

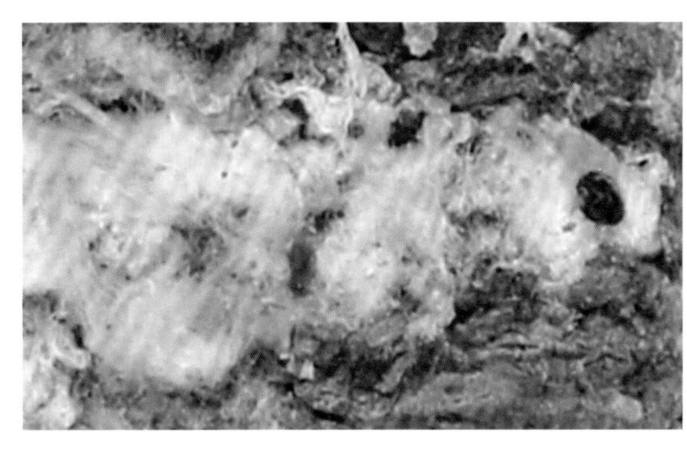

柳倭蚜絮状蜡丝内的性母（黑色）和若蚜（李德家 摄）

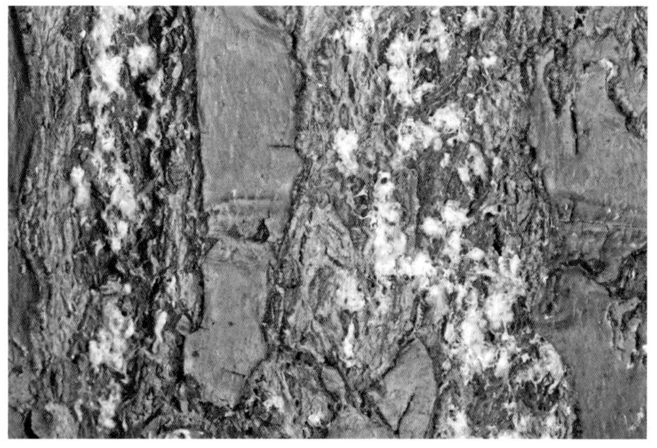

柳倭蚜为害状（李德家 摄）

4月中下旬变为成蚜，营孤雌卵生，产卵前体色加深，呈橘黄色，体壁变硬，虫体肥大。卵单产于蜡被下。一般每蚜产卵量70~80粒。产卵成堆，表面盖有厚蜡被。卵，经10天左右孵化，第2代若蚜于5月初出现，经半月左右于5月中旬出现第2代孤雌蚜，并开始产卵。完成1代需20天至1个月左右。以5月下旬至9月为危害盛期。9月下旬性母开始大量分泌蜡丝，并产卵于其中准备越冬。性母产大、中、小3种卵，大型卵长0.34~0.40 mm，中型卵长0.27~0.31 mm，小型卵长0.24~0.27 mm，宽均为长的1/2。其数量比为68.2%、26.7%、5.1%，大、小型卵当年孵化出无喙性蚜，性蚜不发育，经冬全部死亡。中型卵于翌年3月底开始孵化。成、若蚜多集中在叶腋处吸食汁液，基部无芽处也很普遍，严重时蔓延到叶片主脉上。受害部位往往皮层枯死，柳芽干瘪，叶片脱落，柳条上出现成串的长约0.5 cm的黑斑。

分布：宁夏银川市兴庆区、西夏区、金凤区、灵武市、石嘴山市大武口区、中卫市沙坡头区等地有分布。辽宁、山东、山西、江苏等地有分布。

39 烟粉虱
Bemisia tabaci（Gennadius，1889）

分类地位：半翅目，粉虱科。

寄主植物：寄主植物非常广泛，以茄科、葫芦科、豆科、十字花科、菊科和大戟科为主的70多科600多种植物。

形态特征：成虫体稍小于温室白粉虱，连翅体长1.25~1.39 mm；体淡黄色，被白蜡粉，前翅白色，无斑，前翅脉1条，不分叉，左右翅合拢呈屋脊状，两翅中间有缝可见到黄色腹部；复眼红色，中间只通过1个小眼相连。卵长椭圆形，有光泽，有小柄，白到黄色，孵化前琥珀色，不变黑。若虫淡绿至黄色，2~3龄时足和触角退化至只有1节。伪蛹壳黄色，无周缘蜡丝；胸气门和尾气门外常有蜡缘饰，在胸气门处左右对称。体淡绿或黄色；尾刚毛2根，背粗壮刚毛1~7对或无；管状孔三角形，长大于宽，孔后端有5~7个小瘤突；舌状器长匙状，伸出盖瓣外，末端刚毛2根；腹沟清楚，宽度前后相近。

烟粉虱成虫及卵（李德家　摄）

烟粉虱寄生状（李德家　摄）

生物学特性：不同寄主植物上的发育时间各不相同，25 ℃下从卵到成虫需 18~30 天成虫寿命 10~22 天，每雌产卵 30~300 粒，卵期约 5 天，若虫期约 15 天。先在自身羽化的叶上产少量卵，后转移到新叶背面产卵，卵散产，与叶面垂直。若虫直接刺吸植物汁液，造成植株衰弱，诱发煤污病和传播病毒。危害程度重于温室白粉虱。严重危害棉花和十字花科蔬菜。

分布：我国广泛分布，北方温室。

40　杨绵蚧
Pulvinaria vitis（Linnaeus，1758）

分类地位：半翅目，蚧科。

异名：*Pulvinaria betulae*（Linnaeus，1758），*Pulvinaria populi* Signoret，1873。

别名：葡萄棉蚧、桦树棉蚧。

寄主植物：杨、柳、桦、葡萄等枝条。

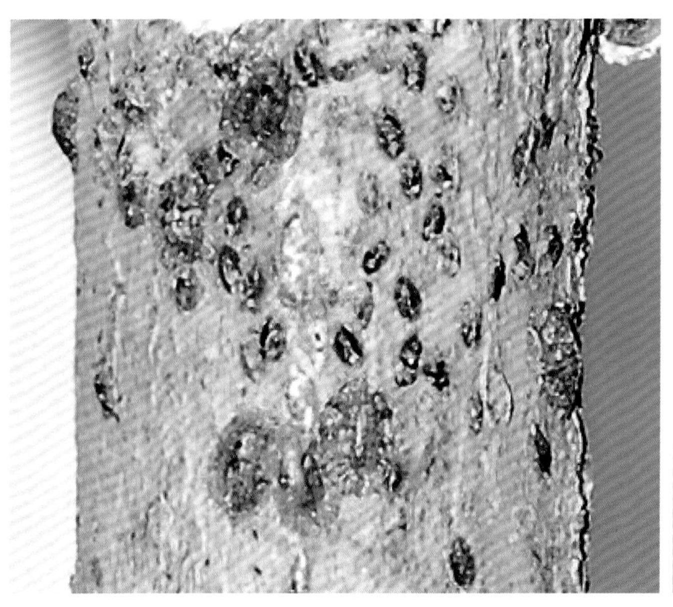
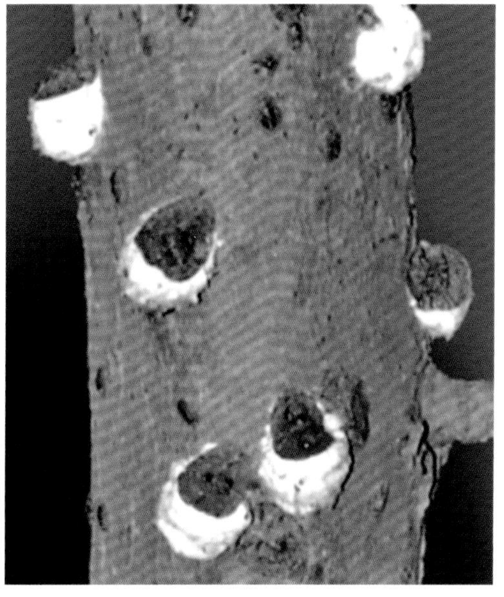

雌成虫和若虫在寄主枝干寄生状（李德家 摄）

形态特征：雌成虫椭圆形，长 7 mm，宽 5 mm，灰褐色。体节褶皱明显，腹裂深，背中线色深，腹部中线两侧散布有不正形黑斑。卵囊由腹下向后分泌，呈白色绵团状，颇大，半球形，最大者长 8 mm，宽 6 mm，囊背中有 1 纵沟纹。触角 8 节，第 3 节最长。足 3 对，较细，分节明显，爪下具 1 小齿。每气门五格腺数在 100 个以上；气门刺 3 根，刺粗大，中刺约 2 倍长于侧刺。肛环 8 毛。多格腺分布于腹部腹面，管腺分布于腹面亚缘区。体缘毛尖细，排成不规则双列，毛间距离多长于缘毛。

生物学特性：1 年发生 1 代，以若虫在枝干上越冬。次年 3 月下旬开始吸食树液，体周缘分泌蜡丝，5 月上、中旬雌蚧成熟，体下向后分泌蜡丝团，组成卵囊，卵产于卵囊中，5 月下旬至 6 月上旬卵粒孵化，若虫分散于枝条及时部为害。入冬后就在枝条上越冬。

分布：我国西北地区及内蒙古全境。

41 朝鲜毛球蚧 *Didesmococcus koreanus* Borchsenius，1955

分类地位：半翅目，蚧科。

别名：朝鲜球蚧、朝鲜球坚蚧、朝鲜球坚蜡蚧、杏球坚蚧、杏毛球坚蚧、桃球坚蚧。

寄主植物：杏、李、桃、海棠、苹果、梅、樱桃等蔷薇科植物。

形态特征：雌成虫体近球形，长 4.5 mm，宽 3.8 mm，高 3.5 mm。前、侧面下部凹入，后面近垂直。初期介壳软黄褐色，后期硬化红褐至黑褐色，有两列大凹点，表面有极薄的蜡粉。触角 6 节，第 3 节最长。足小，正常分节，胫节和跗节等长，其间无硬化关节，跗冠毛细，爪冠毛不一般粗，端膨大，有爪齿。肛环宽而发达，有 6 根长环毛及内、外列环孔。体腹面沿体缘有各种大小的锥刺。雄茧长椭圆形，毛玻璃状，黄白色，突起，后背有 1 横缝，背面有 2 纵沟及多数横脊。雄成虫体长 1.5~2.0 mm，翅展

朝鲜毛球蚧成虫交尾状（李德家　摄）

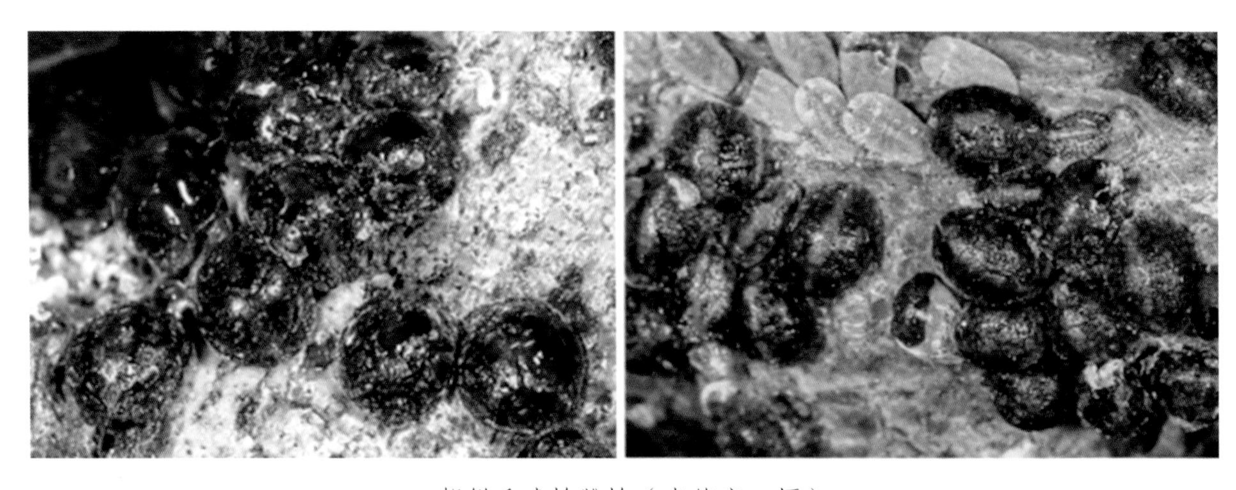

朝鲜毛球蚧雌蚧（李德家　摄）

朝鲜毛球蚧雄虫介壳（李德家　摄）

朝鲜毛球蚧雄成虫破介壳状（李德家　摄）

朝鲜毛球蚧2龄若虫（李德家　摄）

朝鲜毛球蚧为害状（李德家　摄）

黑缘红瓢虫取食朝鲜毛球蚧（李德家　摄）

德国黄胡蜂取食朝鲜毛球蚧（李德家　摄）

2.5 mm，头胸部赤褐色，腹部淡黄褐色。腹端有针状交尾器。卵，椭圆形，赤褐色，附有白色蜡粉，初白色渐变粉红。若虫，初孵若虫长椭圆形，扁平，长 0.5 mm，淡褐至粉红色被白粉。越冬后的若虫，体背淡黑褐色并有数 10 条黄白色的条纹，上被有 1 层极薄的蜡层。蛹，裸蛹，体长 1.8 mm，赤褐色，腹末有 1 黄褐色的刺状突。

生物学特性：1 年发生 1 代，以 2 龄若虫固着在枝条上越冬，外覆有毡状蜡被。3 月中旬开始从蜡被里脱出另找固定点，而后雌雄分化。雄若虫 4 月上旬开始分泌蜡茧化蛹。4 月中旬开始羽化交配，交配后雌虫迅速膨大。5 月中旬前后为产卵盛期。初孵若虫分散到枝、叶背危害，落叶前叶上的虫转回枝上。以叶痕和缝隙处居多，此时若虫发育极慢。若虫和雌成虫刺吸枝、叶汁液，排泄蜜露常诱致煤污病发生，影响光合作用削弱树势，重者枯死。

分布：宁夏全区。我国东北、西北、华北、华东、华中等地区。

42 朝鲜褐球蚧
Rhodococcus sariuoni Borchsenius，1955

分类地位：半翅目，蚧科。

别名：苹果褐球蚧、沙果院褐球蚧。

寄主植物：苹果属、樱属、绣线菊属、梨属、桃属（沙果、杜梨等）的枝（上）。

形态特征：雌成虫产卵前体呈卵形，背部突起，从前向后倾斜，体色赭红色，体后半从肛门向体背及体侧有 4 纵列里凹点；产卵后死雌体呈球形，褐色而光亮。体长 3.5~4.5 mm，宽 3.5~4.0 mm，高 3.0~4.0 mm。触角 6 节。足小但分节正常，胫节略长于跗节。爪下有 1 小齿。气门路有时为双列之五格腺组成，每条 22~28 个五格腺；气门刺每群 1 或 2 根，锥状。肛环狭而无毛，肛板端外侧有 4 长毛。肛门周围体壁硬化而有网纹。多格腺（10 格）在胸部腹面成群，在腹部腹板上成横带。雄成虫体长约 2 mm，淡棕红色，中胸盾片黑色，翅展约 5.5 mm，触角丝状，10 节，腹末交尾器两侧各有白色长蜡毛 1 根。卵椭圆形，长约 0.5 mm，淡橘红色，覆白色蜡粉。若虫初孵时体椭圆形，长约 0.5 mm，橘

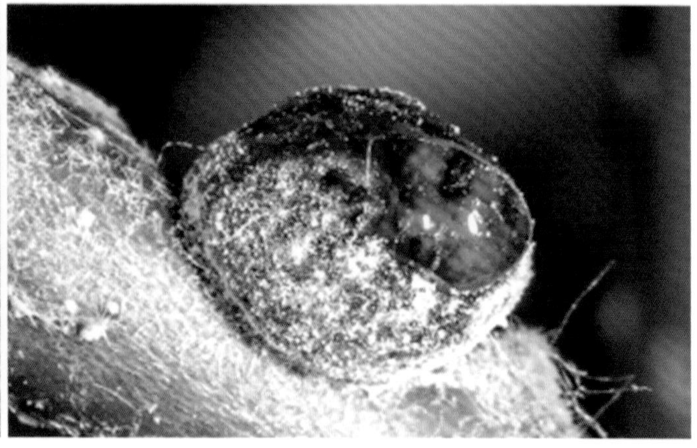

朝鲜褐球蚧雌成虫（李德家　摄）

朝鲜褐球蚧为害状（李德家　摄）

红色，扁平，触角、足健全，腹末具尾毛 1 对。2 龄若虫体长椭圆形，扁平，长约 1 mm，淡黄白色，背面覆盖半透明蜡壳，壳面有横纹 9 条。蛹体长椭圆形，长约 2 mm，淡褐色。茧长椭圆形，蜡质，毛玻璃状。

生物学特性：1 年发生 1 代，以 2 龄若虫多于小枝条及芽侧部位越冬。次年寄主萌芽期越冬若虫开始在原处继续为害，雌、雄分化。在数量发生少的情况下，很少出现雄虫，行孤雌生殖；但在发生数量比较大时，雌雄比约达 1 ∶ 3.5。雄虫寿命很短，交尾后即死亡。5 月中下旬雌虫体近球形，并产卵于体下，每雌可产卵 2 000~6 000 粒。6 月上旬陆续孵化，小若虫自雌介壳内爬出，分散至叶背面吸食汁液，在枝叶茂盛处叶面也可见到，被害叶因分泌黏液呈现油珠状的亮光，可引起煤污病菌寄生，有如煤烟物质覆盖表面。若虫生长极缓慢，至 10 月间落叶前始蜕皮为 2 龄，逐渐转移到 1~2 年生小枝条上，分泌蜡质，虫体固定，进入越冬期。天敌有长缘刷盾跳小蜂、瓢虫及胡蜂等。

分布：国内东北、西北、华北广泛分布。

43 槐花球蚧
Eulecanium kuwanai Kanda，1934

分类地位：半翅目，蚧科。

异名：*Lecanium kuwanai* Takahashi，1955。

别名：皱大球蚧 、皱大球坚蚧 、皱球坚蚧。

寄主植物：国槐、刺槐、榆树、杨、柳、李、桃、苹果、文冠果、杜梨、槭树、柠条等。

形态特征：雌成虫半球形，体长和宽 6.5~7.0 mm，高 5.6 mm 左右；体背淡黄褐色，具整齐黑斑，中

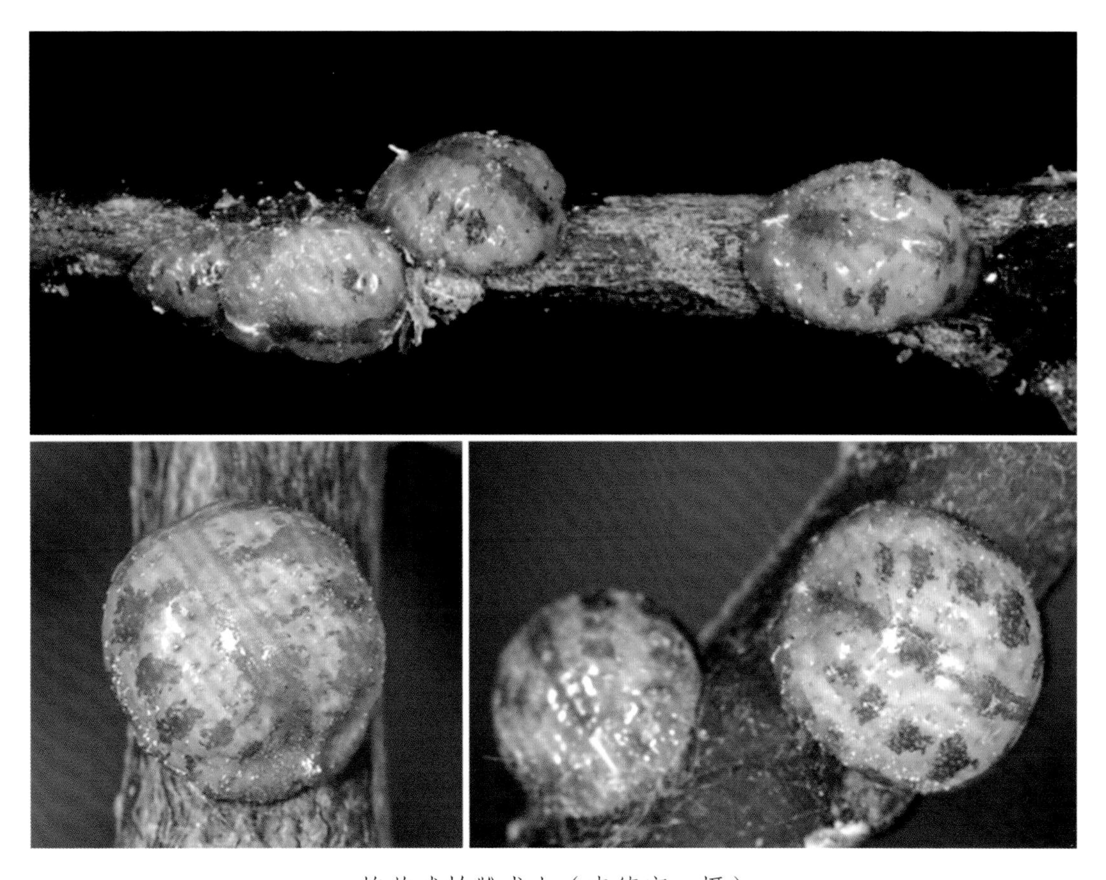

槐花球蚧雌成虫（李德家 摄）

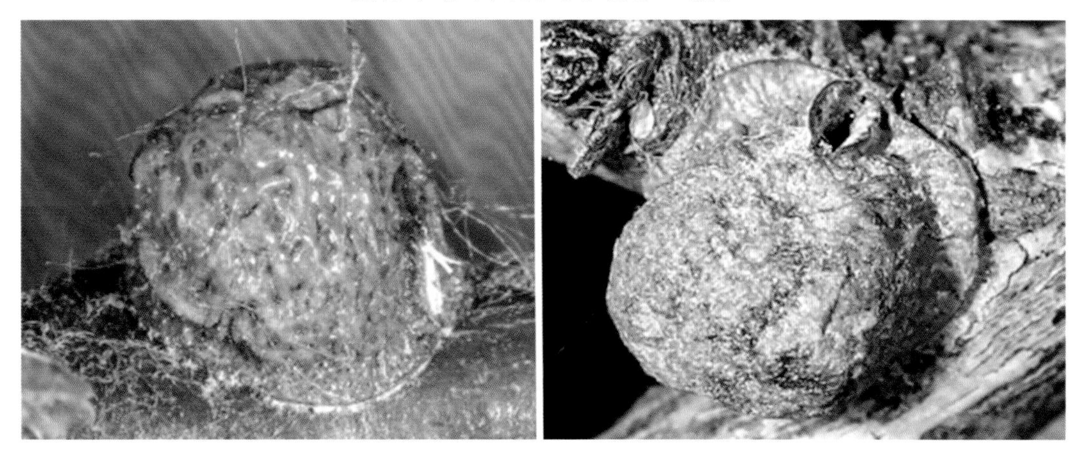

槐花球蚧雌成虫死后干缩状（李德家 摄）

槐花球蚧为害状（辛颖　摄）

间具一黑纵带，两侧由 6 个黑斑组成侧纵带各 1 条；产卵前花纹较明显，产卵后体壁明显皱缩硬化，呈黄褐色。触角 7 节，第 3 节最长。触角间具喙 1 节。足 3 对，分节明显，极小，体腹面有毛。卵，卵圆形，包于母壳内，乳白色或粉红色，表面盖有白粉。若虫，初孵若虫椭圆形，肉红色，长约 0.3 mm，宽约 0.2 mm。触角 6 节。足 3 对，发达。臀末有 2 根长刺毛。2 龄若虫椭圆形黄褐色。长约 1.2 mm，宽约 0.6 mm。体被 1 层灰白色透明龟裂状蜡层，蜡层外附白色蜡丝。雄若虫 2 龄，经预蛹羽化为雄成虫；雌若虫 3 龄，最后一次蜕皮后直接变为雌成虫。

槐花球蚧雌成虫抱卵状（李德家　摄）

生物学特性：1 年 1 代。以 2 龄若虫固定在嫩枝干凹陷处群集越冬。翌春若虫活动始期与树液开始流动的物候期相吻合。4 月上旬大批若虫沿树枝干向幼嫩枝条扩散，并用口针刺树皮吸取汁液继续为害。4 月中旬 2 龄若虫开始雌、雄分化。雌虫蜕皮变为成虫，雄虫经蛹期于 5 月初羽化为成虫，寿命 1~3 天，有趋光性。雌雄交尾后，雌成虫于 5 月中下旬孕卵，5 月下旬雌成虫开始产卵，6 月上旬为产卵盛期，6 月中旬若虫大量孵化，是化学防治的最佳时间。初孵若虫从母壳屋裂处爬出，颇活跃，到处爬行。1~2 天内爬行转移到叶片和嫩枝上刺吸为害。10 月上中旬寄主落叶前，叶片上的若虫再次转移到幼嫩干枝上越冬。全年危害严重期是 4 月中旬至 5 月下旬。雌成虫产卵前，腹下分泌白色蜡粉，粘贴在产出的卵粒表面。随着卵粒的产出，母体腹面向背面收缩，最后与体背贴在一起，腹腔被卵粒充满。每雌产卵量在 3 000~5 000 粒。孵化率较高，雌虫多于雄虫。初孵若虫大多数爬到叶片上固定为害，叶片正、反面均有，多集中在叶背面主脉两侧。10 月寄主落叶前，2 龄若虫由叶片转回到枝干上越冬，多固定于细枝基部芽腋附近。亦发现寄主落叶时叶片上仍有许多固着的若虫未转移，随落叶而死亡。槐花球蚧的天敌种类多，对此蚧有明显的抑制作用，主要有北京展足蛾、花角跳小蜂、唰盾跳小蜂、金小蜂、球蚧蓝绿跳小蜂、黑缘红瓢虫。

分布：宁夏、北京、河北、河南、山东、山西、陕西、甘肃等地。

44 瘤大球坚蚧 *Eulecanium giganteum*（Shinji，1935）

分类地位：半翅目，蚧科，球坚蚧属。

异名： *Lecanium gigantea* Shinji，1935。

别名：枣大球蚧、梨大球蚧。

寄主植物：枣、酸枣、梨、柠条、杨、栾树、槭树、榆树、柳、刺槐、国槐、核桃、苹果、山定子、桃、海棠、玫瑰等。

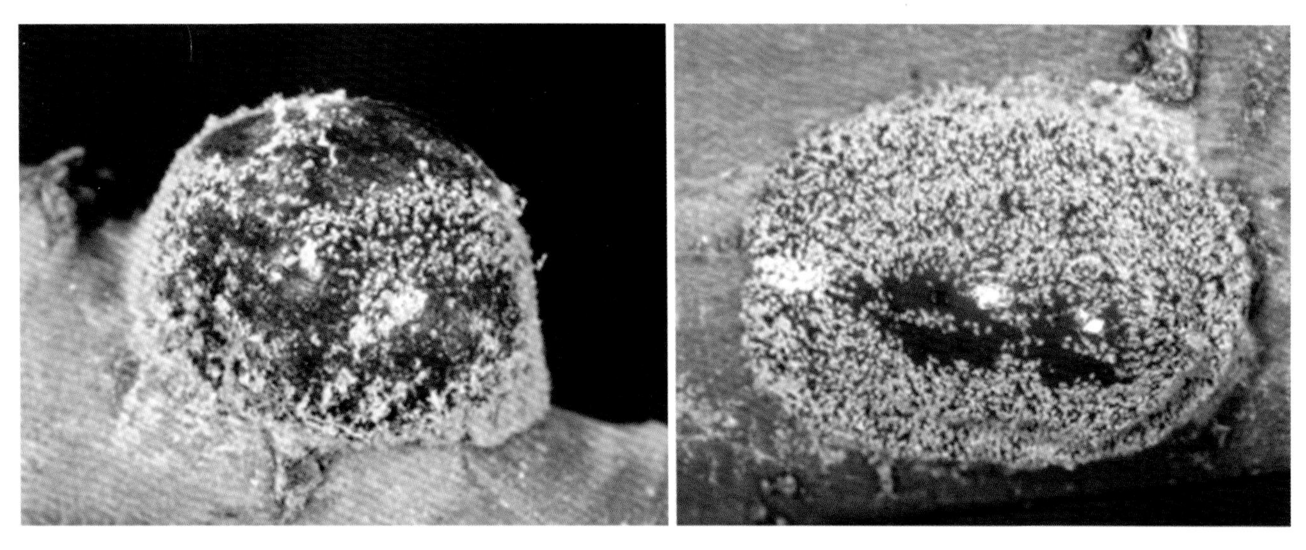

瘤大球坚蚧雌成虫介壳硬化前状态（李德家 摄）

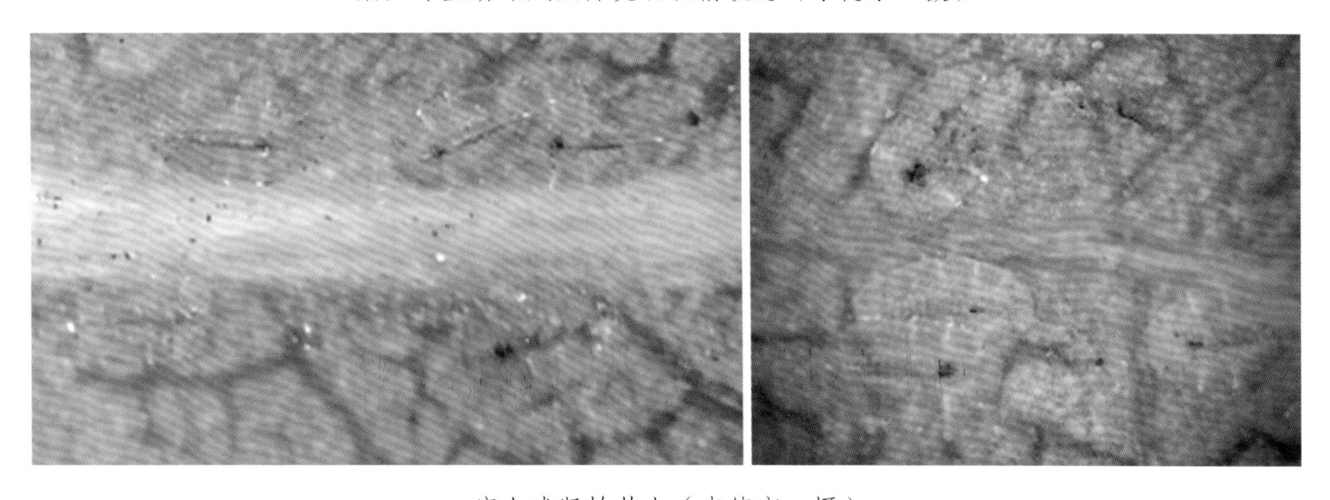

瘤大球坚蚧若虫（李德家 摄）

瘤大球坚蚧雌成虫死体（李德家　摄）

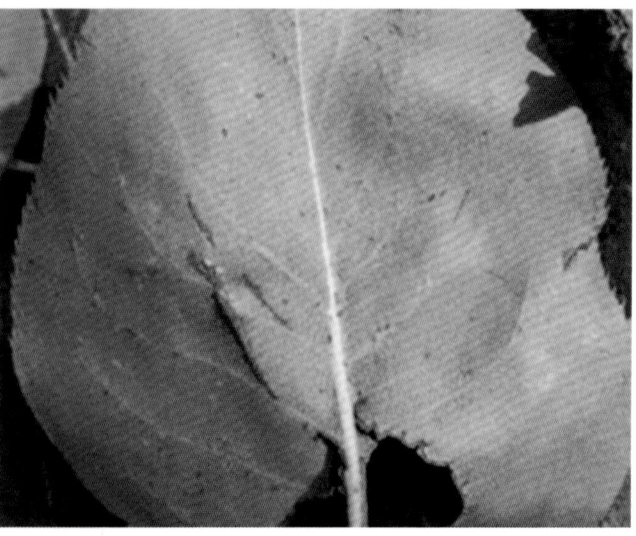

瘤大球坚蚧为害状（李德家　摄）

形态特征：雌成虫成熟时体背面红褐色，带有整齐之黑灰色斑，花斑图案为 1 中纵带，两条锯齿状缘带，两带间有 8 个斑点排成 1 亚中或亚缘列，此时虫多向后倾斜，体背有毛绒状蜡被；至受精产卵后，体几呈半球形，全体硬化变成黑褐色，红色花斑及绒毛状蜡被均消失，体背基本光滑呈亮黑褐色。体长 18.8 mm，宽约 18 mm，高 14 mm。雌成虫喙 1 节，位于触角间。触角 7 节，以第 3 节最长，第 4 节突然变细。尾裂不深，约为体长之 1/6。肛板两块，呈不规则三角形，两块肛板彼此靠近时略呈不规则正方形，前、后缘相等，后角外缘有长、短毛各 2 根。肛管较短，有内、外列孔及环毛 8 根。腹面体缘有较大的瓶状腺，背面有小瓶状腺。多格腺位于腹面中部，尤以腹部较多。体背有小刺及盘状孔。体腹面有稀疏小体毛。卵长椭圆形、长约 0.38 mm，宽约 0.14 mm。黄褐色或米黄色，个别呈红棕色，被白色蜡粉。1 龄初孵若虫长椭圆形，体节较明显。体长约 0.38 mm，宽约 0.2 mm。头与前胸发达。体橘红色。具红色侧单眼 1 对。触角 6 节，并生有细短毛和数根细长毛。3 对胸足发达。背中线具深红色宽的纵条斑 1 块，两根白色蜡丝几乎与体等长。

生物学特性：1 年 1 代，以若虫在枝干上越冬，寄生在枝、干上为害。翌年 4 月初柳树吐绿芽 5~10 mm 时若虫开始活动，选择幼嫩枝条为害，4 月中旬雌体迅速膨大，密集在枝条上，4 月中旬雄蛹大量羽化，两性卵生，5 月上旬雌成虫开始产卵于母体向上隆起而腾出的空腔内，每头雌虫产卵 4 200~9 000 粒，卵期约 25 天，蛹期约 15 天。北方越冬若虫死亡率高达 27 %。5 月下旬为若虫孵化盛期。初孵若虫集中在叶背、叶面主脉两侧，嫩梢、枝条下方及果实上刺吸汁液为害，以叶片最多；10 月下旬落叶前若虫陆续转移到枝条上越冬。天敌有斑翅食蚧蚜小蜂、赛黄盾食蚧蚜小蜂、豹纹花翅蚜小蜂、球蚧花角跳小蜂、刷盾短跳小蜂、短缘刷盾跳小蜂及北京举肢蛾，其中球蚧花翅跳小蜂对各虫态均可寄生。

分布：宁夏、山西、北京、河北、河南、山东、安徽、江苏、陕西、甘肃等地。

45 水木坚蚧
Parthenolecanium corni（Bouché，1844）

分类地位：半翅目，蚧科。

异名：*Parthenolecanium orientalis* Borchsenius，1957。

别名：糖槭蚧、东方盔蚧、扁平球坚蚧。

寄主植物：寄主植物很多，包括灌木及草本、野生和栽培果树、林木、种苗。常见种类有复叶槭、白蜡、刺槐、紫穗槐、水曲柳、柳、榆树、核桃、苹果、沙果、梨、杏、桃、杨、李、榛、锦鸡儿、山楂、木兰、铁线莲、悬铃木、茶藨子、葡萄、向日葵、马铃薯、菜豆、卫矛、番茄等。

形态特征：雌成虫，体短椭圆形，背部隆起呈半球形，长 4~6 mm，宽 3.5~5.0 mm，死体红褐色，背面有光亮皱脊，中部有突脊，其两侧有成列的大凹点，其外侧又有许多小凹点，并越向边缘越小。介壳坚硬，呈龟甲状。卵长椭圆形，乳白色，卵壳覆盖 1 层很薄的蜡质白粉。初产具光泽，近孵化为浅黄色。若虫 1 龄时为活动若虫，2、3 龄为固定若虫。活动若虫，扁椭圆形，长 0.5~1.0 mm，宽 0.3~0.6 mm，浅黄色到黄褐色，具白色细长尾须 2 根，尾须之间有 1 尖状突出。单眼 1 对紫褐色。触角 7 节，柄节最长，念珠状；触角尖端有两根感觉毛。胸足 3 对，跗节不明显，端部生 2 个爪。固

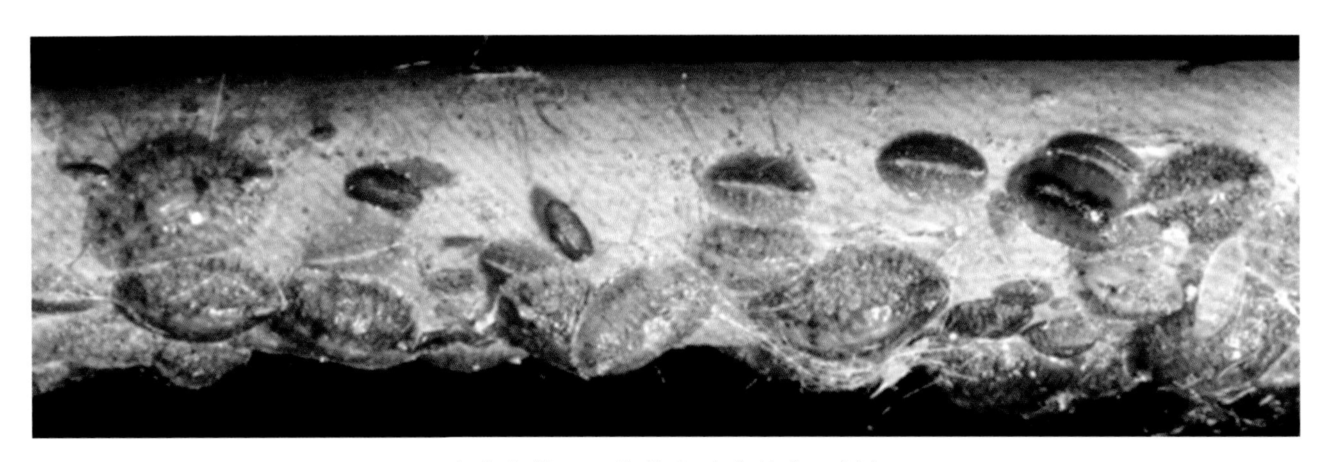

水木坚蚧1~3龄若虫（李德家　摄）

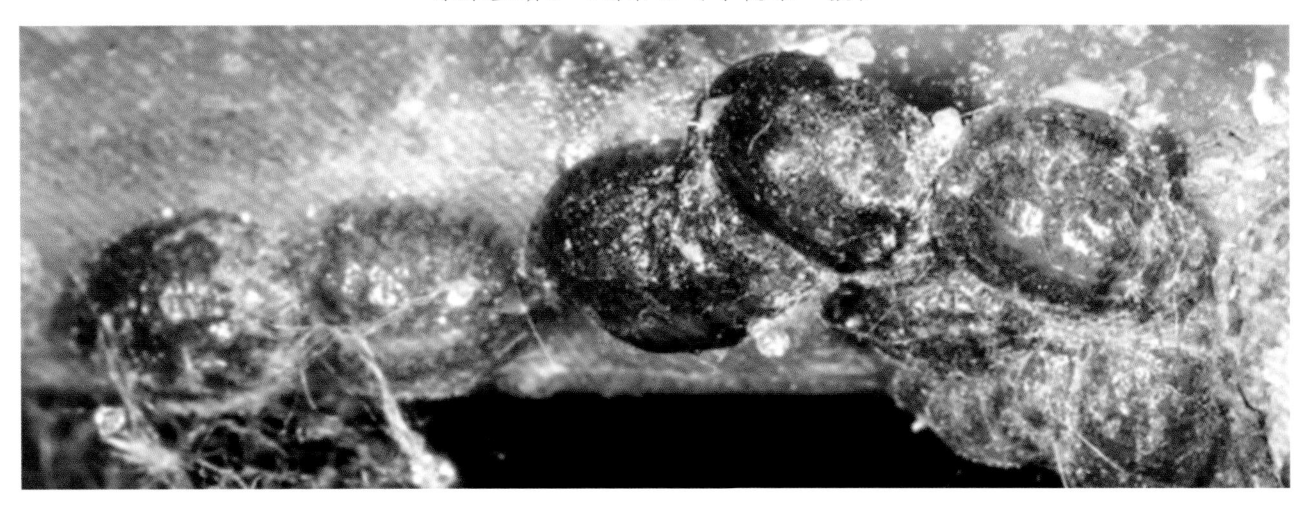

水木坚蚧雌成虫（李德家　摄）

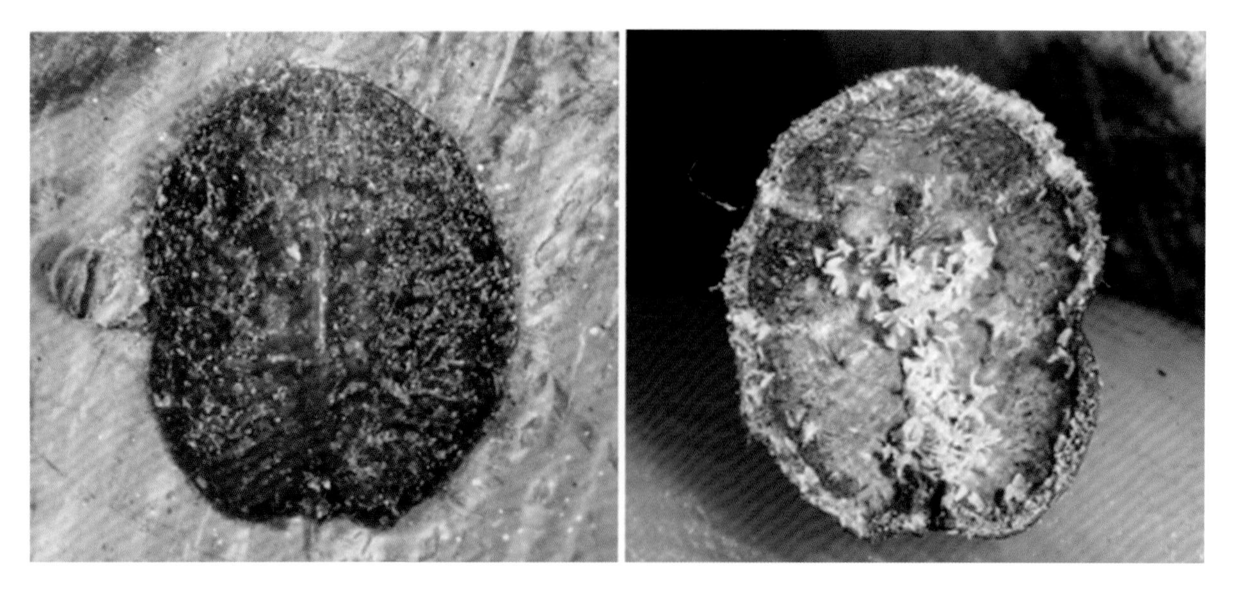

水木坚蚧雌成虫背面、腹面（李德家　摄）

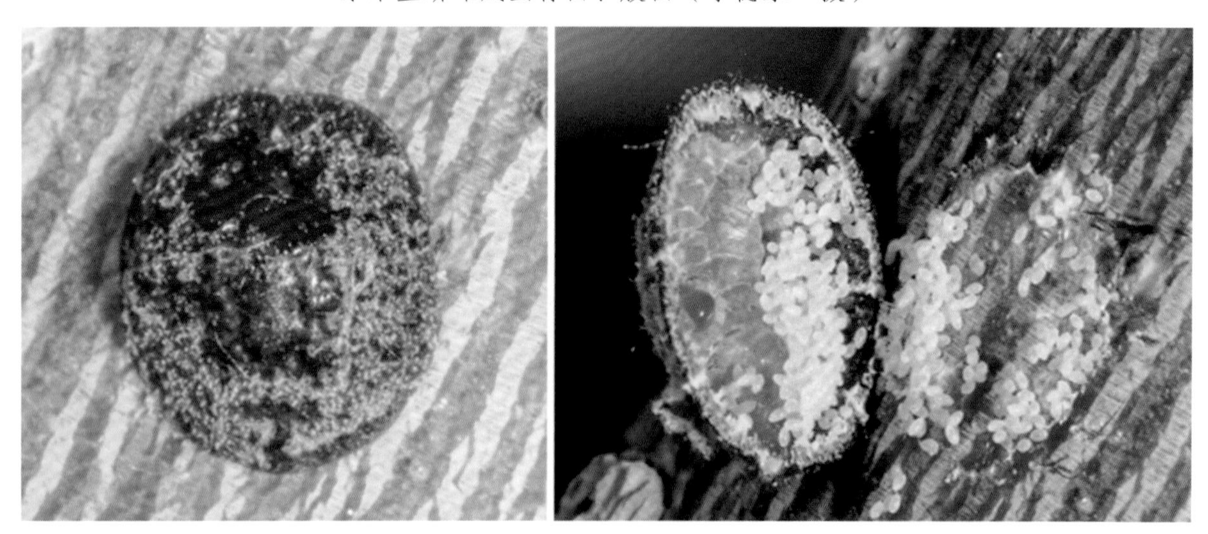

水木坚蚧雌成虫开始孕卵状（李德家　摄）

水木坚蚧雌成虫死体抱卵状（李德家　摄）　水木坚蚧雌成虫产卵后死体（李德家　摄）

水木坚蚧为害状（李德家 摄）

定若虫，椭圆形，长 1.2~4.5 mm，宽 1.0~3.5 mm，体壁半透明，多数为淡黄色，少数为浅灰色。背侧密布微细的褐色花纹，背面蜡质，凹凸不平，柔软有弹性。

生物学特性：1 年发生 1 或 2 代，发生代数随地域和寄主而不同，在葡萄、刺槐上每年 2 代，其他寄主上一般 1 代。以 2 龄若虫在枝上越冬，翌春发芽时迁到嫩梢上固定取食，并排出长玻璃丝。第 2 龄出现两性分化，雄虫少，仅在李树上见到。5 月初雄虫羽化，交配后雌虫开始产卵于体下，卵期 20 天左右。若虫孵化后先转至叶背寄生，直至秋季再迁回到枝干上越冬。在刺槐和葡萄上，春和夏初孵若虫在 8 月中旬变成虫，8 月末至 9 月初孵化出第 2 代若虫，蜕皮后就越冬。产第 2 代的雌虫在叶、果、枝上均有。在宁夏银川未发现蛹和雄成虫。

分布：宁夏、新疆、陕西、黑龙江、辽宁、吉林、山东、北京、河北、河南、内蒙古、甘肃、山西、江苏、浙江、四川、湖南、湖北、安徽、青海等地。

46 桑白盾蚧
Pseudaulacaspis pentagona（Targioni Tozzetti，1886）

分类地位：半翅目，盾蚧科，白盾蚧属。

异名：*Diaspis amygdali* Tryon、*Sasakiaspis pentagona* Kuwana。

别名：桑白蚧、桑盾蚧、桃白蚧、桑蚧等。

寄主植物：桃、山桃、龙爪槐、桑、李、杏、梨、丁香、榆树等 120 属植物。

形态特征：雌成虫介壳近圆形或卵形，直径 2.0~2.5 mm；突起，白色、黄色或灰白色，常混有植物表皮组织。蜕皮偏边，仅第 1 蜕皮常突出蜡介壳边缘，色淡黄，第 2 蜕皮色红褐或橘黄。腹介壳极薄，常遗留在植物上。雄介壳雪白色，长形而两侧平行，略显中脊蜕皮草色，全介长 0.75~1.00 mm，

桑盾蚧雌介壳及初孵若虫（李德家 摄）

桑盾蚧雌介壳下的卵（李立国摄）

宽 0.3 mm。雄成虫体长 0.65~0.70 mm，橙黄色。单眼 6 个，黑色。触角丝状，10 节。具膜质前翅 1 对，后翅为平衡棒。交尾器细长。卵，椭圆形，淡黄色，长 0.25 mm，宽 0.12 mm。若虫，第 1 龄若虫体椭圆形，扁平，两端圆。长 0.25~0.3 mm，宽 0.15~0.17 mm。身体边缘有细毛，头的前端 2 毛最长。淡黄色或暗红色。雌介壳近圆形或卵形，直径 2.0~2.5 mm；白色或灰白色，壳点黄褐色，偏生介壳一侧。壳下雌虫体长约 1.3 mm，淡黄色至橘红色。雄介壳长约 1 mm，两侧平行，白色；雄成虫具 1 对翅膀。

生物学特性：1 年 2 代，以受精雌成虫在枝干上越冬。第 1 代若虫在 5 月中旬至 6 月上旬出现；第 2 代若虫在 7、8 月出现。卵期 1~2 周。若虫期依气温差异而不同，一般 20~25 天。雌成虫寿命 90~230 天，亦随气温而异；雄虫一生经过 40 天，雄成虫寿命很短，仅半天到 1 天。卵产在雌成虫的体后，堆积在介壳下。每雌产卵 150~200 粒。初孵若虫在母体的介壳下停留几个小时，便开始爬出介壳迁徙，找寻适生部位，活动 5~10 小时便停止，将身体固定下来，刺入口器取食，多集中在嫩枝和叶痕周围，枝基和干、枝上。雄虫从头部的 2 个管状腺中分泌出 2 条粗的蜡线，不规则地折叠在身体的背面；还从臀板分泌出细的蜡丝，堆在身体的侧面和背面。不久开始蜕皮，蜕皮时从腹面裂开，虫体微向后移，蜕皮尚在前面，组成介壳的一部分。雌虫分泌丝线，形成雌介壳，虫体在介壳下做圆周形旋转，

桑盾蚧为害状（李德家 摄）

因此形成圆形介壳。2 龄雄若虫继续分泌蜡质，在身体后端形成 3 个蜡质突起，虫体向后移动，蜡质分泌逐渐延长，形成长形且有 3 条脊线的雄介壳。雄成虫长停留在一起。雄虫经过前蛹期和蛹期，约一周羽化成为成虫。成虫能飞，寻觅雌虫，停在雌介壳上交配。交配时间很短，4~5 分钟后便死。雌成虫受精后腹部逐渐膨大而产卵。产卵后腹部萎缩，颜色变深，不久即死。成、若虫群集在枝干上刺吸危害，严重时枝干盖满蚧虫，层层重叠，被害株发育受阻，影响开花结实，致使植株衰弱死亡。低龄若虫产生的蜡丝可使小枝呈白色一片。有时还会在桃果上为害，寄生处周围呈橙红色。天敌很多，如捕食性的红点唇瓢虫、日本方头甲等，以及桑白蚧恩蚜小蜂 *Encarsia berlesei*、桑盾蚧斑翅跳小蜂 *Epitetracnemus comis* 等寄生蜂。

分布：宁夏全区。我国东北、华北、西北、华东、华南、福建、台湾、广西、四川、云南等地广泛分布。

47 枣树星粉蚧 *Heliococcus ziziphi* Borchsenius，1958

分类地位：半翅目，粉蚧科。

异名：*Heliococcus zizyphi* Borchsenius，1958、*Heliococcus destructor*（Borchsenius，1941）。

别名：枣星粉蚧、枣阳腺刺粉蚧、枣葵粉蚧。

寄主植物：枣属、桑等。

形态特征：雌成虫，体长 3.0~3.2 mm；椭圆形，淡黄色，被白色蜡粉，并向各方散射玻璃状细蜡丝，体侧腹部可见 5~6 对蜡丝，通常末对明显。触角 9 节，第 2、3 节长，明显长于其他各节，但与端节长度相近。胸足发达，腿节较粗壮。刺孔群 18 对，除第 3 对具 3 根刺外，其余均为 2 根刺。体背具有 3 种星状管腺（也称放射刺管腺，是本属的特征性管腺，管腺的端部开口处似倒扣了 1 个杯子，近杯口通常具小刺），大星状管腺，近杯口具 2~3 枚刺（少数 4 枚），多分布于体背两侧；中星状管腺，近杯口具 2 枚刺（偶尔 1 枚），分布于第 6、7 节背面中部；小星状管腺，近杯口具 1~2 枚刺，管柱明显细于杯口，分布于头胸及腹部前部。

枣树星粉蚧雌成虫（李德家 摄）

枣树星粉蚧雌成虫、卵、1龄和2龄若虫（李德家 摄）

枣树星粉蚧为害状（李德家 摄）

生物学特性：1 年发生 2~3 代。以 3 龄雌若虫在枝、干粗皮缝越冬，亦有少量在枣股、树洞以及根颈部越冬。翌年 4 月中旬枣芽萌发前开始出蛰活动，陆续爬到枣股处群集为害。雌虫发育成熟后，常栖息于枣股、枣吊、叶背、叶脉、花丛及果实等处。初孵若虫在卵囊内停留 1~2 天，逐渐分散到枣叶、花蕾等处寄生，蜕皮 1~2 次后，部分虫体转移到叶腋、花丛、果实上固定寄生。

分布：宁夏、北京、天津、新疆、山西、河北、山东、河南、江西、广东、广西等地。

48 枣树皑粉蚧
Crisicoccus ziziphus Zhang & Wu，2016

分类地位：半翅目，粉蚧科。

寄主植物：枣树。

形态特征：雌成虫，体长 1.4~2.9 mm，宽卵形，暗褐色，背部稍隆起，被白色蜡粉，仍可见腹部的分节，没有玻璃状细蜡丝，体侧腹部可见 5~8 对蜡丝，通常末对最粗壮。触角 8 节，第 2、3 节稍长于第 4 节，末节最长。胸足发达，腿节纤细。刺孔群 17 对，每刺孔群一般由 2 根锥刺和少数三格腺组成。体腹面具管腺，有时管腺也分布于体背。尾瓣腹面具硬化棒。产卵时虫体被绒状蜡丝所包围，似 1 个小棉团。

枣树皑粉蚧雌成虫背面（李德家 摄）

枣树皑粉蚧雌成虫腹面（李德家 摄）

枣树皑粉蚧雌成虫及其为害状（李德家 摄）

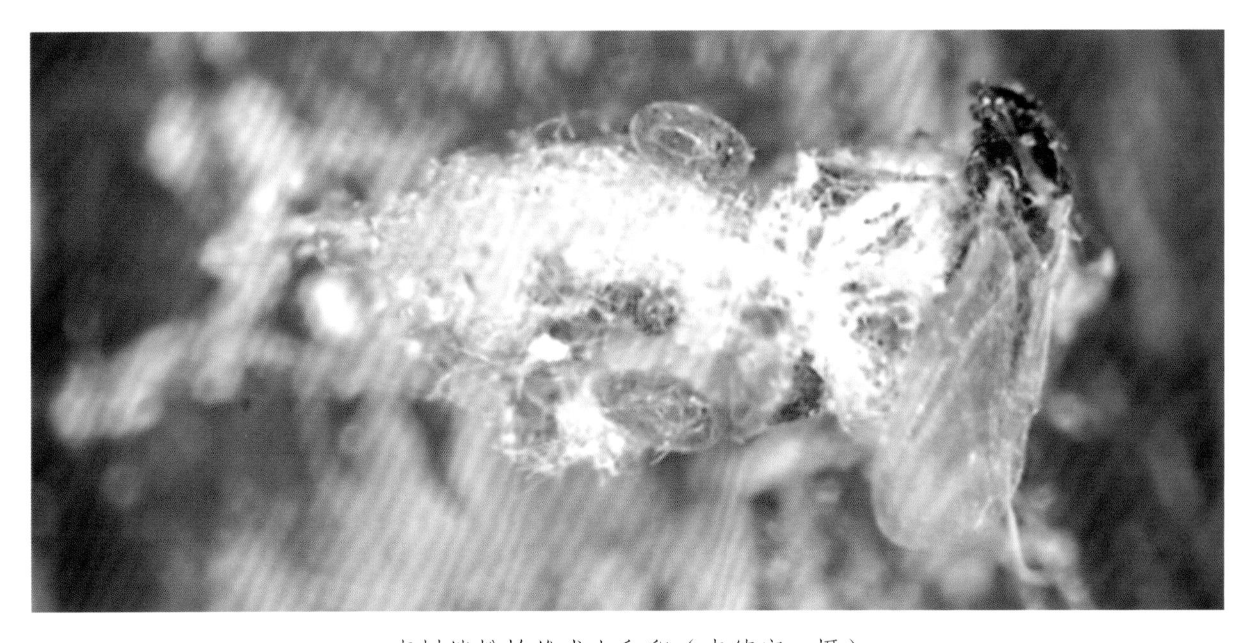

枣树皑粉蚧雄成虫和卵（李德家 摄）

生物学特性：刺吸枣树的枝干和叶片，多见于小枝的基部，呈堆状。常与枣星粉蚧混生。

分布：宁夏、北京、河北等地。

49 日本盘粉蚧
Coccura suwakoensis（Kuwana & Toyoda，1915）

分类地位：半翅目，粉蚧科。

异名：*Coccura ussuriensis* Borchsenius，1949。

别名：乌苏里垫粉蚧、黑龙江粒粉蚧。

寄主植物：沙果、苹果、杏等果树，忍冬科、蔷薇科植物，红瑞木、榆树、丁香、白蜡、水曲柳、梅、小檗等。

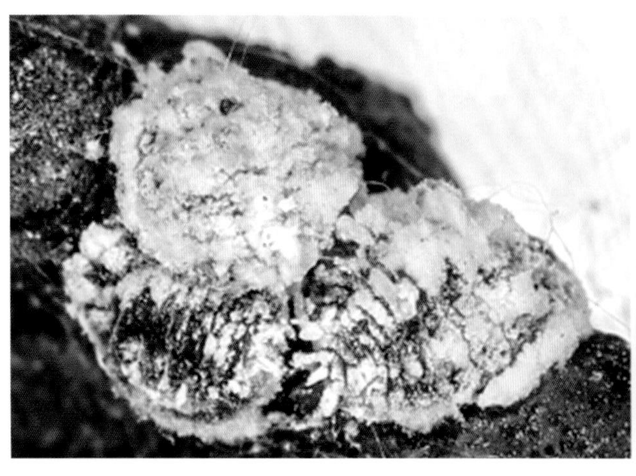
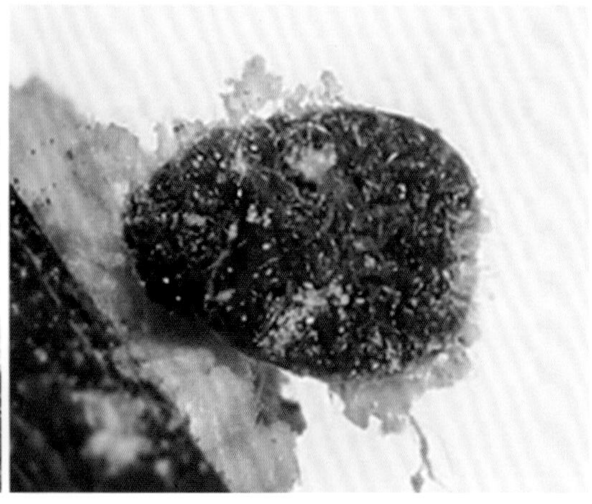

日本盘粉蚧雌蚧成龄前背面、腹面（李德家　摄）

日本盘粉蚧高龄若虫（李德家　摄）

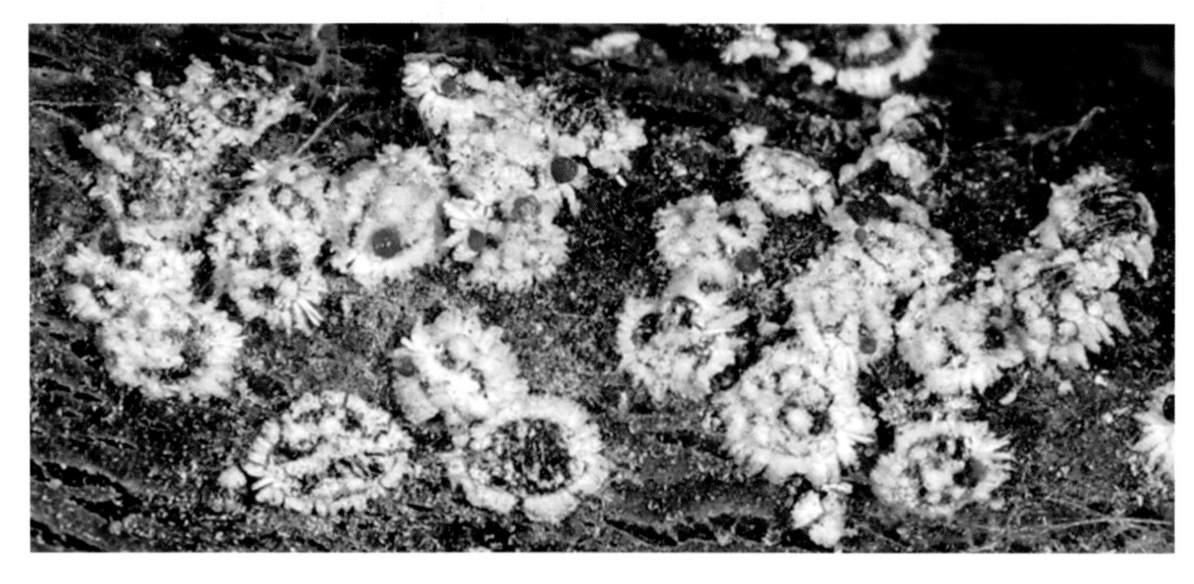

日本盘粉蚧低龄若虫（李德家　摄）

日本盘粉蚧雌成虫及为害状（李德家 摄）

日本盘粉蚧雌成虫及为害状（李德家 摄）

形态特征：雌成虫虫体半球形，体长 5~8 mm，红色，背硬化，底部平，四周呈盘状抬升（即为卵囊），覆有白色蜡粉，或多或少染有黄色。体被挤后，分泌红色体液。

生物学特性：1 年 1 代，以未受精的雌虫在枝条上越冬。雌成虫和若虫寄生在枝干上刺吸汁液为害。

分布：宁夏、甘肃、新疆、内蒙古、北京、河北、山西、山东、云南，东北地区。

50 白蜡绵粉蚧
Phenacoccus fraxinus Tang，1977

分类地位：半翅目，粉蚧科。

别名：蜡绵粉蚧、白蜡囊蚧。

寄主植物：白蜡、水蜡、柿、核桃、重阳木、悬铃木、复叶槭、臭椿、栾树等。

形态特征：成虫，雌虫体长 4~6 mm，宽 2~5 mm。紫褐色，椭圆形，腹面平，背面略隆起，分节明显，被白色蜡粉，前、后背孔发达，刺孔群 18 对，腹脐 5 个。雄成虫黑褐色，体长 2 mm 左右，翅展 4~5 mm。前翅透明，1 条分叉的翅脉不达翅缘，后翅小棒状，腹末圆锥形，具 2 对白色蜡丝。卵，卵圆形，长 0.2~0.3 mm，宽 0.1~0.2 mm，橘黄色。若虫，椭圆形，淡黄色，各体节两侧有刺状突起。雄蛹，长椭圆形，淡黄色，体长 1.0~1.8 mm，宽 0.5~0.8 mm。茧长椭圆形，灰白色，丝质，长 3~4 mm，宽 0.8 ~1.8 mm。卵囊，灰白色，丝质。有长短两型，前者长 7~55 mm，宽 2~8 mm，表面有 3 条波浪形纵棱；后者长 4~7 mm，宽 2~3 mm，长椭圆形，表面无棱纹。

生物学特性：1 年发生 1 代，以若虫在树皮缝、翘皮下、芽鳞间、旧蛹茧或卵囊内越冬。翌年 3 月中下旬若虫开始活动取食，3 月下旬、4 月中旬雌雄分化，雄若虫分泌蜡丝结茧化蛹，4 月中旬为盛期，3~5 日后雄虫羽化、交尾。4 月上旬雌虫开始产卵，4 月下旬为盛期，4 月底至 5 月初产卵结束。4 月下旬至 5 月底是若虫孵化期，5 月中旬为盛期，若虫危害至 9 月以后开始越冬。越冬若虫于春季树液流动时开始吸食危害，雄若虫老熟后体表分泌蜡丝结白茧化蛹，成虫羽化后破孔爬出，傍晚常成群围绕树冠盘旋飞翔，觅偶交尾，寿命 1~3 天。雌虫取食期，从腺孔分泌黏液，布满叶面和枝条，如油渍状，招致煤污病发生。雌虫交尾后在枝干或叶片上分泌白色蜡丝形成卵囊，发生多时树皮上似披上 1 层白色棉絮。雌虫产卵量大，常数百粒产在卵囊内，卵期 20 天左右。孵化后从卵囊下口爬出，在叶背叶脉

白蜡绵粉蚧雌成虫背面、腹面（李德家　摄）

白蜡绵粉蚧雄成虫（李德家　摄）

白蜡绵粉蚧雌成虫在卵囊内产卵状（李德家　摄）

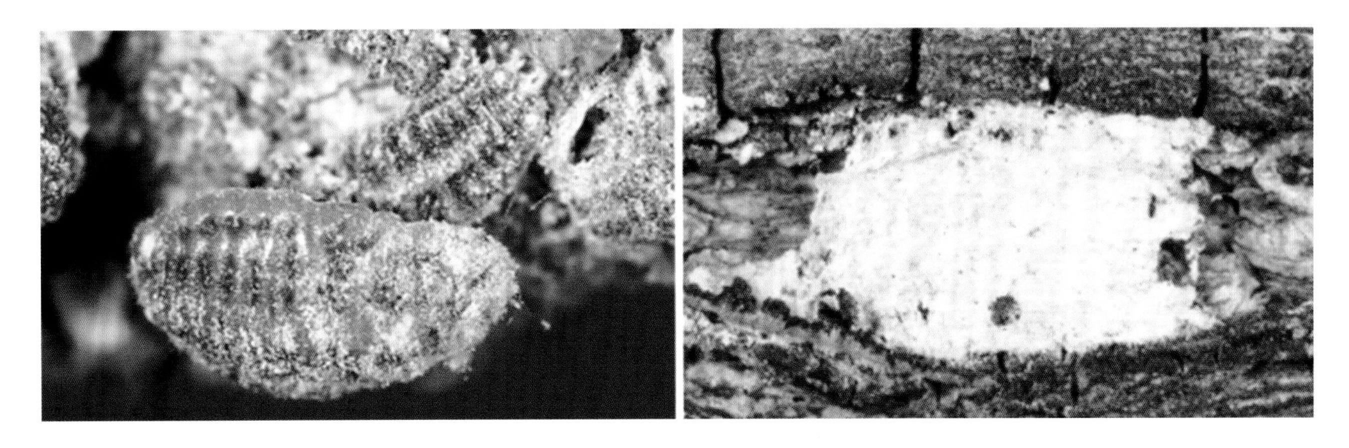

白蜡绵粉蚧雌成虫形成卵囊前活动状态（李德家　摄） 白蜡绵粉蚧雌成虫被卵囊覆盖状（李德家　摄）

白蜡绵粉蚧为害状（李德家　摄）

白蜡绵粉蚧若虫为害状（李德家　摄）

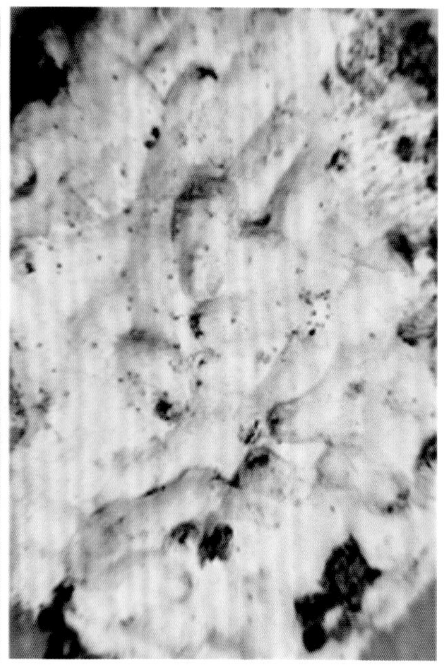
白蜡绵粉蚧卵囊（李德家　摄）

两侧固定取食并越夏，秋季落叶前转移到枝干皮缝等隐蔽处越冬。

分布：宁夏、北京、天津、辽宁、河南、河北、山西、甘肃、四川、江苏、上海、浙江等地。

51 日本草履蚧
Drosicha corpulenta（Kuwana，1902）

分类地位：半翅目，绵蚧科。

别名：草履蚧、草鞋蚧、日本履绵蚧。

寄主植物：杨、柳、槐、李、桑、枣、白蜡、黄刺玫、臭椿、苹果、梨、杏、桃等多类林木。

形态特征：成虫，雌成虫体椭圆形，背面略突起，腹面平。体长7.8~10.0 mm，宽4.0~5.5 mm。暗褐色，边缘橘黄色，背中线淡褐色，触角、足和喙亮黑色，眼红褐色。触角9节，生有许多刚毛，基节宽而短，端节最长。喙2节，端节尖锥形，口针不长。眼小，半球形，着生在触角之后。足3对，发达，胫节长约为腿、转节之和，跗节长为胫节长之半，爪粗短，爪冠毛细尖。胸气门2对，位于腹面；腹气门7对，位于背缘；腹气门小于胸气门，气门腔内均无盘孔。腹部8节，末端宽圆。肛门大，无毛，在腹末背面。阴门在腹部第6、7节腹板间。腹疤在第7、8腹部腹板间，无孔五毛。多孔腺分布背、腹两面。毛、刺在体两面，腹末2节缘毛多，他节只有2根缘毛。雄成虫，体红紫色，前翅紫蓝色，前缘脉红色。触角10节，除基部2节外，他节均生有3轮长毛。头部红紫色，复眼和单眼各1对，黑色。前胸红紫色，足黑色。喙缺。平衡棒端有钩状毛2~9根。尾瘤2对，均长。生殖鞘呈锥形。胸气门2对，腹气门7对。

生物学特性：1年生1代，以卵和若虫在寄主树干周围土缝和砖石块下或10~12 cm土层中越冬。卵1月底开始孵化，若虫暂栖居卵囊内，寄主萌动时开始出土上树，宁夏一般在4月中下旬。先集中于根部和地下茎群集吸食汁液，随即陆续上树，初多于嫩枝、幼芽上为害，行动迟缓，喜于皮缝、枝杈等隐蔽处群栖。稍大喜于较粗的枝条阴面群集危害。雄若虫蜕 2 次皮后老熟，于土缝和树皮缝等隐蔽处分泌棉絮状蜡质茧化蛹，蛹期 10 天左右，雌若虫蜕 3 次皮羽化为成虫。5 月中旬至 6 月上旬为羽化期，交配后雄虫死亡，雌虫继续危害至 6 月，陆续下树入土分泌卵囊，产卵于其中，以卵越夏越冬。雌虫多在中午前后高温时下树，阴雨天、气温低时多潜伏皮缝中不动。若虫和雌成虫刺吸嫩枝芽、枝干和根的汁液，削弱树势影响新梢发育，重者枯死。近年来该虫对林果的危害有加重趋势。天敌主要有红环瓢虫、暗红瓢虫。

日本草履蚧雌（左）雄（右）成虫（李德家 摄）

分布：宁夏、新疆、内蒙古、青海、陕西、山西、河北、河南、山东、浙江、江苏、上海、福建、湖北、贵州、四川、云南、西藏等地。

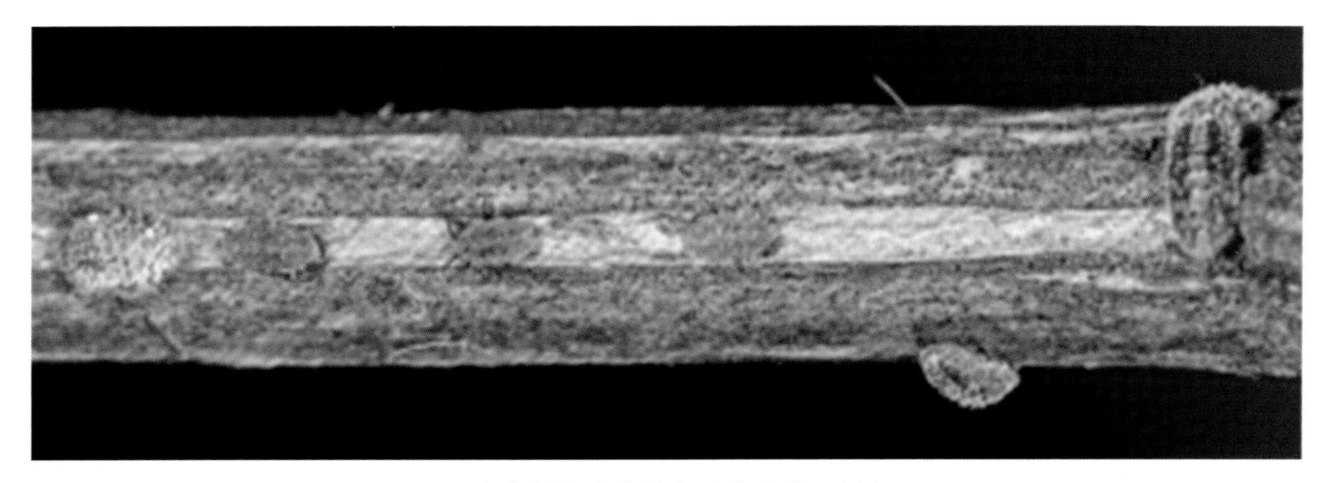

日本草履蚧各龄若虫（李德家 摄）

日本草履蚧成虫交尾状（李德家 摄）

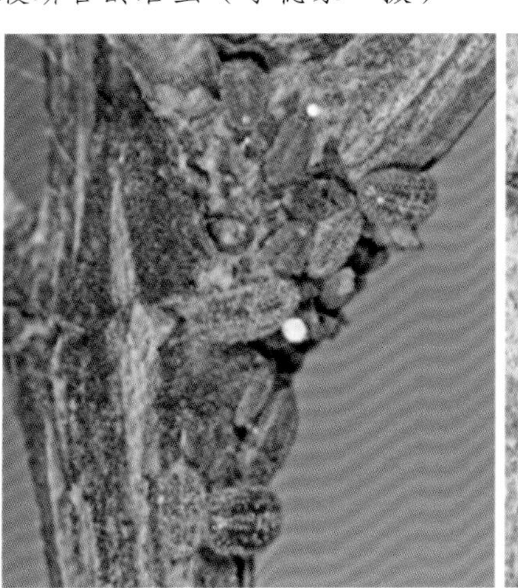

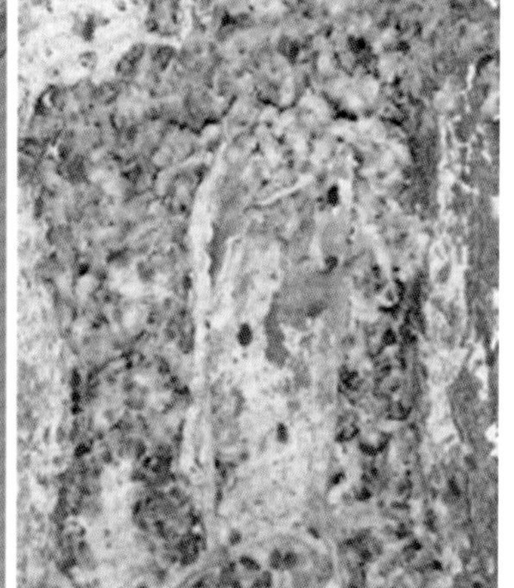

日本草履蚧在寄主枝干寄生状（李德家 摄）

52 横带红长蝽
Lygaeus equestris（Linnaeus，1758）

分类地位：半翅目，长蝽科。

别名：红长蝽、斑长蝽、黑斑红长蝽、星长蝽、二斑长蝽象。

寄主植物：榆树、刺槐、沙枣、枸杞、冬青卫矛、柠条锦鸡儿，杨属、十字花科、豆科等植物。

形态特征：成虫体长 12.5~14.0 mm（至翅端），宽 4.0~4.5 mm，朱红色。头三角形，前端、后缘、下方及复眼内侧黑色。复眼半球形，褐色，单眼红褐。触角 4 节，黑色，第 1 节短粗，第 2 节最长，第 4 节略短于第 3 节。喙黑，伸过中足基节。前胸背板梯形，朱红色，前缘黑，后缘常有 1 双驼峰形黑纹。头胸背面及前翅革质部分红底黑斑。小盾片三角形，黑色，两侧稍凹。前翅膜质部分黑底上有 1 个黄白色圆斑，爪片中部有 1 圆形黑斑，顶端暗色，革片近中部有 1 条不规则的白色横纹，中央有 1 圆形白斑。足及胸部下方黑色，跗节 3 节，第 1 节长，第 2 节短，爪黑色。腹部背面朱红色，两侧有黑斑一列，腹面各节前缘两侧有 2 个黑斑，腹端为黑色，侧缘端角黑。

横带红长蝽成虫背面、侧腹面（李德家　摄）

生物学特性：1 年约 2 代，以成虫在枯叶下、杂草丛或土中越冬，春季 5 月出蛰危害。成虫有群集性，6 月交配产卵。卵分 2 列成块产于寄

横带红长蝽成虫（李德家　摄）

主叶背上，每块有卵 12~20 粒。6—8 月为发生盛期，各虫态并存。成虫和若虫群集于嫩叶上刺吸汁液，导致叶片枯萎。10 月陆续越冬。

分布：宁夏、甘肃、陕西、青海、黑龙江、吉林、辽宁、内蒙古、河北、山西、西藏、新疆、云南、四川、浙江、山东、江苏等地。

53 角红长蝽 *Lygaeus hanseni* Jakovlev & B. E. 1883

分类地位：半翅目，长蝽科。

寄主植物：枸杞、柳、榆树、洋白蜡（美国红梣）、月季、板栗、酸枣、落叶松、油松、白扦等木本植物和小麦、玉米、菊花、大麻等草本植物。

形态特征：体长 8~9 mm，前胸背板黑色，仅中线及两侧的端半部红色；前翅膜片黑褐色，基部具不规则的白色横纹，中央有 1 个圆形白斑，边缘灰白色。

生物学特性：5—9 月可见成虫，具一定趋光性。

角红长蝽成虫（李德家 摄）

分布：国内宁夏、甘肃、内蒙古、东北、河北、北京、天津；国外朝鲜、俄罗斯、蒙古、哈萨克斯坦。

54 紫翅果蝽 *Carpocoris purpureipennis*（DeGeer，1773）

分类地位：半翅目，蝽科。

异名：*Cimex purpureipennis* De Geer。

寄主植物：沙枣、苹果、梨、杨、柳、杏、桃、李、甘草、柠条、白茨、枸杞、胡杨、丁香、十字花科、禾本科等植物。

形态特征：成虫体长 11.5~13.0 mm。全体褐色带紫，头部两侧黑褐。触角 5 节，第 1 节最短，淡褐色，第 2 节以下黑色。前胸背板两侧角突出如角，尖端略向后弯，黑色，其前侧缘淡色边，无刻点，从前缘向后方放射出 4 条模糊的黑纹。小盾片中线淡黄色，其两侧微黑，后端淡色。前翅膜质部分黑褐色，翅端超出股端。侧接缘黑色，各节中部橙黄色与黑色底相间成斑。体腹面淡黄褐色，有小黑点分布。

紫翅果蝽成虫（李德家　摄）

足褐色微紫，跗节各端黑色。

生物学特性：1年发生1代，卵产于叶表或花的基部，卵块近圆形，一般14粒。7—10月均可见到成虫。

分布：西北、东北地区，北京、河北、山西、内蒙古、山东等地。

55 斑须蝽 *Dolycoris baccarum*（Linnaeus，1758）

分类地位：半翅目，蝽科。

别名：细毛蝽、黄褐蝽、斑角蝽。

寄主植物：沙枣、杨柳科、蔷薇科（苹果、梨、桃、山楂、杏等）、十字花科、禾本科、豆科、甘草、玉米等农林作物。

斑须蝽成虫背面、腹面（李德家　摄）

形态特征：成虫，体长8.0~13.5 mm，宽5.5~6.5 mm。椭圆形，黄褐或紫色，密被白色绒毛和黑色小刻点。复眼红褐色。触角5节，黑色，第1节、

斑须蝽成虫栖息状（李德家 摄）

第 2~4 节基部及末端及第 5 节基部黄色，形成黄黑相间。喙端黑色，伸至后足基节处。前胸背板前侧缘稍向上卷，呈浅黄色，后部常带暗红。小盾片三角形，末端钝而光滑，黄白色。前翅革片淡红褐或暗红色，膜片黄褐，透明，超过腹部末端。侧接缘外露，黄黑相间。足黄褐至褐色，腿节、胫节密布黑刻点。卵，桶形，长 1.0~1.1 mm，宽 0.75~0.80 mm。初时浅黄，后变褐黄色。若虫，1 龄体长 1.2 mm、宽 1 mm 左右，卵圆形。头、胸、足黑色，具光泽。腹部淡黄色，节间橘红色，全身被白色短毛。复眼红褐色，触角 4 节；腹部背面中央和侧缘具黑色斑块。2 龄体长 2.9~3.1 mm，宽 2.1 mm 左右。复眼黑褐色，中胸背板后缘直，第 4、5、6 可见腹节背面各具 1 对臭腺孔。3 龄体长 3.6~3.8 mm、宽 2.4 mm。中胸背板后缘中央和后缘向后稍伸出。4 龄体长 4.9~5.9 mm、宽 3.3 mm，头、胸浅黑色，腹部黄褐色。小盾片显露，翅芽达第 1 节可见腹节中部。5 龄体长 7~9 mm、宽 5~6.5 mm。复眼红褐色，触角黑色，节间黄白，小盾片三角形，翅芽达第 4 节可见腹节中部。足黄褐色。

生物学特性：宁夏 1 年生 2 代。以成虫在禾本科等杂草、枯枝落叶、植物根际、树皮及屋檐下越冬。越冬成虫 4 月上旬开始活动，中旬交尾产卵，4 月末 5 月初卵孵化。第 1 代成虫 6 月初羽化，6 月中旬产卵盛期到来，第 2 代卵于 6 月中下旬至 7 月上旬孵化，8 月中旬成虫羽化，10 月上中旬陆续越冬。

斑须蝽卵块（李德家 摄）

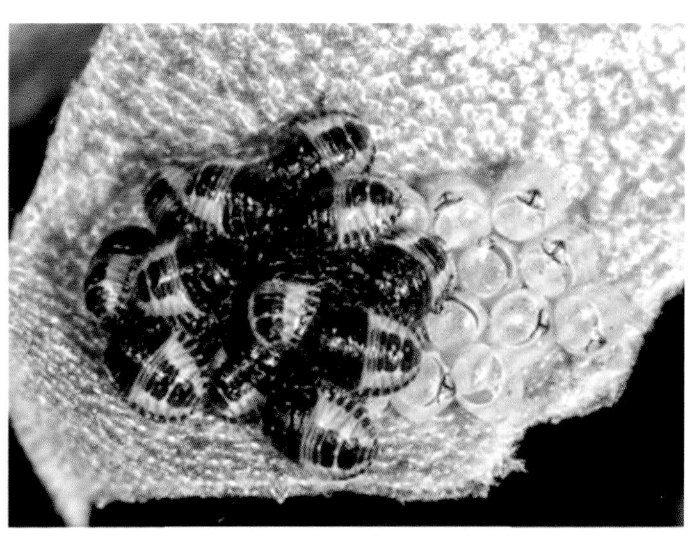
斑须蝽初孵若虫（李德家 摄）

成、若虫刺吸寄主植物的嫩叶、嫩茎、果汁液、造成落蕾、落花，茎叶被害后出现黄褐色小点及黄斑，严重时叶片卷曲，嫩茎凋萎，影响生长发育。

分布：全国各省区均有分布。

56 麻皮蝽
Erthesina fullo（Thunberg，1783）

分类地位：半翅目，蝽科。

别名：黄霜蝽、黄斑蝽、臭屁虫。

寄主植物：榆树、桃、杏、苹果、山楂、梨、沙枣、李、草莓、杨、榆叶梅、海棠、葡萄、樱桃、枣、槐、臭椿、柳、松、柏等。

形态特征：成虫，体长 18.0~24.5 mm，宽 8.0~11.5 mm，体稍宽大，密布黑色点刻，背部棕黑褐色，由头端至小盾片中部具 1 条黄白色或黄色细纵脊；前胸背板、小盾片、前翅革质部布有不规则细碎黄色凸起斑纹；腹部侧接缘节间具小黄斑；前翅膜质部黑色。头部稍狭长，前尖，侧叶和中叶近等长，头两侧有黄白色细脊边，复眼黑色。触角 5 节，黑色，丝状，第 5 节基部 1/3 淡黄色或黄色。喙 4 节，淡黄色，末节黑色，喙缝暗褐色。足基节间褐黑色，跗节端部黑褐色，具 1 对爪。卵，近鼓状，顶端具盖，周缘有齿，灰白色，不规则块状，数粒或数十粒粘在一起。若虫，老熟幼虫与成虫相似，体红褐或黑褐色，头端至小盾片具 1 条黄色或微现橘红色细纵线。触角 4 节，黑色，第 4 节基部黄白色。前胸背板、小盾片、翅芽暗黑褐色。前胸背板中部具 4 个横排淡红色斑点，内侧 2 个稍大，小盾片两侧角各具淡红色稍大斑点 1 个，与前胸背板内侧的 2 个排成梯形。足黑色。腹部背面中央具纵裂暗色大斑 3 个，每个斑上有横排淡红色臭腺孔 2 个。

麻皮蝽成虫和若虫（李德家　摄）

生物学特性：1 年生 1 代，以成虫于草丛或树洞、树皮裂缝及枯枝落叶下及墙缝、屋檐下越冬，翌春果树发芽后开始活动，5—7 月交配产卵，卵多产于叶背，卵期约 10 多天，5 月中下旬可见初孵幼虫，7—8 月羽化为成虫危害至深秋，10 月开始越冬。成虫飞行能力强，喜在树体上部活动，有假死性，受惊扰时分泌臭液。成虫、若虫刺吸寄主植物的嫩茎、嫩叶和果实汁液。叶片和嫩茎受害后，出现黄褐色斑点，叶脉变黑，叶肉组织颜色变暗，严重者导致叶片提早脱落，嫩茎枯死。

分布：宁夏、辽宁、内蒙古、陕西、甘肃、山西、北京、河北、山东、河南、安徽、江苏、浙江、上海、江西、湖北、湖南、福建、贵州、广东、广西、云南、重庆、四川等地。

57 横纹菜蝽
Eurydema gebleri Kolenati，1846

分类地位：半翅目，蝽科。

别名：六点花菜蝽、朝鲜菜蝽象。

寄主植物：柳树，白菜、甘蓝、萝卜等十字花科蔬菜。

形态特征：成虫，体长 8~9 mm，蓝黑色，有红黄斑纹。头部、触角及复眼黑色，复眼前有淡红或黄斑。前胸背板扇形，周围黄色或红色，前方有 2 个、后方有 4 个蓝黑色斑点，故名。小盾片蓝黑色，由“y”形纹在两侧及后方包围，“y”的前方两臂为淡黄色，后方基干为红色。前翅蓝黑色，革质部后方与膜质部交界处有淡红色或黄色斑纹，前缘淡红色。足基节、转节淡黄色，腿节红色有黑斑，胫节两端墨色，

横纹菜蝽成虫（李德家 摄）

中部淡红色，跗节黑色。胸腹部腹面淡黄红色，每节有 4 行黑点，中央 2 行，两侧各 1 行。卵，圆筒形，黄褐色。若虫，与成虫略同，蓝黑底色，有红黄斑纹，足黑色。

生物学特性：6、7 月间盛发，直至秋末群集为害茎叶。一般为害不致使作物枯死，但被害叶呈现褐斑，能使叶片萎缩。卵产于叶或茎上，排列整齐成块。

分布：宁夏全区。云南、西藏等省（自治区）及华北、东北地区。

58 菜蝽
Eurydema dominulus Scopoli，1763

分类地位：半翅目，蝽科。

别名：斑菜蝽、河北菜蝽、云南菜蝽、花菜蝽等。

寄主植物：主要为害十字花科蔬菜，当十字花科植物不足时转移为害菊科、豆科植物。

菜蝽成虫（李德家　摄）

形态特征：成虫，体长 6~9 mm，宽 3.2~5.0 mm。椭圆形。越冬代成虫底色橘红；夏、秋季成虫为橙黄色。头黑，侧缘略上卷，呈橘红或橙黄色，触角全黑，喙基节黄褐，余为黑色。前胸背板具 6 枚黑斑，前 2 枚横置，后 4 枚斜长；小盾片基部中央有 1 枚三角形大黑斑，近端处两侧各有 1 枚小黑斑；前翅革片橙黄或橘红色，爪片及革片内侧黑色，中部具宽横黑带，近端角处有 1 黑斑。足色黄、黑相间。侧接缘橙、黑相间。体腹面淡黄，每节两侧各有 1 黑斑，中央靠前缘处尚各有 1 黑色横斑。卵，高 0.8~1.0mm，宽 0.6~0.7 mm。似鼓形。初产卵乳白色，渐变灰白，后变黑色。假卵盖周缘有 1 宽的灰白色环纹，上有 32~35 枚短棒状白色精孔突，中央为不规则白色花纹；壳壁近两端处有黑色环带。若虫，1 龄体长 1.2~1.5 mm，宽 1~2 mm。近圆形，橙黄色。头、触角及胸部背面黑色，腹部第 4~7 节节间背面有 3 块黑色横斑，足黑色。2 龄体长 1.8~2.2 mm，宽 1.5~1.8 mm。椭圆形，中、后胸背板略等长，后缘平直，腹背中央有 4 块黑斑，中间 2 块较大。3 龄体长 2.2~3.0 mm，宽 1.9 mm~2.3 mm。中胸背板长于后胸，后胸背板后缘向前稍弯曲，腹背中央 2 块褐黑色斑特大，第 3~6 腹节背面的节间各具 1 对臭腺孔；翅芽微现，与小盾片向上突起。4 龄体长 3.1~4.5 mm，宽 2.5~3.0 mm。小盾片两侧呈现卵形橙黄色部，翅芽伸达第 2 腹节后缘。5 龄体长 4.8~6.0 mm，宽 3.5~4.5 mm，翅芽伸达第 4 腹节。

生物学特性：1 年发生 2 代，以成虫在石下、土缝、落叶或草丛中越冬，翌年 3 月下旬开始活动，4 月下旬开始产卵，5 月末结束产卵，产卵后越冬成虫陆续死亡。若虫共 5 龄，高龄若虫适应性及耐饥力都较强。5 月第 2 代成虫出现，5—9 月为成、若虫主要危害时期。10 月成虫开始越冬。成虫与若虫刺吸植物汁液，被刺处留下黄白色斑点，最后植株枯萎死亡，成株期为害则不能结荚，籽粒空虚。还可以传播软腐病、病毒病等病害。

分布区域：全国各省（区、市）。

59 茶翅蝽
Halyomorpha halys（Stål，1885）

分类地位：半翅目，蝽科。

别名：臭木蝽象、臭木蝽、茶色蝽。

寄主植物：臭椿、苹果、梨、山楂、桃、樱桃、杏、李、沙枣、枣、葡萄、甜菜、西府海棠、槐、桑、豆科、榆树等。

茶翅蝽成虫腹面展翅状（李德家 摄）

形态特征：成虫，体长 12~16 mm、宽 6.5~9.0 mm，扁椭圆形，淡黄褐至茶褐色，略带紫红色。触角丝状 5 节，褐色，第 2 节比第 3 节短，第 4 节两端黄色，第 5 节基部黄色。复眼球形，黑色；前胸背板、小盾片和前翅革质部有黑褐色刻点，前胸背板前缘横列 4 个黄褐色小点，小盾片基部横列 5 个小黄点，两侧

茶翅蝽成虫（李德家 摄）

斑点明显。腹部侧接缘为黑黄相间。卵，常 20~30 粒并排在一起，卵粒短圆筒形，形似茶杯，直径 0.7 mm 左右，初灰白色，孵化前黑褐色。若虫，初孵体长 1.5 mm 左右，近圆形。腹部淡橘黄色，各腹节两侧节间各有 1 长方形黑斑，共 8 对。腹部第 3、5、7 背面中部各有 1 个较大的长方形黑斑。老熟若虫与成虫相似，无翅。

生物学特性：1 年 1 代，以成虫在空房、屋角、檐下，树洞、土缝、石缝及草堆等处越冬。北方果区一般 5 月上旬陆续出蛰活动，6 月上旬至 8 月产卵，多产于叶背。卵期 10~15 天。7 月上旬出现若虫。6 月中下旬为卵孵化盛期，8 月中旬为成虫盛期。9 月下旬成虫陆续越冬。成虫和若虫受到惊扰或触动时，即分泌臭液并逃逸。成、若虫吸食叶片、嫩梢和果实的汁液。正在生长的果实被害后出现凹凸不平的畸形果，质硬味苦；近成熟果被害后，果肉变空，木栓化。梨果被害后常形成疙瘩梨，受害处变硬、味苦，桃果被害后流胶，果肉下陷成僵果，严重时脱落。北方桃、梨、葡萄产区及臭椿行道树受害日趋严重，成为危害果区和城市绿化的重要害虫。

分布：宁夏全区。我国除青海和新疆未见报道外，其他省（区）均有分布。

茶翅蝽初孵若虫（李德家　摄）

茶翅蝽2龄若虫（李德家　摄）

茶翅蝽3龄若虫（李德家　摄）

茶翅蝽4龄若虫（李德家　摄）

茶翅蝽老龄若虫（李德家　摄）

茶翅蝽成虫羽化过程（李德家 摄）

茶翅蝽成虫羽化变化过程（李德家 摄）

60 沙枣蝽
Rhaphigaster nebulosa（Poda，1761）

分类地位：半翅目，蝽科。

别名：沙枣润蝽。

寄主植物：为害苹果、梨、杏、李、沙果、沙枣、杨、柳、榆树、槭属、刺槐等多种果树及林木。

形态特征：体长 19 mm，宽 8 mm，全体黑褐色。触角 5节，黑褐色，各节基部黄色。头、胸、小盾片及前翅革质部分，背面均密布黑色刻点。前胸背板后部隆起，前部下陷，侧角略尖。小盾片黄绿色，其后端两侧各有 1 黑斑。前翅革质部分黄绿色，膜质部分淡色，上有较大黑点。结合板（侧接缘）黄色，两节交界处有黑斑。胸、腹部腹面及足黄色有黑点，跗节末端黑色。若虫，色泽同成虫，略呈椭圆形，腹部背面中央黄色，有白斑，触角 4 节。卵，灰白色有光泽，圆筒状，顶端中央有 1 黑点周围有 1 圈微小突起，数十粒整齐排列在一起。

沙枣蝽成虫背面（李德家　摄）

生物学特性：以成虫越冬，4 月开始活动，6 年初产卵于主干树皮裂缝间，中下旬孵化为若虫，7 月间往往群集在树干隙缝间吸吮树汁。成虫臭气甚重，有趋光性。间有捕食性，如柳毒蛾幼虫有时被捕食。

分布：宁夏（银川、石嘴山、中卫）、甘肃、内蒙古、新疆（北部）等地。

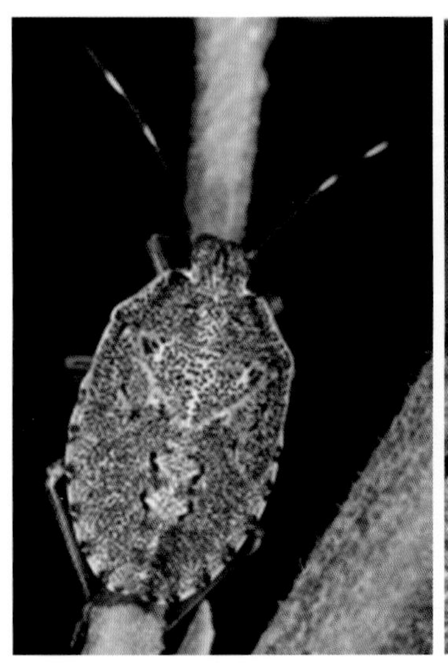

沙枣蝽若虫（李德家　摄）

沙枣蝽成虫侧腹面（李德家　摄）

61 宽碧蝽
Palomena viridissima（Poda，1761）

分类地位：半翅目，蝽科。

异名：柳碧蝽。

寄主植物：食性较广，可在柳、杨、油松、榆树、洋白蜡（美国红梣）、落叶松、栎等树木，以及玉米、大豆等草本植物上发生。

形态特征：体长 12.0~13.5 mm；鲜绿色至暗绿色；触角第 1 节未伸出头末端，第 2 节长于第 3 节；头部侧叶长于和明显宽于中叶，半会合于中叶之前；前胸背板侧角伸出较少，侧缘略向外弓出；各足腿节外侧近端部具 1 小黑点。雄虫生殖节红色。

生物学特性：1 年 1 代，以成虫越冬。4—10 月可见成虫，8 月可见若虫。

分布：宁夏、甘肃、青海、陕西、内蒙古、黑龙江、吉林、北京、河北、山东、云南等地。

宽碧蝽成虫交尾状（李德家 摄）

62 绿盲蝽
Apolygus lucorum（Meyer-Dur，1843）

分类地位：半翅目，盲蝽科。

别名：绿后丽盲蝽、棉青盲蝽、青色盲蝽等。

寄主植物：枣、杏、桑、葡萄、苹果、梨、杏、梅、山楂麻、豆科、茄科、大红柳等植物。

形态特征：成虫，体长 5 mm、宽 2.2 mm，绿色，密被短毛。头部三角形，黄绿色，复眼黑色突出，无单眼，触角 4 节丝状，较短，约为体长 2/3，第 2 节长等于 3、4 节之和，向端部颜色渐深，1 节黄绿色，4 节黑褐色。前胸背板深绿色，布许多小黑点，前缘宽。小盾片三角形微突，黄绿色，中央具

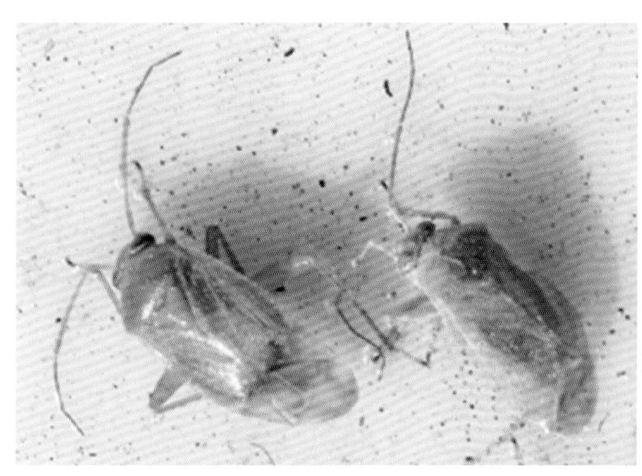

绿盲蝽成虫（李立国　摄）

绿盲蝽为害状（李立国　摄）

1 浅纵纹。前翅膜片半透明暗灰色，余绿色。足黄绿色，胫节末端、跗节色较深，后足腿节末端具褐色环斑，雌虫后足腿节较雄虫短，不超过腹部末端，跗节 3 节，末端黑色。卵，长 1 mm，黄绿色，长口袋形，卵盖乳黄色，中央凹陷，两端突起，边缘无附属物。若虫，5 龄，与成虫相似。初孵时绿色，复眼桃红色。2 龄黄褐色，3 龄出现翅芽，4 龄翅芽超过第 1 腹节，2、3、4 龄触角端和足端黑褐色，5 龄后全体鲜绿色，密被淡黄色细毛，端部色渐深。眼灰色。

生物学特性：北方 1 年发生 3~5 代，以卵在茎秆、茬内、树皮或断枝内及土中越冬。春季 5 月平均气温达 15℃或者连续 5 日均温达 11℃时，卵开始孵化，5 月至 6 月上旬为孵化盛期，6 月成虫羽化并产卵。成虫寿命长，产卵期 30~40 天，发生期不整齐。成虫飞行力强，喜食花蜜，羽化后 6、7 天开始产卵。非越冬代卵多散产在嫩叶、茎、叶柄、嫩蕾等组织内，外露黄色卵盖，卵期 7~9 天。成、若虫刺吸寄主汁液，受害初期叶面呈现黄白色斑点，渐扩大成片，成黑色枯死斑，并成大量破孔、皱缩不平的“破叶疯”。孔边有 1 圈黑纹，叶缘残缺破烂，叶卷缩畸形。严重时腋芽、生长点受害，造成腋芽丛生，甚至全叶早落。以春、秋两季受害严重。主要天敌有寄生蜂、草蛉、捕食性蜘蛛等。

分布：全国各地。

63 牧草盲蝽
Lygus pratensis（Linnaeus，1758）

分类地位：半翅目，盲蝽科。

寄主植物：棉花、苜蓿、蔬菜、果树、麻类等。

形态特征：成虫，体长 5.5~6.5 mm，长椭圆形。体绿色或黄绿色，越冬前为黄褐色。头宽而短，呈短三角形。复眼呈椭圆形，褐色，位于头后两侧，较突出，无单眼。触角丝状，达到后足基节部分，各节均被细毛，其两侧为断续的黑边，胝的后方有 2 个或 4 个黑色纵纹，纵纹后面即前胸背板的后缘，尚有 2 条黑色的横纹，这些斑纹个体间变化较大。前胸背板前端有 1 个环状领片，后缘和侧缘均呈弧形，前缘有黑点，有橘皮状刻点；后缘有 2 个黑斑纹。中胸小盾片黄色，较小，为倒三角形，基部、中央色深，

牧草盲蝽成虫（李德家 摄）

有中央凹陷，呈心脏形，外缘黄白色，呈“V”形。前翅具刻点及细绒毛，爪片中央、楔片末端和革片靠爪片、翅结、楔片的地方有黄褐色的斑纹，翅膜区透明，微带灰褐色。足黄褐色，腿节末端有2~3条深褐色环状斑纹，胫节具黑刺，跗节、爪及胫节末端颜色较深。爪2个。

生物学特性： 1年生3~4代，以成虫在杂草、枯枝落叶、土石块下越冬。翌春寄主发芽后出蛰活动，喜欢在嫩叶、嫩茎、花蕾上刺吸汁液，取食一段时间后开始交尾、产卵，卵多产在嫩茎、叶柄、叶脉或芽内，卵期约10天。若虫共5龄，经30多天羽化为成虫。成、若虫喜白天活动，早、晚取食最盛，活动迅速，善于规避隐藏。发生期不整齐。

分布： 国内宁夏（全区草原）、河北、山西、内蒙古、河南、四川、西藏、陕西、甘肃、新疆；国外欧洲、美洲。

64 膜肩网蝽
Metasalis populi（Takeya，1932）

分类地位： 半翅目，网蝽科。

别名： 杨柳膜肩网蝽、娇膜肩网蝽。

异名： *Hegesidemus habrus* Drake，1966。

寄主植物： 杨属、柳属、藜属。在大面积杨树纯林种植区危害较重。

形态特征： 成虫，雌虫体长3.04 mm，宽1.16 mm。雄虫体长2.88 mm，宽1.27 mm。头光滑、短而圆鼓，褐色。复眼红色。3枚头刺短棒状，黄白色。触角浅黄色，被有短毛；第4节端半部黑色；各节长0.18、0.11、1.03、0.35 mm。头兜屋脊状，末端有2个深褐斑，3条纵脊灰黄色，2侧脊端半部与中纵脊平行。前翅长椭圆形，长过腹部末端；浅黄白色，有许多透明小室；具有深褐色“X”形斑，端部彼此重叠，呈半圆形。卵，长椭圆形略弯，长0.43~0.46 mm，宽0.15~0.16 mm。初产时乳白色，以后变为淡黄色，一端约1/3处出现浅红色，数日后另一端亦出现血红色丝状物，至孵化前变为红色。

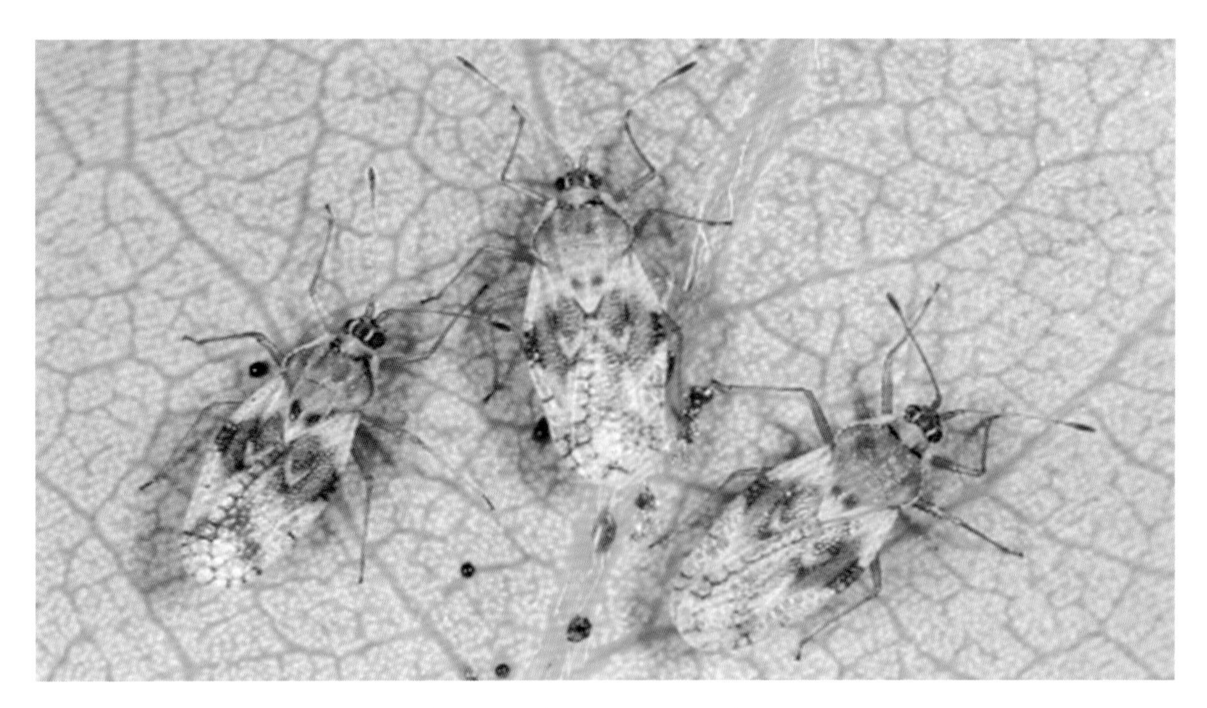

膜肩网蝽成虫（李德家　摄）

膜肩网蝽若虫（李德家　摄）

若虫，共 4 个龄期，4 龄若虫体长 2.17~2.18 mm，体宽 1.14~1.16 mm，头黑色。翅芽呈椭圆形，伸到腹背中央，基部和端部黑色。

生物学特性： 1 年发生 4 代，世代重叠。4 月下旬至 5 月上旬当日均温度达到 12℃以上时，越冬代成虫开始出蛰，为害杨树的嫩芽和嫩叶，并开始产卵。卵产在叶背主脉和侧脉两边的叶肉里，成行排列。也有少数散产在叶肉里。雌虫多次产卵，每雌产 8~12 粒，产卵后排出黑色黏稠状粪液覆盖于产卵处，使叶脉两边呈现两条明显的细黑带。卵期 9~11 天，各代略有不同。每雌一生产卵 40~60 粒。若虫多在早上孵化，孵化后即在叶背面群集取食，爬行速度快。若虫历期各代不等，平均第 1 代 19.5 天、第

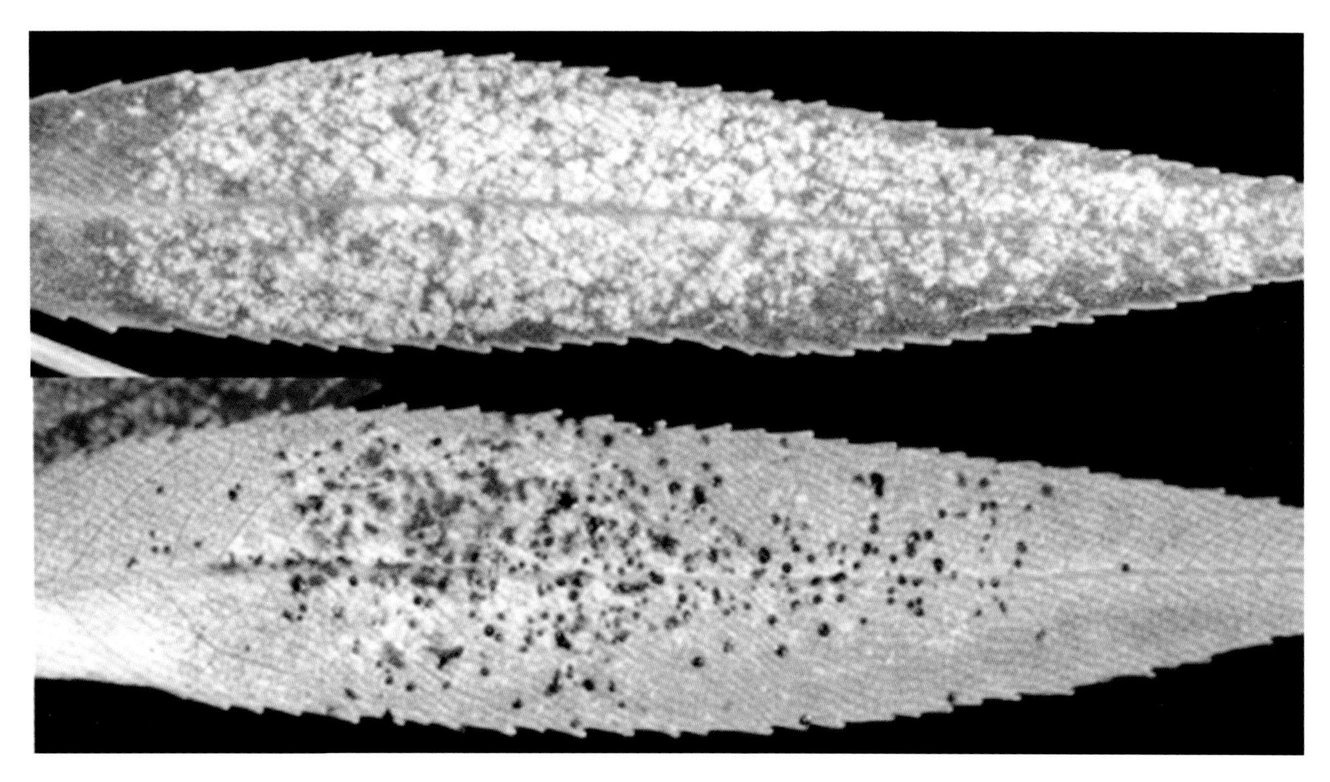

膜肩网蝽为害状（李德家 摄）

2 代 15.5 天、第 3 代 17 天、第 4 代 24 天。成虫羽化后一般需补充营养 6~7 天才交尾，交尾后 2~3 天开始产卵。成虫有假死性，很少飞翔。当树叶被为害落光后，会迁飞到邻近的杨树上为害。网蝽的成虫、若虫均具有群集危害习性。当日均温低于 10℃时，成虫开始下树在落叶、杂草、树皮裂缝或土壤缝隙中越冬。若虫吸食叶背汁液，使叶背呈现白色斑点症状，后期成虫危害加剧，大量吸食汁液并排泄黏稠状黑褐色粪便，诱发煤污病，导致杨树大量提前落叶，重者 7—8 月整片杨树林几乎全部落叶，严重影响林木生长。

分布：该虫 2013 年传入宁夏，目前在银川市、石嘴山市、吴忠市等地发生。我国北京、河北、河南、山东、江苏、江西、湖北、四川、甘肃、陕西、山西、广东等地分布。

三、鞘翅目 COLEOPTERA

65 黄褐异丽金龟 *Anomala exoleta* Faldermann，1835

分类地位：鞘翅目，金龟总科，丽金龟科。

别名：黄褐丽金龟。

寄主植物：苹果、梨、葡萄、柠条等各种林木、果树及玉米、高粱、苜蓿、小麦等农作物及杂草。

黄褐异丽金龟成虫（李德家　摄）

黄褐异丽金龟成虫（李德家　摄）

形态特征：成虫，体长 15~18 mm，宽 7~9 mm，体黄褐色，有光泽，前胸背板色深于鞘翅。前胸背板隆起，两侧呈弧形，后缘在小盾片前密生黄色细毛。鞘翅长卵形，密布刻点，各有 3 条暗色纵隆纹。前、中足大爪分叉，3 对足的基、转、腿节淡黄褐色，胫、跗节为黄褐色。幼虫体长 25~35 mm，头部前顶刚毛每侧 5~6 根，一排纵列。肛腹片后部刺毛列纵排 2 行，前段每列由 11~17 根短锥状刺毛组成，占全刺列长的 3/4，后段每列由 11~13 根长针刺毛组成，呈“八”字形向后叉开，占全刺毛列的 1/4。肛背片后部有骨化环（细缝）围成的圆形臀板。肛门孔多为横列状。

生物学特性：1 年 1 代，以幼虫越冬。成虫 5 月中旬出现，6 月下旬至 7 月上旬为成虫盛发期，成虫出土后不久即交尾产卵，幼虫期 300 天，主要在春、秋两季为害；成虫不取食，寿命短。昼伏夜出，傍晚活动最盛，趋光性强。幼虫为害树木、果树及各种农作物的地下部分。

分布：宁夏、辽宁、吉林、黑龙江、内蒙古、甘肃、青海、陕西、山西、华北、河南、山东、湖北、安徽、浙江、福建等地。

66 四纹丽金龟
Popillia quadriguttata（Fabricius，1787）

分类地位：鞘翅目，丽金龟科。

别名：中华弧丽金龟、四斑弧丽金龟、四斑丽金龟等。

寄主植物：紫穗槐、栎、榆树、杨、苹果、梨、桃、山楂、李、杏、海棠、葡萄、榛、大豆、玉米等。

形态特征：成虫，体长 7.5~12.0 mm，宽 4.5~6.5 mm。头部、前胸背板、小盾片、胸、腹板及足（除跗节及爪）均为亮绿色，有强闪光。鞘翅黄褐色。唇基前方明显收狭，横宽梯形，前缘上卷。额有皱密刻点。复眼黑色。触角 9 节，红褐色，棒状部 3 节（雄长大、雌短小）。前胸背板宽大，圆拱形隆起，前缘内弯，两角前伸，侧缘弧状外弯，后缘外扩，但中段略呈弧状内陷，密布细小刻点。腹部第 1 节至第 5 节腹板两侧有由密而细的白毛构成的 5 个小白斑。臀板上同样有 2 个大的白毛斑。前足胫节外侧具 2 齿，内侧有 1 刺突。前、中足各有爪 1 对，一爪扁粗，端部略分叉，另一爪细长不分叉；后足爪一大一小，均不分叉。中足基节间有 1 圆球状前突。卵，初产时乳白色，椭圆形，平均长 1.46 mm，宽 0.95 mm。幼虫，老熟幼虫乳白色，体长 12~18 mm。头宽 2.9~3.1 mm。头部前顶刚毛每侧 5~6 根，排成一纵列。肛背片后部细凹缝口比较宽大。臀节腹面腹毛区中间的刺毛列呈“八”字形叉开，每列由 5~8 根，多数由 6~7 根锥状刺组成。

生物学特性：1 年发生 1 代，发生较整齐。以 3 龄幼虫在 60~70 cm 深土壤中越冬。翌年 4 月当地表层平均土温达 9.5℃时幼虫很快上移到表土层，6 月上、中旬，大批幼虫老熟，在 5~8 cm 深土中做 1 椭圆形蛹室化蛹。预蛹期 4—14 天，蛹期 8—17 天，化蛹始期为 6 月中旬，8 月中旬绝迹。成虫寿命雄虫 15—29 天，雌虫 24—31 天。成虫羽化后在蛹室静伏 2~3 天，当 10 cm 深土壤的温度为 23℃左右，平均气温为 22℃、相对湿度达 80% 以上时成虫开始出土。成虫有假死性，无趋光性，夜间多潜伏土中。少数则伏于植物叶片间。成虫取食叶片，不取食花器，发生初期取食分散，盛期时群聚取食。1 棵寄主上可聚集

四纹丽金龟成虫（李德家　摄）

数百头成虫。雌虫出土 2~3 天开始交尾，可交尾多次，产卵量 20~65 粒，卵产于 2~5 cm 土中，散产，但又小范围集中。初孵幼虫以腐殖质或幼根为食，8 月中旬前后大部分已进入 3 龄。幼虫在土中上下迁移，主要受土壤温度影响，当旬平均土温为 9.7 ℃时开始下迁，7.8 ℃几乎全部下迁越冬。成虫食叶呈不规则缺刻或空洞，严重的仅残留叶脉，有时为害花果；幼虫为害地下组织。

分布：全国各地。

67 白星花金龟
Protaetia brevitarsis（Lewis，1879）

分类地位：鞘翅目，花金龟科。

别名：白星花潜、白纹铜花金龟。

寄主植物：杨、柳、榆树、柏、栎、椿、女贞、木槿、樱花、苹果、桃、杏、梨、葡萄、山楂、月季、玉米、高粱、禾本科、十字花科等多种林木、果树、花卉及农作物。

形态特征：成虫，体长 18 ~ 22 mm。狭长椭圆形。古铜色、铜黑色或铜绿色，前胸背板及鞘翅布有条形、波形、云状、点状白色绒斑，左右对称排列。唇基近六角形，前缘横直，弯翘，中段微弧凹，两侧隆棱近直，左右近平行，布挤密刻点刻纹。触角雄虫鳃片部长于其前 6 节长之和。前胸背板前狭后阔，前缘无边框，侧缘略呈“S”形弯曲，侧方密布斜波形或弧形刻纹，散布乳白绒斑。鞘翅侧缘前段内弯，表面绒斑较集中的可分为 6 团，团间散布小斑。臀板有绒斑 6 个。前胫节外缘 3 锐齿，内缘距端位。1 对爪近锥形。中胸腹突基部明显缢缩，前缘微弧弯或近横直。雄虫腹部中央部分凹平，雌虫腹板不凹平。卵，椭圆形或近椭圆形，灰白色，长 1.5~2.0 mm。幼虫，体长 30~40 mm，短粗肥稍弯曲，头小，3 龄幼虫头宽 4.1~4.7 mm，前顶毛每侧 4 根，成一纵列；后头毛每侧 4 根。臀节腹面密布短锥刺和长锥刺，刺毛列为 1 长椭圆形，每列由 14~20 根扁宽锥刺组成，排列不一定整齐。内唇基感区后方具较

白星花金龟成虫（李德家　摄）

大的彼此远离的三角形骨片。肛门孔为横裂状。蛹，裸蛹，长20~23 mm，无尾角，末端齐圆，有边褶，雄蛹尾节腹面中央有1横长方形的三叠状突，雌蛹尾节腹面中央平坦，在尾节中央前方有1锚式细纹。

生物学特性：1年生1代，以2、3龄幼虫或成虫在土内或杂草中越冬。成虫5月上旬出现，幼虫5、6月化蛹，蛹期1个月，6、7月为成虫活动期。成虫白天活动取食，最喜取食成熟的果和玉米苞谷穗，稍受惊扰立即飞离。7月上旬开始产卵，每雌产卵20~30粒，产卵多在谷场边、腐殖质丰富或者堆肥处进行，成虫寿命约50天，有假死性，对苹果、桃等的酒醋味趋性较强。成虫9月逐渐绝迹。卵期12天左右。幼虫期270天左右。幼虫体宽肥壮，以背部着地行走，足朝上。以腐殖质为食料，一般不为害活植物根系。幼虫抗不良环境能力强，在冰冻1个月的情况下仍能恢复活动。

分布：在全国分布较广，除广东、广西、贵州、新疆未见报道外，其他省（区）均有分布。

68 福婆鳃金龟
Brahmina faldermanni Kraatz，1892

分类地位：鞘翅目，鳃金龟科。

别名：毛棕鳃金龟。

寄主植物：油松、杨、柳、白桦、桃、李、杏、国槐、刺槐及农作物、花卉、杂草。

形态特征：成虫体长9.0~12.0 mm，宽4.3~6.0 mm。长卵圆形，栗褐色，被褐色长毛。唇基梯形，前缘近横直，布大刻点。额头顶具粗大皱密刻点，头顶略见皱褶状横脊。触角10节，雄虫鳃片部长大、雌虫短小。前胸背板侧缘呈钝角形外扩；外缘齿形，齿间有长毛；前、后角皆钝。小盾片三角形，具竖毛刻点。鞘翅密布具毛刻点，纵肋1可辨。臀板密布具毛刻点。后足胫节第1节略短于第2节。爪端深裂，下肢末端斜切。

生物学特性：1年生1代，幼虫越冬。成虫为害果树、林木叶部，幼虫为害植物地下部分。

分布：宁夏、辽宁、河北、山西、山东、河南、陕西等地。

福婆鳃金龟成虫（李德家　摄）

69 华北大黑鳃金龟
Holotrichia oblita（Faldermann，1835）

分类地位：鞘翅目，金龟总科，鳃金龟科。

别名：朝鲜黑金龟。

寄主植物：杨、柳、榆树、槐、胡桃、杏、苹果、桑、小麦、玉米、谷子、高粱，豆科、禾本科等林果、农作物、花卉。寄主种类众多。

华北大黑鳃金龟成虫（李德家　摄）

形态特征：成虫，长椭圆形，体长 17.0~21.8 mm。体色黑褐至黑色，油亮光泽强。唇基短阔，前缘、侧缘向上弯翘，前缘中凹显。触角 10 节，雄虫鳃片部约等于其前 6 节总长。前胸背板密布粗大刻点，侧缘向侧弯扩，中点最阔，前段有少数具毛缺刻，后段微内弯。小盾片近半圆形。鞘翅密布刻点微皱，纵肋可见。肩凸、端凸较大。胸下密被柔长黄毛。前足胫节外缘 3 齿，爪下齿中位垂直生。幼虫，体长 35~45 mm。头部红褐色，前顶刚毛每侧 3 根。臀节腹面无刺毛列，只有钩状刚毛，肛门孔 3 裂。

生物学特性：约 2 年完成 1 代。成、幼虫交替越冬，仅有少数发育晚的个体有世代重叠现象。在部分地区有大、小年之分，逢奇数年成虫发生量大，逢偶数年成虫发生量少，掌握这一规律可有预见地进行防治。在辽宁 4 月末至 5 月中旬开始出土。出土盛期在 5 月中下旬至 6 月初，从开始出土到盛期为 10~11 天，末期可延续到 8 月下旬。成虫昼伏夜出，天亮前至傍晚期间潜伏在土中；一般先交尾后取食；成虫有趋光性，但雌虫很少扑灯，初羽化雄虫 15 天不扑灯。卵散产于土中，卵期 20 天左右，孵化盛期在 7 月中下旬。幼虫取食根茎地下部分及播下的种子，造成严重缺苗和死苗。幼虫共 3 龄。秋冬越冬幼虫多为 2~3 龄。幼虫取食植物地下部分，可造成春耕作物及苗圃地出现严重的缺苗和死苗现象。

分布：宁夏、辽宁、华北、西北、华东、河南、江苏、安徽、浙江、江西等地。

70 围绿单爪鳃金龟

Hoplia cincticollis（Faldermann，1833）

分类地位：鞘翅目，鳃金龟科。

别名：缘绿单爪鳃金龟。

寄主植物：榆树、杨、柳、桦、丁香、草木犀、桑、杏、梨、苹果等多种林果、灌木及苜蓿。

形态特征：体中型，短阔，长 11.4~15.0 mm，宽 6.0~8.3 mm，黑至黑褐色；前胸背板、鞘翅被金褐

围绿单爪鳃金龟成虫（李立国　摄）

围绿单爪鳃金龟成虫为害状（李立国　摄）

色或淡红褐色鳞片。体表密被各式鳞片。唇基短阔梯形，布淡黄褐色半透明纤毛。触角 10 节，鳃片部 3 节短小。前胸背板圆隆。鳞片间疏生短粗纤毛，侧边钝角形外凸，疏列纤毛；鞘翅前阔后狭，肩凸、端凸发达，纵肋几不见，鳞片间散生短小刺毛。鞘翅各有 7 个黑褐色鳞片状斑点。常有不少个体，背面的黑褐色斑点不完全、模糊或完全消失。臀板大，近半椭圆形。足粗壮，各足胫节无端距；前足胫扁，外缘 3 齿；跗端 2 爪，大小殊异，小爪仅为大爪的 1/3 长，大爪端部背缘分裂；后足跗端仅 1 个单爪。

生物学特性：成虫白天活动，取食杨、榆树和果树的嫩叶、嫩梢及多种灌木的叶片。成虫取食植物嫩叶、嫩梢。

分布：宁夏、辽宁、吉林、黑龙江、华北、西北、山东、河南、广东等地。

71 斑单爪鳃金龟
Hoplia aureola（Pallas，1781）

分类地位：鞘翅目，鳃金龟科。

异名：*Hoplia flavicollis Reitter*，1903。

寄主植物：艾蒿、枸子、丁香、柠条、酸李子、山杨、甘蓝和、禾本科牧草。

形态特征：体长 6.5~7.5 mm，宽 3.6~4.2 mm。体黑褐至黑色，鞘翅浅棕褐色。体表密被不同颜色的鳞片。头密被纤毛；额头顶部有金黄或银绿色圆形至椭圆形鳞片与纤毛相间而生。触角 9 节，鳃片部由 3 节组成。前胸背板弧隆，基部略狭于翅基，密被圆大金黄或银绿色鳞片，其间有短粗纤毛杂生；许多个体有 4 或 6 个黑褐鳞片形成的斑点，呈前 4 后 2 横向排列；前侧角锐角形前伸，后侧角钝角形，侧缘弧扩，锯齿形，齿刻中有毛。小盾片半椭圆形，密被金黄色鳞片，前中鳞片常呈黑褐色。鞘翅密被圆形或短宽披针形金黄色或污黄色鳞片，每鞘翅常有 7 个黑褐鳞片斑点。种内不少个体体背面黑褐斑点不完全、模糊或完全消失。各足跗节以上被有较多鳞片。足较壮实，胫节无端距，前足胫节外缘有 3 枚齿，基齿弱小，跗端 2 爪中大爪强大，端部上缘分裂，小爪较弱；后足胫节壮实，末端向下延伸如角突，跗端只有 1 爪，完整。

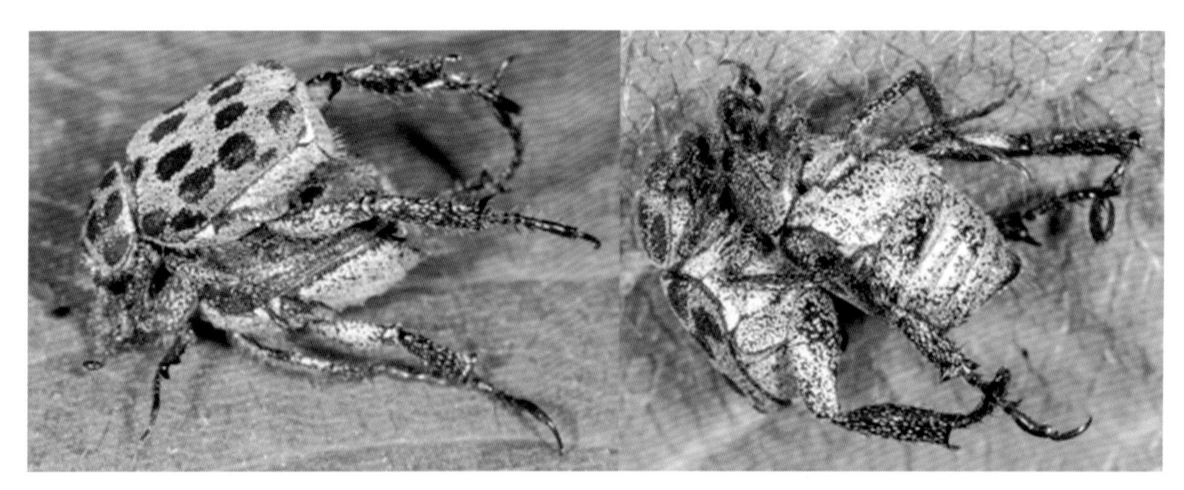

斑单爪鳃金龟成虫栖息状（李德家　摄）

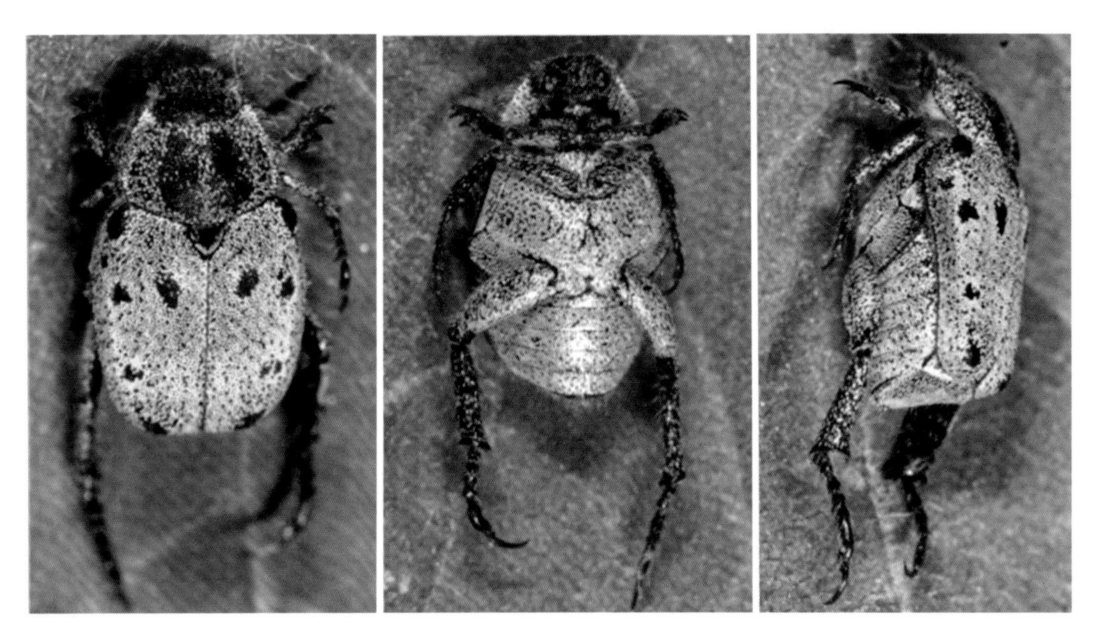

斑单爪鳃金龟成虫（李德家 摄）

生物学特性：成虫为害寄主叶片。

分布：宁夏（六盘山、隆德、海原草甸草原和罗山温性草原）、山西、内蒙古、甘肃、河北、江苏、东北地区。

72 戴单爪鳃金龟
Hoplia davidis Fairmaire，1887

分类地位：鞘翅目，鳃金龟科。

寄主植物：杨、柳、榆树、苹果、梨、桑、杏、云杉等林果、农作物。

戴单爪鳃金龟成虫栖息状（李德家 摄）

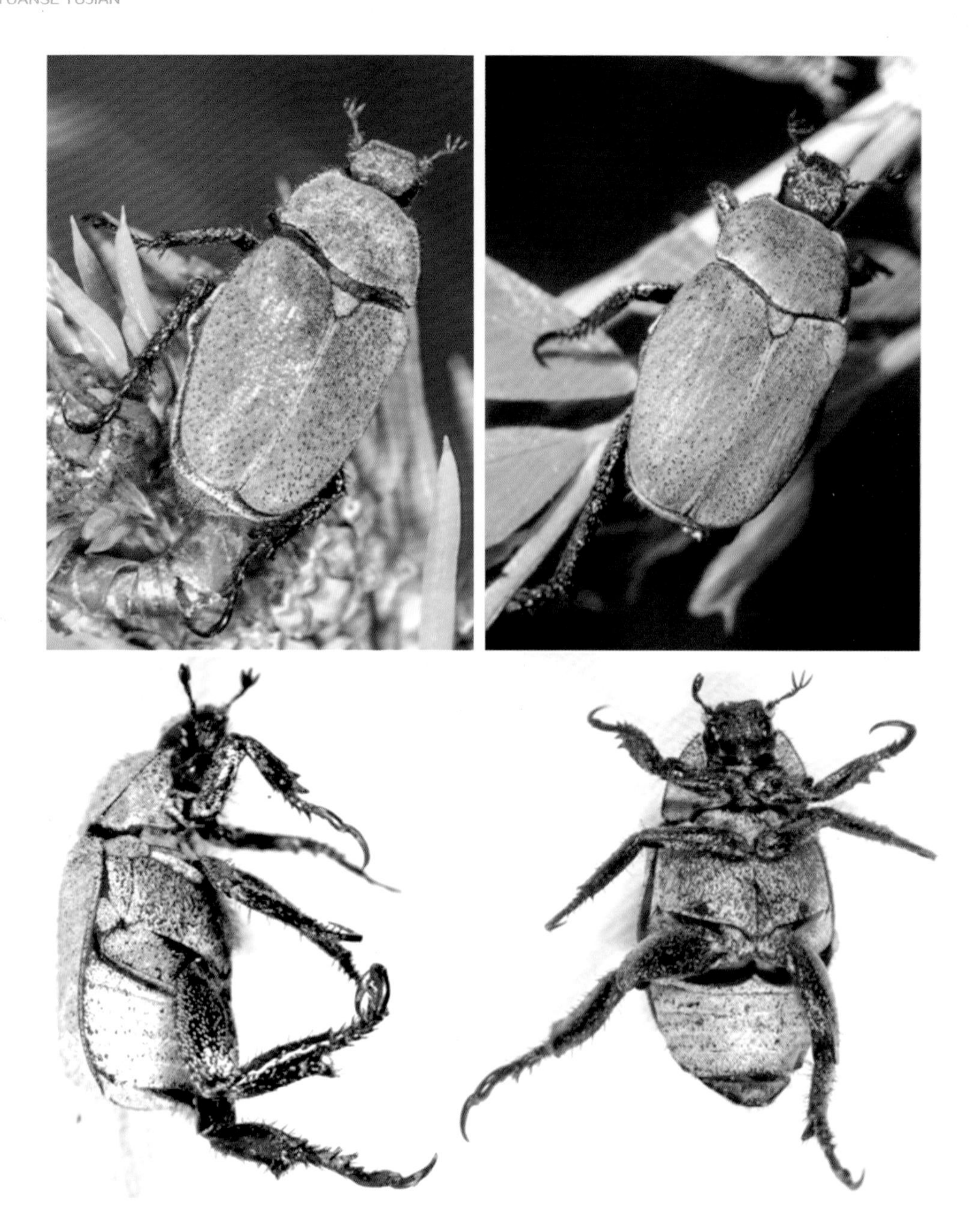

戴单爪鳃金龟成虫（李德家 摄）

形态特征：体长 12.6~14.0 mm，宽 7.1~7.8 mm。体卵圆形，扁宽。体黑褐至黑色，鞘翅淡红棕色。除唇基外，体表均密被鳞片；头部鳞片短椭圆形银绿色，有光泽；前胸背板、小盾片、鞘翅的鳞片卵形或椭圆形浅黄绿色，无光泽；鞘翅近侧缘的鳞片近方形；前臀板后方、臀板的鳞片近圆形浅银绿色，有光泽。唇基横条形，边缘弯翘，前缘近平直。触角 10 节褐色，鳃片部 3 节。前胸背板隆起，侧缘圆弧形外扩；前角前伸，尖锐，后角钝。小盾片盾形。鞘翅纵肋几乎不见，散生黑色短刺毛或裸露小点。前、中足 2 个爪大小差异显著，大爪端部近背面分裂。

生物学特性：成虫取食植物叶片。

分布：宁夏、辽宁、内蒙古、山西、青海、河北、陕西、河南、四川等地。

73 黑绒鳃金龟
Maladera orientalis（Motschulsky，1857）

分类地位：鞘翅目，鳃金龟科。

异名：*Serica orientalis* Motschulsky。

别名：东方绢金龟、黑绒金龟、东方绒鳃金龟、东方玛绢金龟、东方金龟子、黑绒绢金龟、赤绒鳃金龟。

寄主植物：寄主多达 45 科 116 属 149 种。成虫最爱取食杨、柳、榆树、苹果、梨、桑、杏、枣、梅、桃、臭椿、胡桃、刺槐、柠条锦鸡儿、葡萄等植物叶片。

形态特征：成虫，体长 6.2~9.0 mm，宽 3.5~5.2 mm；卵圆形，前狭后宽；雄虫，体略小于雌虫。初羽化为褐色，后渐转黑或黑褐色，体表具丝绒般光泽。唇基黑色，有强光泽，前缘与侧缘均微翘起，前缘中部略有浅凹，中央处有 1 微凸起的小丘。触角 10 节，赤褐色，棒状部 3 节。前胸背板宽为长的 2 倍，前缘角呈锐角状向前突出，侧缘生有刺毛；前胸背板上密布细小刻点。鞘翅上各有 9 条浅总沟纹，刻点细小而密，侧缘列生刺毛。前足胫节外侧生有 2 齿，内侧有 1 刺。后足胫节有 2 枚端距。卵，椭圆形，长 1.2 mm，乳白色，光滑。幼虫，乳白色，3 龄幼虫体长 14~16 mm，头宽 2.5~2.6 mm。头部前顶毛每侧 1 根，额中央每侧 1 根。触角基膜上方每侧有 1 个棕褐色伪单眼，系色斑构成，无晶体。臀节腹面钩状毛区的前缘呈双峰状；刺毛列由 20~23 根锥状刺组成弧形横带，位于腹毛区近后缘处，横带的中央处有明显中断。蛹，长 8 mm，黄褐色，复眼朱红色。

黑绒金龟子成虫头部、背部和侧面观（李德家 摄）

黑绒金龟子成虫交尾状（李德家 摄）

黑绒金龟子雌（左）、雄成虫（李德家 摄）

生物学特性：在宁夏、河北、甘肃等地均1年1代，一般以成虫在土中越冬。翌年4月中旬出土活动，4月末至6月上旬为成虫盛发期，在此期间可连续出现几个高峰。高峰出现前多有降雨，故有雨后集中出土的习性。6月末虫量减少，7月很少见到成虫。成虫活动适温为20~25 ℃。雌、雄交尾盛期在5月中旬，雌虫产卵于10~20 cm深的土中，卵散产或十余粒集中一处。成虫取食树木叶片。产卵量与雌虫取食寄主种类有关，以榆树叶为食的雌虫产卵量最大。每雌可产卵数十粒，卵期5~10天。幼虫共3龄，1龄历期41天，2龄约21天，3龄约18天，共需80天左右。老熟幼虫在20~30 cm深的土层化蛹，预蛹期7天左右，蛹期11天，幼虫以腐殖质及少量嫩根为食，对农作物及苗木危害不大。羽化盛期在8月中下旬，当年羽化的成虫一般不出土即蛰伏越冬，个别出土取食。成虫有假死性和趋光性，飞翔力强，傍晚多围绕发芽开花的苹果、梨、杏、柳、桃、榆树等的树冠飞翔、栖落取食幼芽和嫩叶。

分布：宁夏全区。我国辽宁、吉林、黑龙江、河南、山东、江苏、安徽、江西、福建、台湾、云南、贵州、四川、华北、西北等地。

74 细胸锥尾叩甲

Agriotes subvittatus Motschulsky，1860

分类地位：鞘翅目，叩甲科。

别名：细胸金针虫、细胸叩头虫。

寄主植物：各种园林苗木。

形态特征：成虫，体细长，长约9 mm，背扁平，被黄色细卧毛；头顶拱凸，刻点深密，触角细短；前胸背板长稍大于宽，后角尖锐上翘；鞘翅翅面细粒状，每翅具深刻点沟9行。卵，近圆形，乳白色。幼虫体细长筒形，淡黄色，光亮；第1胸节短于其他胸节，1~8腹节等长，尾节近基部两侧各有褐色圆斑1个和纵纹4条，顶端具圆形突起1个。蛹体浅黄色。

生物学特性：3年发生1代，以成虫和幼虫在土中越冬。6月成虫羽化，活动力强，7月产卵于土表，卵经10~20天发育成幼虫，幼虫喜潮湿和酸性土壤。成虫对禾本科草类刚腐烂

细胸锥尾叩甲成虫（李德家　摄）

发酵时的气味有趋性。

分布：东北、西北、华北。

75 宽背金叩甲
Selatosomus latus（Fabricius，1801）

分类地位：鞘翅目，叩甲科。

异名：*Selatosomus gravidus*（Germar，1843）。

别名：宽背金针虫、宽背叩头虫、宽背叩甲。

寄主植物：杨、柳、榆树、苹果、梨、大豆、杏、禾本科及多种农作物。

宽背叩甲成虫（李德家 摄）

形态特征：成虫体长 14.5~15.0 mm。体褐铜色，被黄色绒毛。额扁平，前部及两侧刻点密。前胸宽大于长，两侧圆弧形拱出，侧缘向前内弯，向后微弱波状；前缘宽凹，前角短；后缘波状；中纵沟明显；背面凸，密被刻点。后角长，分叉，有 1 条脊。小盾片宽，两侧呈弧形拱出。鞘翅基部较前胸宽，渐向中部变宽后收狭；表面沟纹明显，基部凹；沟间平坦，具小刻点。

生物学特性：在中国北方需 4~5 年完成 1 代，以幼虫越冬。成虫 5—7 月出现，白天活动，能飞翔，有趋糖蜜习性。幼虫春季为害各种旱地作物地下部分。

分布：宁夏、辽宁、吉林、黑龙江、新疆、内蒙古、甘肃、青海等地。

76 泥脊漠甲
Pterocoma vittata Frivaldsky，1889

分类地位：鞘翅目，拟步甲科。

寄主植物：取食多种植物的根以及牧草，草籽，饲料等。

形态特征：成虫，长 12 mm，宽 7.5 mm。前胸背板宽为长的 2 倍以上，侧缘圆，前缘直前角突出，背面密生黑色长毛和粒突，前、后缘内侧有 1 横条土黄色宽毛带。每鞘翅上有由粒突组成的纵脊 5 条，边脊呈齿状与内侧脊在肩部汇合，第 1 脊（翅缝脊）与第 2 脊在基部小盾两侧呈矩形边相连，第 2 脊与第 3 脊在近翅端处合并，纵脊之间密覆白色细毛和黑色长毛，其间附着细土粒，形成 4 条土黄色纵带，故名。腹面密覆细毛和黑色长毛，呈现土色。前胸腹板突末端粗糙，着生黑毛，略向后突出。各足密被黄白色和稀疏长毛，中、后跗节背面着生褐色短毛。

泥脊漠甲雌雄成虫（李德家 摄）

生物学特性：成虫在沙土中越冬，生活于荒漠草原沙土地，取食沙旱生植物。

分布：宁夏（荒漠草原）、陕西（北部）、甘肃（北部）、内蒙古（西部）、青海、新疆等地。

77 马铃薯瓢虫
Henosepilachna vigintioctomaculata（Motschulsky，1857）

分类地位：鞘翅目，瓢甲科。

别名：二十八星瓢虫、茄二十八星瓢虫、酸浆瓢虫。

寄主植物：主要为害茄科、豆科、葫芦科、菊科、十字花科等蔬菜、灌木，及龙葵、苋菜等杂草，大豆、马铃薯、枸杞等经济作物。

为害特点：成虫、幼虫在叶背面剥食叶肉，仅留表皮，形成很多不规则半透明的叶片，被害作物只留下叶表皮，严重的叶片透明，呈褐色枯萎，叶背只剩下叶脉，茎和果上也有细波状食痕，果实被啃食处常常破裂、组织变僵；粗糙、有苦味，不能食用，甚至失去商品性。严重导致整株死亡。

形态特征：成虫体长 6.6~8.2 mm，前胸背板常具 5 个黑斑，即 1 个中斑和 2 对侧斑，中斑似由 3 个

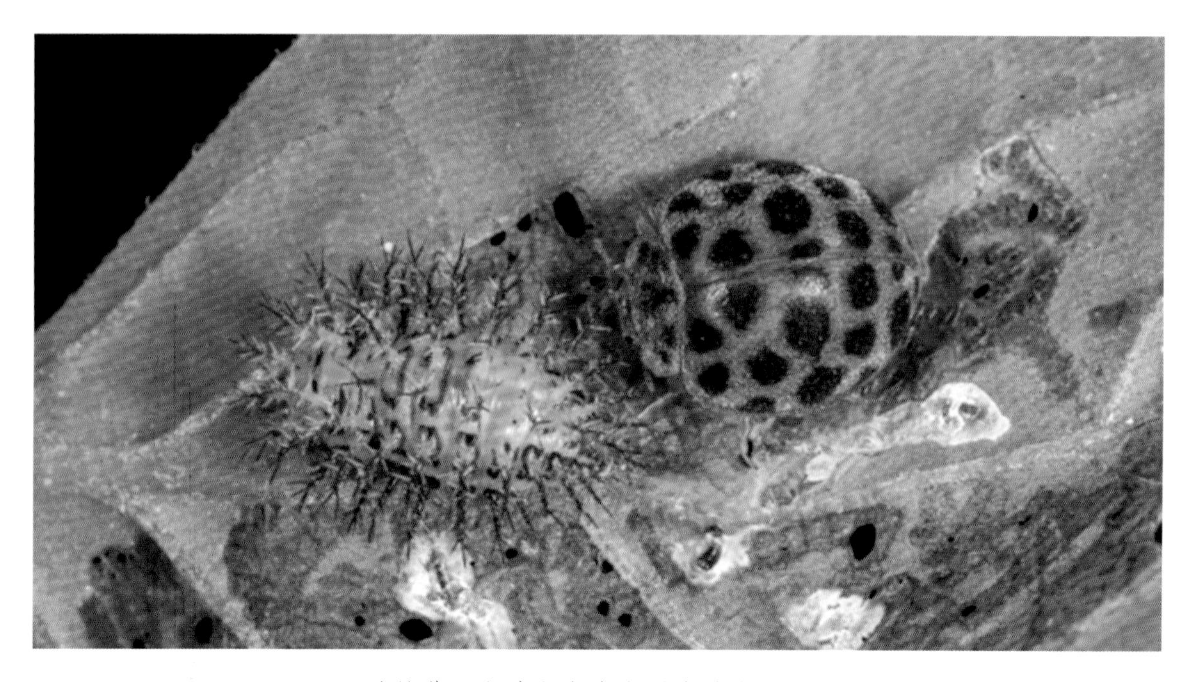
马铃薯瓢虫幼虫和成虫（李德家 摄）

斑组成，呈倒三角形；斑纹可扩大，前胸背板几乎黑色，只剩前缘和侧缘棕色；两侧鞘翅各有 14 个黑斑，第 2 排的斑纹不呈一条斜线，有时一些斑纹常相连，或鞘翅几乎黑色，只剩一些红色细条纹。

生物学特性：1 年发生 2~3 代。其成虫在枯草、树木裂口及石垣越冬，5 月飞至苗床和大棚番茄及茄子田产卵，亦常寄生于酸浆和牛蒡上。触摸时成虫从体内分泌出黄色液体，由叶片滑落，卵为弹头形，产在叶背，幼虫灰白色，带有枝状刺，20 天后化为成虫。二十八星瓢虫在东北一般 1 年发生 1~2 代。以成虫群集在背风向阳的树洞、树皮缝、墙缝、山洞、石缝及山坡、丘陵坡地土内和篱笆下、土穴等缝隙中越冬。翌年 5 月中下旬出蛰、先在附近杂草上栖息，再逐渐迁移到马铃薯、茄子上繁殖为害。成、幼虫都有取食卵的习性，成虫有假死性，并可分泌黄色黏液。夏季温度较高，成虫拒食导致不能繁育。幼虫共 4 龄，老熟幼虫在叶背或茎上。一般在 6 月 下旬至 7 月上旬、8 月中旬分别是第 1、2 代幼虫的危害盛期，随着茄科作物的收获，幼成虫转移至其他作物上。从 9 月中旬至 10 月上旬第 2 代成虫迁移越冬。东北地区越冬代成虫出蛰较晚，而进入越冬稍早。以散居为主，偶有群集现象。

分布：宁夏全区。国内主要分布在华东、华北、西北、西南、华中地区，近些年随着气候的变暖，东北地区逐年加重发生。

78 暗头豆芫菁
Epicauta obscurocephala Reitter，1905

分类地位：鞘翅目，芫菁科。

暗头豆芫菁成虫（李德家 摄）

寄主植物：幼虫在土下取食蝗虫卵。成虫群聚危害，大量取食植株嫩叶、心叶及花。

形态特征：体长 11.5~17.0 mm；体宽 3~4 mm。头、体躯和足黑色，在额的中央有 1 条红色纵斑纹，在它的后面头顶的中央有 1 条由灰白色毛组成的纵纹，在前胸背板中央和每个鞘翅的中央各有 1 条由灰白色毛组成的纵纹；此外，在背板两侧、沿鞘翅周缘和体腹面都镶有灰白色毛。头略呈三角形，向下伸，与身体几成垂直；头后面有很细的颈。触角较短细，丝状，11 节，第 1 节长而粗大，外侧红色，长与宽约为第 2 节的 2 倍，第 3 节与第 1 节约等长，但较细，第 4 节末节略等长。前胸背板长稍大于宽，两侧平行，前端突然狭小。雌雄性特征区别比较明显，雄虫后胸腹面中央有 1 椭圆形、光滑的凹洼，各腹节腹面中央也稍凹，前足第 1 跗节基细、端宽；雌虫无此特征。本种有一些个体头部除中央的红色纵斑外，两侧也是红色，过去曾被定为不同的种，实际是种内的变异。

生物学特性：北方 1 年 1 代。此虫具有复变态，幼虫期蜕皮 5 次，共有 6 个龄期。成虫 6 月下旬出现，6 月底产卵于地下的土室中，7 月中下旬孵化为幼虫，以第 5 龄幼虫（称为假蛹）在土室中越冬。到次年 6 月中旬，第 6 龄幼虫在土室中化蛹，然后羽化为成虫。1~4 龄幼虫都能在土下自由活动取食，尤其第 1 龄幼虫行动活泼，在土上、土下活动，5~6 龄幼虫都不食不动。以成虫危害。成虫白天活动，尤以中午最盛，群聚为害，大量取食植株嫩叶、心叶及花，影响结实。成虫遇惊常迅速逃避或落地藏匿。

分布：宁夏、北京、天津、河北、山东、山西、上海、浙江等地。

79 中国豆芫菁
Epicauta chinensis Laporte，1833

分类地位：鞘翅目，芫菁科。

别名：中华豆芫菁、中国黑芫菁、中华芫菁。

寄主植物：紫穗槐、槐树、柠条锦鸡儿、豆类、甜菜、苜蓿、玉米、马铃薯等，幼虫食蝗虫卵。

中国豆芫菁雄成虫（杨贵军　摄）

形态特征：体长 14~25 mm。体黑色，被黑色细短毛。头部除后方两侧红色及额中央有 1 块红斑外，大部分黑色，唇基和上唇前缘及触角第 1、2 节腹面红色。前胸背板中央有 1 条白短毛纵纹，沿鞘翅侧缘、端缘和中缝均有白毛，中缝的白边狭于侧缘白边；腹面胸部和腹部两侧被白毛，各腹节后缘有 1 圈白毛。头部刻点密，在触角的基部内侧有 1 对黑色光亮的圆扁瘤。雄虫触角 3~9 节呈栉齿状，雌虫触角丝状。前胸两侧平行，自端部约 1/3 处向前收狭。雄虫前足第 1 跗节基半部细，内侧凹入，端部膨阔。

分布：宁夏、陕西、甘肃、北京、河北、山西、东北、江苏、山东、台湾等地。

中国豆芫菁雄成虫（杨贵军　摄）

80　西伯利亚豆芫菁
Epicauta sibirica Pallas，1777

分类地位：鞘翅目，芫菁科。

别名：红头黑芫菁。

寄主植物：成虫为害豆类、甜菜、马铃薯、玉米、南瓜、向日葵、苜蓿、黄芪等，幼虫食蝗虫卵。

形态特征：体长 12.5~19 mm。体和足黑色，头红色，复眼的内侧和后方，有时为黑色。鞘翅侧缘和端缘有时有窄白毛，前足除跗节外被白毛。触角基部各有 1 个

西伯利亚豆芫菁雄成虫头前部（李德家　摄）

西伯利亚豆芫菁雄成虫侧面（李德家　摄）

西伯利亚豆芫菁成虫背面（李德家　摄）

光亮大黑瘤。雄虫触角 4~9 节呈栉齿状，雌虫触角丝状。前胸长宽略等，两侧平行，前端收狭；背板密布细小刻点和细短黑毛，中央有 1 条纵凹纹，后缘之前有 1 个三角形凹陷。鞘翅基部与端部约等宽，密布细小刻点和微细黑毛。

分布：宁夏、甘肃、青海、内蒙古、黑龙江、浙江、江西、河南、湖北、广东等地。

81 绿芫菁
Lytta caraganae Pallas，1781

分类地位：鞘翅目，芫菁科。

寄主植物：成虫为害豆类、苜蓿、黄芪、柠条、槐、锦鸡儿、柳梨等，幼虫取食蝗虫卵。

形态特征：体长 11.5 ~16.5 mm。体金属绿或蓝绿色，鞘翅具铜色或铜红色光泽。体背光亮无毛、腹面胸部和足毛细短。头部额中央有 1 个橙红色小斑。触角约为体长的 1/3，5~10 节念珠状。前胸宽短，前角隆突，背板光滑，

绿芫菁成虫栖息状（李德家　摄）

绿芫菁成虫栖息状（李德家　摄）

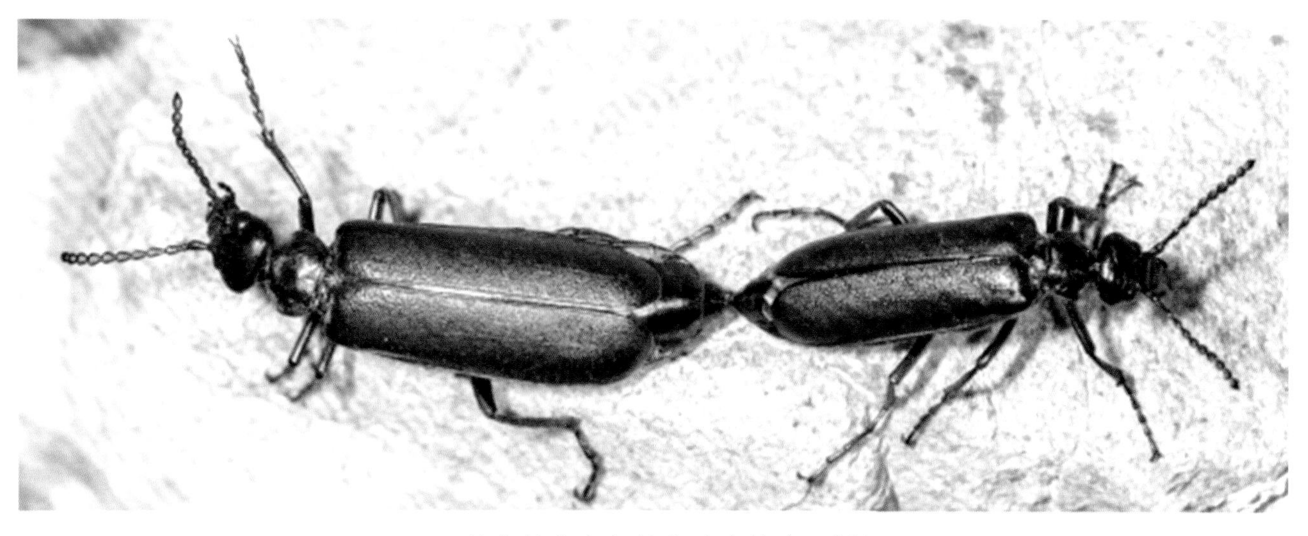

绿芫菁成虫交尾状（李德家 摄）

在前端 1/3 处中间有 1 个圆凹，后缘中间的前面有 1 个横凹，后缘稍呈波形弯曲。鞘翅具细小刻点和细皱纹。雄虫前、中足第 1 跗节基部细，腹面凹入，端部膨大，呈马蹄形，中足腿节基部腹面有 1 根尖齿。雌虫无上述特征。

生物学特性：1 年 1 代，以假蛹在土中越冬。翌年蜕皮化蛹，5—9 月为成虫危害期，成虫早晨群集在枝梢上食叶为害，严重时把叶片吃光，有假死性，受惊时足部分泌对人体有害的黄色毒液。

分布：西北、东北，北京、河北、河南、山西、内蒙古、江苏、浙江、安徽、江西、山东、湖北等地。

82 苹斑芫菁 *Mylabris calida* Pallas，1782

分类地位：鞘翅目，芫菁科。

寄主植物：豆科植物、柠条锦鸡儿、苹果、胡枝子、沙果、桔梗、芍药、瓜类、禾本科植物、马铃薯、番茄等。

形态特征：成虫体长 11~23 mm。头、前胸和足黑色。鞘翅淡棕色，具黑斑。头密布刻点，中央有 2 个红色小圆斑。触角短棒状。前胸长稍大于宽，两侧平行，前端 1/3 向前收狭，背板密布小刻点。盘区中央和后缘之前各有 1 个圆凹。鞘翅具细皱纹，基部疏布有

苹斑芫菁成虫（李德家 摄）

黑长毛，在基部约1/4处有1对黑圆斑，中部和端部1/4处各有1个横斑，有时端部横斑分裂为2个斑。

生物学特性： 1年发生1代，以老熟幼虫在土壤中越冬，多发于4—5月份，成虫羽化高峰期为6—7月份。9月上旬在土壤和农家肥中产卵，繁殖系数较大。成虫白天潜伏在新建园间作物内、埂边杂草和地表土壤中，早晚和雨后大量群集出来危害，食量较大，且有假死性、趋光性，对糖醋液具有一定的趋性。成虫为害植物花、叶、果，严重时寄主植物成光杆，花、果、叶全无，造成植株死亡。该虫发生具有突发性和暴食性的特点，可对农业和经果林造成严重危害。异常气候可造成该虫大量发生蔓延。

分布： 宁夏、河北、山西、内蒙古、辽宁、吉林、黑龙江、江苏、山东、河南、湖北、陕西、甘肃、青海、新疆等地。

红斑芫菁成虫背面（李德家　摄）

红斑芫菁成虫侧面（李德家　摄）

83 红斑芫菁
Mylabris speciosa Pallas，1781

分类地位： 鞘翅目，芫菁科。

别名： 丽斑芫菁。

寄主植物： 枸杞、豆科植物、十字花科植物、蒺藜属、枣、菊科、白菜、甘蓝、萝卜、瓜类等。

形态特征： 成虫体长17 mm，宽6 mm，头、胸、腹蓝黑色，有弱光泽，密生长毛。足和触角黑色。触角丝状。鞘翅中部横贯淡黄或红黄为底，前端及后部为鲜红色与横贯3行黑斑相同，最后1个黑斑位于翅端部。

生物学特性： 1年1代，以幼虫越冬。成虫于3月底至4月上旬出现，5月下旬至6月间盛发，自7月中旬以后数量渐减，直至9月底继续发生。成虫为害植物花、叶、果，严重时寄主植物成光杆，花、果、叶全无。该虫发生具有突发性和暴食性的特点，可对农业和经果林造成严重危害。

分布：宁夏、天津、河北、内蒙古、辽宁、黑龙江、江西、陕西、甘肃、青海等地。

84 六星铜吉丁 *Chrysobothris affinis*（Fabricius，1794）

分类地位：鞘翅目，吉丁虫科。

别名：六星吉丁、六星金蛀甲、扁头蛀虫、六星吉丁虫。

寄主植物：在宁夏主要为害桃、梨、苹果、杏、李、杨、槐、枣等；在东北主要为害落叶松；在南方主要为害柑橘、梅花、樱花、杜英等。

形态特征：成虫，体长9~14 mm。全体深紫铜色，长圆形，前钝后尖，头紫铜色，密布刻点，颜面红铜色，中央上方有1横隆线，其下方凹陷；头顶和颜面密被黄色细毛。复眼大而上方缩小。触角铜绿色，有细毛，第1节长大略扁，上有粗大刻点，第2节小球形，第3节长方形，其余各节短锯齿形。前胸背板紫铜色，有粗刻点及横纹，近外缘处有平行纵隆线，外缘中部略向内弯，后缘中央向后突出，两侧则弯向前方，小盾片三角形，翠绿色。鞘翅紫铜色，基部及中后方两翅各有3个金色下陷的圆斑，外缘后方有不规则的小锯齿，齿端生细毛；翅端圆，翅面密布刻点，有4条纵脊，沿合缝处较明显。腹面翠绿色，腹面末端雄虫深凹、雌虫较浅。足铜绿色。幼虫，体长2.5 mm，乳白色。头部褐色常缩入前胸。前胸近圆形，颇大而略扁，背面有1褐色微粒密布的圆形区域，正中有1倒“V”形；中后胸较窄而短；其余体节更窄，略呈圆形，每节有横沟1道。蛹，长1.3 mm，初孵化时乳白色，后变紫灰色。

生物学特性：1年发生1代，以老熟幼虫在枝干木质部越冬。老熟幼虫4月间活动取食，5月上旬开始化蛹，成虫羽化期从5月中旬开始延续至6月底，食害寄主植物叶片；成虫寿命较长，每年5—8月均可见到成虫，唯以6—7月为最多。6月底至7月初为产卵盛期，卵期10~14天。幼虫在8—9月蛀害皮层最烈，10月上中旬大多数蛀入木质部越冬。成虫白天栖息在枝干及叶上，并咬食叶片，受惊时

六星吉丁虫成虫（李德家 摄）

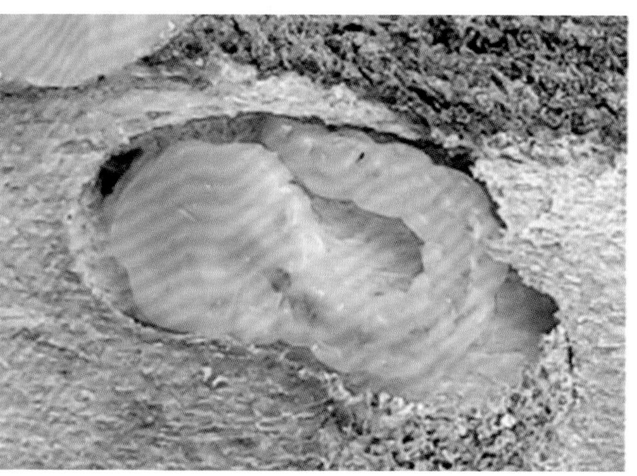

六星吉丁虫幼虫（张占明 摄）

有假死坠地或斜飞逃逸的习性。卵产在枝干树皮裂缝内或伤口处，每处产卵 1~3 粒。幼虫孵化后先在韧皮部蛀食，再蛀食形成层，最后蛀食浅层木质，形成较长而宽大的蛀道，虫道常相连接成片，充满虫粪。蛀害成年树枝于初期外表不易发觉，后则中、内皮层被蛀尽，仅留 1 层黑色死表皮，成为长带状蛀道。在干旱季节，蛀道表皮横向交错爆裂。此虫对活树、受伤半死的树或已死的树均能为害。

分布：西北、华北，辽宁、吉林、江苏、山东、西藏等地。

85 梨金缘吉丁 *Lamprodila limbata*（Gebler，1832）

分类地位：鞘翅目，吉丁虫科。

别名：金缘吉丁虫、梨吉丁虫、翡翠吉丁虫、金背、金蛀甲、板头虫等。

寄主植物：梨、山楂、苹果、桃、杏、樱桃、槟沙果等。

形态特征：成虫，体长 16~18 mm。体翠绿色有金黄色光泽。前胸背板和鞘翅两侧缘有金红色纵纹故名。头顶中央有 1 条黑蓝色纵纹，触角锯齿状 11 节黑色；前胸背板上有 5 条黑蓝色纵纹，中央

梨金缘吉丁成虫（杨贵军 摄）

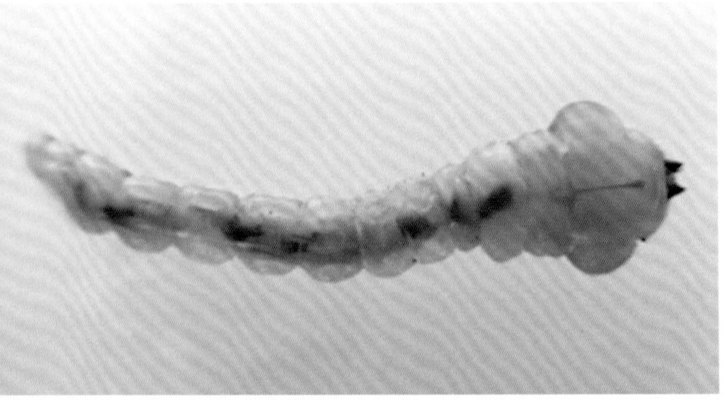
梨金缘吉丁幼虫（王红 摄）

梨金缘吉丁甲为害状（王红 摄）

梨金缘吉丁甲即将羽化出孔的成虫（王红 摄）

1 条直而明显，与头顶纵纹相接。鞘翅上有 9~10 条纵沟和许多隆起的黑蓝色短纵纹，翅端锯齿状。小盾片梯形短宽，后缘中部略圆突。腹背蓝色有微绿光泽。

生物学特性：1 年 1 代，大部分以老熟幼虫在木质部越冬，小部分以其他各龄幼虫在皮下越冬。4 月中旬化蛹，4 月下旬至 5 月羽化，5 月中旬为羽化盛期。成虫取食嫩枝皮及树叶进行补充营养，5 月底开始产卵，卵产在树干翘皮处，卵期约 10 天。幼虫于枝干皮层内、韧皮部与木质部间蛀食，亦可深入木质部为害，形成弯曲隧道，其中塞满蛀屑。被害处外表常变褐至黑色，后期常纵裂，削弱树势，重者枯死，树皮粗糙者被害处外表症状不明显；成虫少量取食叶片为害不明显。

分布：我国东北、西北、华北地区。

86　沙蒿尖翅吉丁
Sphenoptera canescens Motschulsky，1860

分类地位：鞘翅目，吉丁虫科。

别名：沙蒿吉丁虫。

寄主植物：沙蒿。

形态特征：成虫，体长 8~10 mm，体宽 2.3~3.0 mm，雌虫体长略大于雄虫，身体舟形，深褐色有古铜色金属光泽。头嵌入前胸，触角 11 节锯齿状，位于额区，长及前足基节。复眼椭圆形，黑色，位于头的两侧，大而明显。鞘翅、头部、前胸背板及虫体腹面密布刻点和绒毛；中胸小盾片很小，呈椭圆形；鞘翅古铜色，翅端圆，后方狭尖，有 4 条纵脊，条纹状的小脊上着生纵列的微毛。后翅发达能飞翔。卵，圆形，直径 0.5~1.0 mm，橘黄色。幼虫，体扁平，初孵幼虫白色，身体细长，头小，深褐色，大部分缩入前胸，仅露口器。胸部扁宽，明显宽于腹部，背面中央有 1 条明显的黄褐色纵沟，腹面中央有 1 条倒“Y”形黄褐色纵沟，两纵沟与背板中线同长。腹部至末端渐细，末端圆锥形，无尾铗。老熟幼虫黄白色，但胸部腹面中央没有倒“Y”形纵沟。蛹，体长 9~10 mm，宽 2.4~3.0 mm。离蛹，初为乳白色，羽化时灰黑色，羽化末期出现古铜色金属光泽。头部最先骨化，鞘翅最后骨化。

生物学特性：该虫在宁夏 1 年发生 1 代，以各龄幼虫在被害沙蒿根部越冬。老熟幼虫于 4 月中下旬开

沙蒿尖翅吉丁成虫（李德家　摄）

沙蒿尖翅吉丁幼虫（李德家　摄）

沙蒿尖翅吉丁蛹（李德家　摄）

麦蒲螨对尖翅沙蒿吉丁幼虫寄生状（李德家　摄）

始化蛹，成虫始见于5月上旬，羽化期有两个高峰，分别是5、6月下旬。成虫需取食沙蒿叶片补充营养，2~7天开始交尾，雌雄成虫均可多次交尾。幼虫孵化后直接蛀入沙蒿茎部的韧皮部为害，再由茎部向下为害根部。小幼虫常多头聚集在同1株沙蒿上，且1头吉丁幼虫一生只为害1株沙蒿，无转移为害现象。幼虫蛀道较规则相互独立，互不联通。蛀道基本竖直，横截面为椭圆形，且被紧实的黄褐色虫粪填满。10月上中旬幼虫钻蛀到坑道的最低位置（最低处可以距地表20~30 cm），在木质部蛀成宽3 mm的“U”形越冬室，虫体呈弯曲状越冬。待到翌年4月初气温回升时，幼虫从越冬室向地表方向钻蛀新的坑道，新的虫粪颜色较浅，钻蛀到距地表1~3 cm时化蛹。受害的沙蒿根茎部分以下（坑道分布的位置）较正常倒锥形的根部略有膨大，而没有受到为害的沙蒿根部较细。成虫羽化后并不马上离开蛹室，2~3天后咬出羽化孔，钻出蛹室。

分布：宁夏、内蒙古、甘肃。

87 白蜡窄吉丁
Agrilus planipennis Fairmaire，1888

分类地位：鞘翅目，吉丁虫科。

异名：*Agrilus marcopoli* Obenbwrger。

别名：花曲柳窄吉丁、小吉丁、花曲柳瘦小吉丁、梣小吉丁。

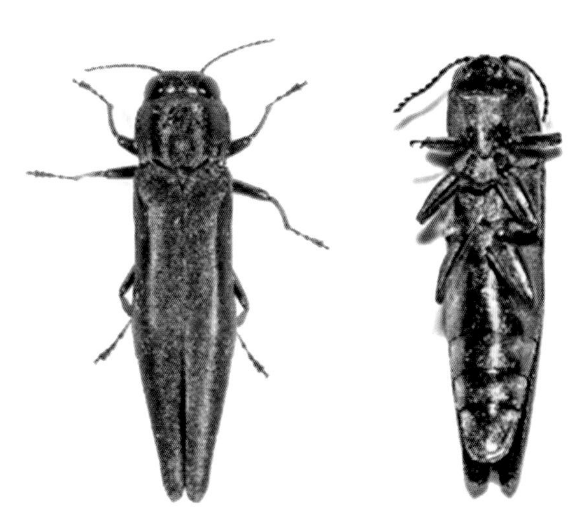

白蜡窄吉丁成虫（李德家 摄）

白蜡窄吉丁成虫交尾状（李德家 摄）

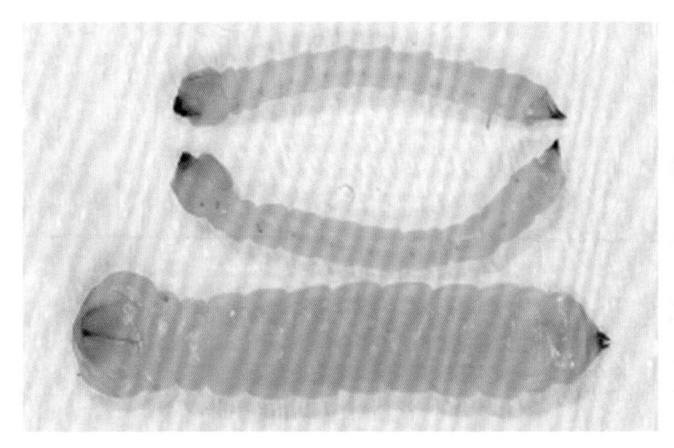

白蜡窄吉丁各龄幼虫（李德家 摄）

白蜡窄吉丁蛹（李德家 摄）

白蜡窄吉丁为害状（李德家 摄）

寄主植物：臭椿、水曲柳、白蜡等。

形态特征：成虫，体长 11~14 mm，体楔形，背面蓝绿色，腹面浅黄绿色。头扁平，顶端盾形。复眼古铜色、肾形，占大部分头部。触角锯齿状。前胸横长方形比头部稍宽，与鞘翅基部同宽。鞘翅前缘隆起成横脊，表面密布刻点，尾端圆钝，边缘有小齿突。腹部青铜色。幼虫，老熟时乳白色，体扁平带状。头褐色，缩进前胸，仅现口器。

生物学特性：1 年 1 代。以老熟幼虫在树干蛀道末端的木质部浅层内越冬。翌年 4 月上旬开始化蛹，4 月下旬至 6 月下旬为成虫期，产卵期为 5 月下旬至 7 月下旬，卵散产。6 月中旬最早孵化的幼虫蛀入树体，在韧皮部和浅表层木质部蛀食。幼虫蛀食部位的外部树皮裂缝稍开裂，可作为内有幼虫的识别特征。幼虫体稍大后即钻蛀到韧皮部与木质部间为害，形成不规则封闭蛀道，蛀道内堆满虫粪，造成树皮与木质部分离。幼虫约经 45 天即可老熟，7 月下旬最早发育成熟的老熟幼虫，在木质部蛹室越冬，成虫喜光、喜温暖，有假死性，遇惊扰则假死坠地。成虫进行补充营养时，喜取食大叶白蜡树、水曲柳树叶，将被害叶咬成不规则缺刻。该虫是木犀科属树木毁灭性蛀干害虫。以幼虫蛀入树干，在韧皮部与木质部间取食，形成"S"形虫道，虫道横向弯曲，切断输导组织。在虫口密度低时，有虫道的地方树皮死亡，虫口密度高时，虫道布满树干，造成整株树木死亡。以大叶白蜡树受害最烈。

分布：宁夏、北京、天津、河北、内蒙古、辽宁、吉林、黑龙江、山东等地。

88 光肩星天牛 *Anoplophora glabripennis*（Motschulsky，1853）

分类地位：鞘翅目，天牛科。

寄主植物：杨、柳、桑、榆树、梨、悬铃木、苹果、李、樱桃、元宝枫、槭树等。

形态特征：成虫，体黑色，有光泽，雌虫体长 22~35 mm，宽 8~12 mm；雄虫体长 20~29 mm，宽 7~10 mm。头部比前胸略小，自后头经头顶至唇基有 1 条纵沟，以头顶部分最为明显。触角鞭状，第 1 节端部膨大，第 2 节最小，第 3 节最长，以后各节逐渐短小。自第 3 节开始各节基部呈灰蓝色。雌虫触角约为体长的 1.3 倍，最后 1 节末端为灰白色。雄虫触角约为体长的 2.5 倍，最后 1 节末端为黑色。前胸两侧各有 1 个刺状突起，鞘翅基部光滑无小突起。身体腹面密布蓝灰色绒毛。腿节、胫节中部及跗节背面有蓝灰色绒毛。卵，乳白色、长椭圆形，长 5.5~7.0 mm，两端略弯曲。将孵化时，变为黄色。

光肩星天牛雌（左）雄成虫（李德家　摄）

光肩星天牛成虫交尾状（李德家 摄）

幼虫，初孵化幼虫为乳白色，取食后呈淡红色，头部呈褐色。老熟幼虫身体带黄色，体长约 50 mm，头部为褐色，头盖 1/2 缩入胸腔中，其前端为黑褐色。触角 3 节，淡褐色，较粗短，第 2 节长宽几相等。前胸大而长，其背板后半部较深，呈“凸”字形；前胸腹板主腹片两侧无骨化的卵形斑；小腹片骨化程度很弱。中胸最短，其腹面和后胸背腹面各具步泡突 1 个，步泡突中央均有 1 条横沟。腹部背面可见 9 节，第 10 节变为乳头状突起，第 1 至第 7 腹节背、腹面各有步泡突 1 个，背面的步泡突中央具横沟 2 条，腹面的为 1 条。蛹，全体乳白色至黄白色，体长 30~37 mm，宽约 11 mm，附肢颜色较

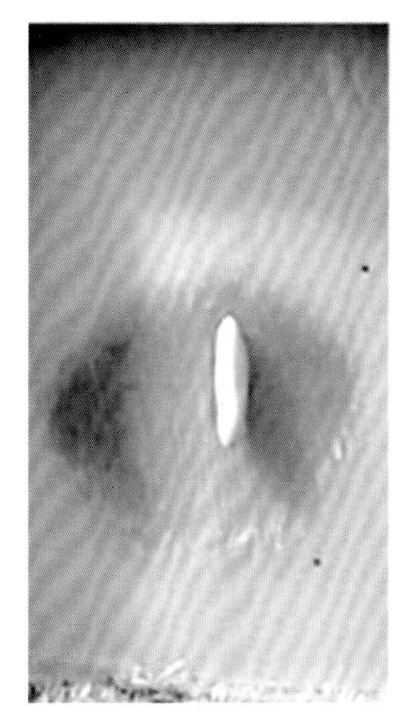

光肩星天牛卵、排粪孔、羽化孔（雷银山 摄）

光肩星天牛老熟幼虫和蛹（李德家　摄）

浅。触角前端卷曲呈环形，置于前、中足及翅上。前胸背板两侧各有侧刺突 1 个。背面中央有 1 条压痕，翅之尖端达腹部第 4 节前缘，第 8 节背板上有 1 个向上生的棘状突起；腹面呈尾足状，其下面及后面有若干黑褐色小刺。

生物学特性：在西北各地 1 年 1 代或 2 年 1 代，在宁夏、甘肃 2 年 1 代者居多。以卵、卵壳内发育完全的幼虫、幼虫和蛹均能越冬。越冬的老熟幼虫翌年直接化蛹，其他越冬幼虫于 3 月下旬开始活动取食。4 月底 5 月初开始在蛀道上部做蛹室，蛹室椭圆形，略向树干外部倾斜，下端用粗木丝堵塞。蛹室做好后即进入预蛹期平均 21.8 天；6 月中下旬为化蛹盛期，蛹期 13~24 天，平均 19.6 天。成虫羽化后，一般在蛹室内停留 7 天左右，然后咬 10 mm 左右的羽化孔飞出。羽化孔在侵入孔的上方。成虫于 6 月

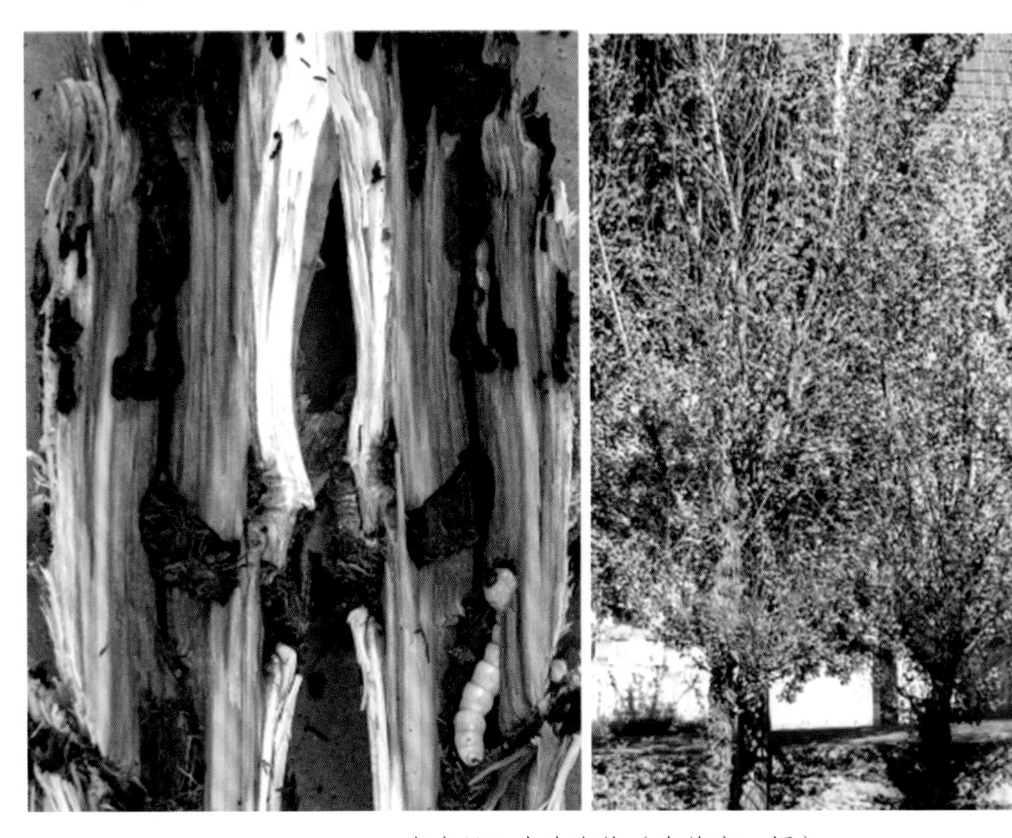

光肩星天牛为害状（李德家　摄）

上旬开始出现，6 月中旬至 7 月上旬为飞出盛期，10 月上旬还有个别成虫活动。成虫补充营养取食杨、柳叶片和嫩枝皮。补充营养后 2~3 天交尾，成虫 1 生可交尾多次。成虫产卵前，雌虫用上颚把树皮咬 1 椭圆形刻槽，刻槽大小为 7 mm × 10 mm，然后把产卵管插入韧皮部与木质部之间产卵，每槽产卵 1 粒，产卵后分泌胶状物把产卵孔堵住，每雌虫产卵 32 粒左右。树皮刻槽约有 20% 是空槽，空槽无胶状物堵孔。成虫飞翔力弱，容易捕捉。无趋光性。雌成虫寿命平均 42.5 天；雄虫 3~50 天，平均 20.6 天，卵期在 6 月中旬至 7 月下旬，一般为 11 天，在 9 至 10 月产的卵一直到第 2 年才能孵化。孵化晚的幼虫可在卵壳内越冬。产卵分泌的胶状物质使刻槽内木质部及韧皮部间腐坏变色。幼虫孵出后开始取食腐坏的韧皮部，2 龄幼虫开始向旁侧取食健康树皮和木质部，并将褐色粪便及蛀屑从产卵孔中排出。3 龄末或 4 龄幼虫开始蛀入木质部，从产卵孔中排出白色的木丝，蛀道起初横向稍有弯曲，然后向上。木质部内的蛀道，一般仅为栖息场所，之后仍回至韧皮部与木质部之间取食，粪便排出蛀道外。光肩星天牛最喜欢寄生杨、柳和糖槭树，以大官杨、加杨和美杨受害最为严重，株被害率可达 100%，其次是元宝枫、榆树等，但不为害毛白杨。相同林木组成内，由于树干上枝条的多少不同，这种天牛的寄生程度也不同。林内受害轻，林缘受害重。在立地条件较差，树木生长不够旺盛，天牛易于寄生。幼虫主要蛀食干部、主枝，成虫补充营养时亦可取食寄主叶片及小枝皮层，严重发生时被害树木千疮百孔。天敌有斑啄木鸟和花绒坚甲等。

分布：西北、东北、华北、华中、华东、华南、西南大部分地区均有分布。

89 星天牛
Anoplophora chinensis（Forster，1766）

分类地位：鞘翅目，天牛科。

别名：橘星天牛、牛头夜叉、花牯牛、花夹子虫。

寄主植物：杨、柳、桑、榆树、刺槐、法桐、柑橘、枇杷、无花果、花椒、苹果、梨树、樱桃、杏、桃树、李、胡桃（核桃）等。

形态特征：成虫，雌虫体长 30~45 mm，体宽 8~13 mm。雄虫体长 25~40 mm，体宽 7~12 mm。体漆黑色，具金属光泽。头部和身体腹部被银灰色细毛，但不形成斑纹。触角第 1、2 节黑色，其他各节基部 1/3 有淡蓝色毛环，其余部分黑色。雌虫触角超出身体 1 节或 2 节，雄虫触角超出身体 4、5 节。前胸背板中瘤明显，两侧具尖锐粗大的侧刺突，小盾片一般具不明显的灰色毛，有时较白或杂有蓝色。鞘翅基部密布黑色颗粒瘤突，每翅具大小白斑约 20 个，排成 5 横行，前两行各 4 个，第 3 行 5 个斜形排列，第 4 行 2 个，第 5 行 3 个。斑点变异较

星天牛雌成虫（雷银山 摄）

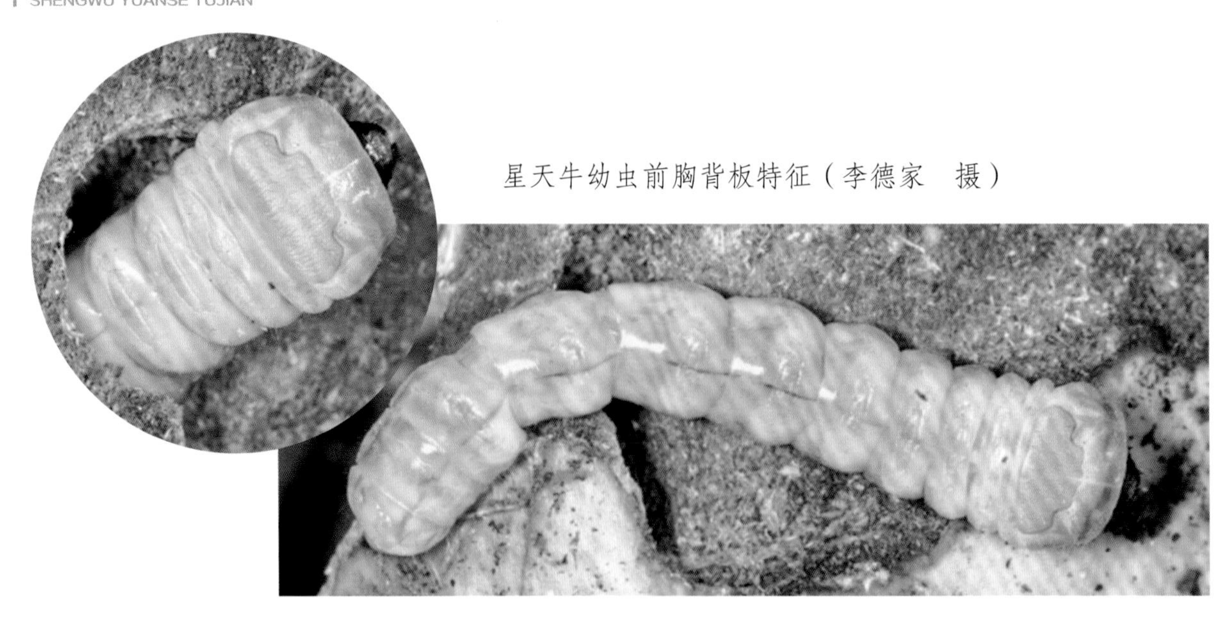

星天牛幼虫前胸背板特征（李德家　摄）

星天牛幼虫背面（李德家　摄）

星天牛幼虫腹面（李德家　摄）

大，有时很不整齐，不易辨别行列，有时靠近中缝的消失，第5行侧斑点与翅端斑点合并，以致每翅约剩15个斑点。翅端圆形。卵，长椭圆形，长5~6 mm，初乳白色，后黄褐色。幼虫，老熟幼虫体长38 ~70 mm，乳白色至淡黄色。体长圆筒形，略扁，向后端稍狭，腹部第7、8节稍宽，该2节的上侧片发达成宽突边。头黄褐色，上颚黑色；前胸背板前方左右各具1黄褐色飞鸟形斑纹，后方有1黄褐色“凸”字形大斑略隆起；胸足退化；中胸腹面、后胸和第1至第7腹节背、腹面均有长圆形步泡突。腹部背步泡突微隆，具2横沟及4列念珠状瘤突，瘤突的表面密布极细的刺粒，色淡，各瘤突或多或少互相愈合，腹面步泡突具1横沟、2列瘤突。肛门3裂，侧裂缝长，夹角近180° ，中裂缝较短。蛹，纺锤形，长30~38 mm，初乳白色，后黄褐色，翅芽超过腹部第3节后缘。

生物学特性：福建、湖南1年1代，山东2年1代。均以幼虫在隧道内越冬。翌春在隧道内做蛹室化蛹，蛹期18~45天。山东6月上旬至8月为羽化期，6月下旬至7月上旬为盛期。成虫从羽化孔飞出后，咬食嫩枝皮层和幼芽进行补充营养，15天左右开始交尾产卵，卵多产于离地面10 cm以内的树干基部，产卵前先在树皮上咬深约2 mm、长约8 mm的倒“T”形刻槽，然后将1粒卵产在刻槽内，产卵后分泌胶状物质封口。每雌可产卵32粒左右，卵期9~15天。7月中下旬为幼虫孵化高峰，幼虫孵出后，

星天牛为害状（李德家　摄）

先向内蛀食，蛀入 2~3 cm 深后，就转向上蛀，上蛀的长度不等，并开有通气孔，从中排出粪便、木屑。9 月下旬，幼虫顺着原蛀道向下回到蛀入孔，并继续向下蛀食形成新蛀道，随后于 11 月在其中越冬。幼虫多在树干基部和枝干分叉部位危害，以幼虫蛀食韧皮部和边材，并在木质部内蛀成不规则的坑道，严重破坏生理机能，可导致枝干干枯，甚至整株死亡或风折，并易感染病害。

分布：北京、河北、山东、山西、内蒙古、辽宁、江苏、浙江、福建、湖北、湖南、四川、贵州、云南、陕西、甘肃、台湾等地。（宁夏检疫查获）

90　锈色粒肩天牛 *Apriona swainsoni*（Hope，1840）

分类地位：鞘翅目，天牛科。

别名：斗米虫。

寄主植物：国槐、龙爪槐、蝴蝶槐、金枝槐、女贞、柳。

形态特征：成虫体长 31~42 mm，宽 9~12 mm，栗褐色，密被锈色短绒毛和白色绒毛斑；雌体触角与体等长，雄体触角略长于体长；前胸背板中央有大型颗粒状瘤突，前后横沟中央各有白斑 1 个，侧刺突基部附近有白斑 2~4 个；小盾片舌形，基部有白斑，鞘翅基部有黑褐色光亮的瘤状突起，翅面上有白色绒毛斑数十个；中足胫节具有较深的斜沟；雌体腹末节一半露出鞘翅外，腹板端部平截，背板中央凹入较深；雄体腹末节不露出，背板中央凹入较浅。卵，长椭圆形，略扁，黄白色，长约 2 mm，前端较细，略弯曲。幼虫体圆管形，乳白色，微黄；老龄时体长约 76 mm，宽 10~14 mm，头小，上下唇浅棕色，颚片褐色；前胸宽大，背板较平其骨化区近方形，前胸腹板中前腹片的后区和小腹片上的小颗粒较为稀疏，显著突起成瘤突。前胸及第 1~8 腹节侧方各着生椭圆形气孔 1 对；胸足 3 对。蛹体

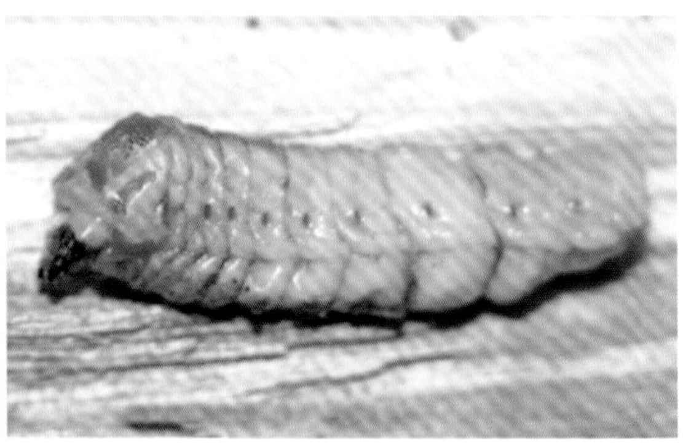

锈色粒肩天牛幼虫背面、侧面（李德家　摄）

锈色粒肩天牛幼虫为害状（李德家　摄）

纺锤形，长约 42 mm，黄褐色，触角达后胸部，末端卷曲；羽化前各部位逐渐变为棕褐色。

生物学特性： 2 年 1 代，跨越 3 个年度，世代重叠，以幼虫在树皮下和木质部蛀道内越冬。槐树萌动时越冬幼虫苏醒，5 月中旬，幼虫先在蛹室上方 2~3 cm 处咬一圆形但不透表皮的羽化孔，头部朝上，幼虫老熟化蛹。6 月中旬成虫开始羽化出孔。成虫不善飞翔，啃食枝梢嫩皮，补充营养，造成新梢枯死。成虫夜间产卵于树干中上部和大枝上。雌性成虫先在树干上寻找合适裂缝，用口器将树干缝处咬出 1 道浅槽，深约 1 cm，再将臀部产卵器对准浅槽产卵，然后用绿色分泌物覆盖于卵块上，卵块呈不规则椭圆形。槐树盛花期幼虫孵化，初孵化幼虫垂直蛀入边材，并将粪便排出，悬挂于排粪孔处，在蛀入 5 mm 深时，沿枝干最外年轮的春材部分横向蛀食，然后又向内蛀食，稍大蛀入木质部后

锈色粒肩天牛成虫（李德家　摄）

锈色粒肩天牛为害状（李德家 摄）

有木丝排出，向上蛀纵直虫道，虫道长 15~18 cm，大龄幼虫亦常在皮下蛀入孔的边材部分为害，形成不规则的片状虫道，横割宽度可达 10 cm 以上，蛀道多为“Z”形，幼虫期历时 22 个月，蛀食危害期长达 13 个月。造成侧枝或整株枯死，是一种危害性较大的蛀干害虫。

分布：华北、华南、西南、华东、华中等地。（宁夏检疫查获）

91 桑天牛
Apriona germari（Hope，1831）

分类地位：鞘翅目，天牛科。

异名：*Apriona germarii*（Hope）；*Apriona rugicollis*（Chevrolat，1852）；*Apriona cribrata* Thomson。

别名：桑粒肩天牛、褐天牛、水牛。

寄主植物：桑、构树、毛白杨、杂交杨、柳、榆树、枫杨、胡桃（核桃）、苹果、海棠、沙果、樱桃、无花果等。

形态特征：成虫，长 34 ~ 46 mm，体大型，黑色，密被黄褐色短绒毛，一般背面青棕色，腹面棕黄色，深浅不一。头顶隆起，中央有 1 条纵沟。触角柄节和梗节黑色，以后各节前半黑褐色、后半灰白色。前胸近圆柱形，两侧各有 1 个刺状突起，背板有横纹。鞘翅基部密生黑色光亮的瘤状突起，突起分布接近鞘翅的 1/3。足黑色，密生灰色短毛。卵，长椭圆形，稍扁平，弯曲。初为黄白色，近孵化时淡褐色。幼虫，老龄体长 50 mm 左右，圆筒形，乳白色。前胸特别发达，方形，背板后半部密生深棕色颗粒状小点，其间有向前伸展的 3 对白色尖叶状凹纹。蛹，长约 50 mm，纺锤形，淡黄色，触角末端卷曲。腹部第 1 至第 6 节背面两侧各有 1 对刚毛区，尾端较尖削，轮生刚毛。

桑天牛成虫（姚国龙　摄）

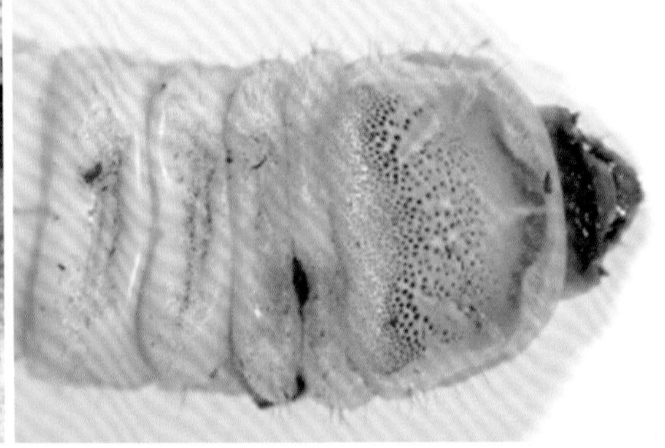

桑天牛幼虫（李德家　摄）

生物学特性：2~3 年 1 代。以幼虫在被害枝干内越冬。经过 2 个冬天后，第 3 年 6 月下旬开始化蛹，7 月中旬出现成虫，7 月下旬产卵。产卵期延续 20 天左右。卵期 12 天左右。成虫羽化后，常在蛹室内静伏 5~7 天，飞出后喜啃食桑科植物的嫩枝皮、嫩枝条补充营养。啃食后的伤疤呈不规则条块状，伤疤边缘残留绒毛状纤维物；如枝条四周皮层被食，枝条即凋萎枯死。取食 10~15 天交尾产卵。成虫产卵前，先选择径粗 3.0~3.5 cm 的枝干，在其基部或中部将表皮和木质部咬成“U”形刻槽，产卵于刻槽中，然后分泌黏液封闭槽口以保护卵粒。成虫寿命 40 余天。初孵幼虫先向上方蛀食 10 mm 左右，然后调头向下蛀食，并逐渐深入心材，每蛀食一定距离向外咬一排粪孔，排出粪便；随虫体增长，孔间距离自上而下逐渐增加，排粪孔均在同一方向顺序向下排列，遇有分枝或木质较硬处才会转向另一方。幼虫一生蛀道全长可达 1.7~2.0 m，在毛白杨上 1 条蛀道自上而下可长达 5~8 m，如植株较矮，可蛀达根部。幼虫取食期间，多位于最下 1 个排粪孔的下方。越冬幼虫因蛀道底部常有积水，多向上移动一段距离，虫体上方常用木屑堵塞。幼虫老熟后，即沿虫道上移，在最下 1~3 个排粪孔的上方咬 1 个直径 1.0~1.6 cm 的圆形羽化孔，向外达树干边缘，使树皮略肿起或断裂，常有树液流出。此后，

桑天牛幼虫为害状——在树干上的通气排粪孔（李德家 摄）

桑天牛幼虫为害状（李德家 摄）

幼虫在虫道内做蛹室化蛹。蛹期 26~29 天，蛹室距羽化孔 0.7~1.2 cm。

分布：北京、河北、辽宁、江苏、上海、浙江、安徽、福建、山东、河南、湖北、湖南、广东、广西、四川、陕西，台湾等地。（宁夏检疫查获）

92 红缘天牛 *Asias halodendri*（Pallas，1776）

分类地位：鞘翅目，天牛科。

别名：红缘亚天牛、红条天牛。

寄主植物：云杉、刺槐、国槐、榆属、欧美杨、柳属、酸刺、沙枣、枣、柠条锦鸡儿、李属、枸杞、梨、苹果、沙棘、葡萄、四合木、榆叶梅等。

形态特征：成虫体长 11.0~19.5 mm，体宽 3.5~6.0 mm。体狭长，黑色。触角细长，雌虫的触角与

红缘天牛成虫交尾状（李德家　摄）

红缘天牛雌成虫（杨贵军　摄）

红缘天牛雄成虫（李德家　摄）

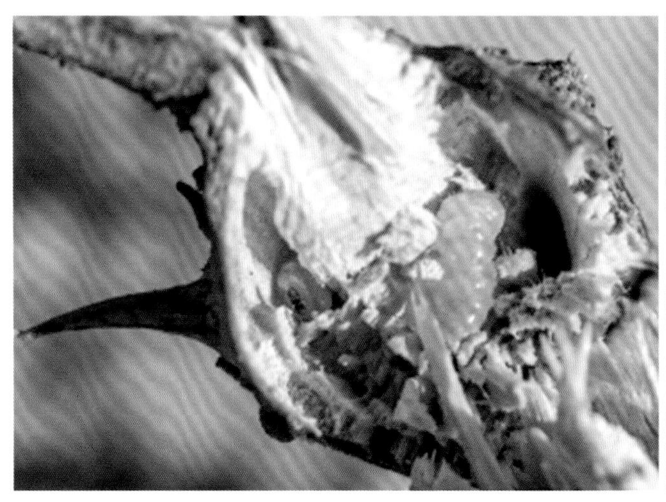
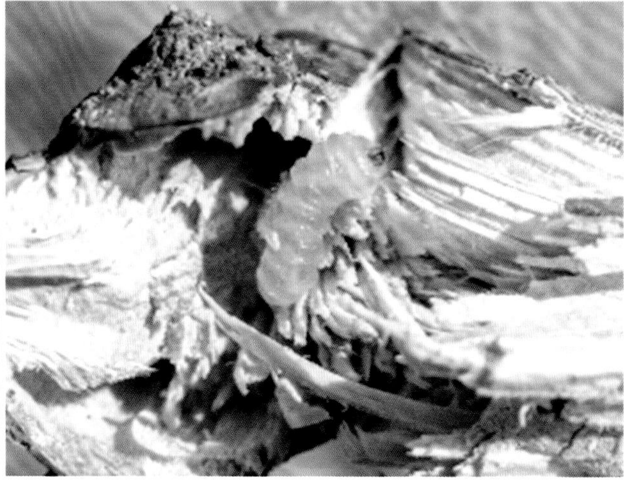

红缘天牛幼虫在枝干内为害状（李德家 摄）

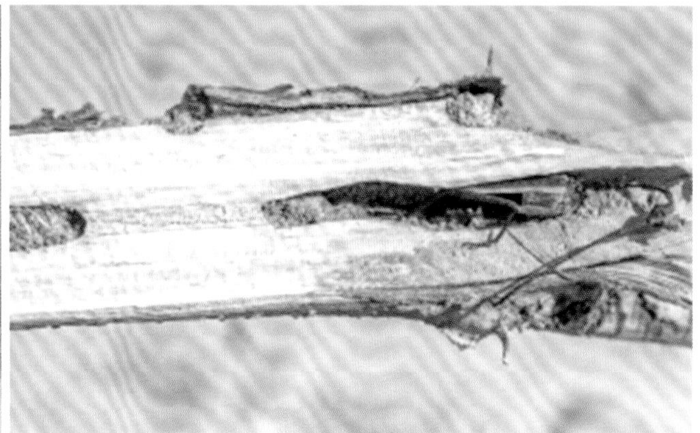

枣树嫩梢和枝干被红缘天牛为害状（李德家 摄）

体长约相等，雄虫触角约为体长的 2 倍。前胸两侧缘刺突短钝，有时不太明显。小盾片呈等边三角形。鞘翅窄长而扁，基部有 1 对朱红色斑，外缘自前至后有 1 朱红色窄条，翅面被黑褐色短毛。卵，扁豆形，灰褐色。幼虫体长 22 mm 左右，乳白色。蛹乳白色。

生物学特性：在宁夏 2 年发生 1 代，以幼虫在木质部深处或接近髓心处越冬，次年 3—4 月开始取食危害。4—5 月化蛹，5—6 月羽化产卵，10 月以后越冬。成虫补充营养为害嫩枝梢；幼虫蛀食枝梢部和干部的皮层及木质部，主要为害直径 1~3 cm 的枝条，削弱树势，重的枝干枯死。

分布：我国西北、东北、华北、华中等地。

93 双条衫天牛 *Semanotus bifasciatus*（Motschulsky，1875）

分类地位：鞘翅目，天牛科。

别名：双条天牛。

寄主植物：侧柏、圆柏属、扁柏属等植物。

双条杉天牛成虫（李德家　摄）

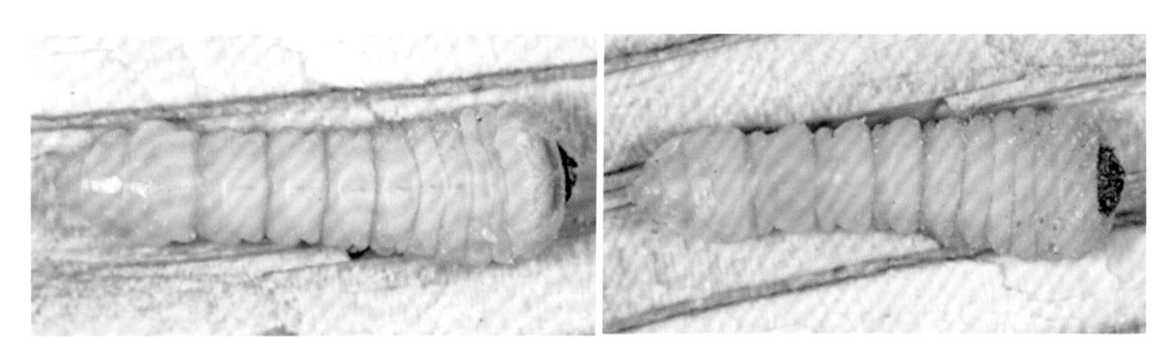

双条杉天牛幼虫背面、腹面（李德家　摄）

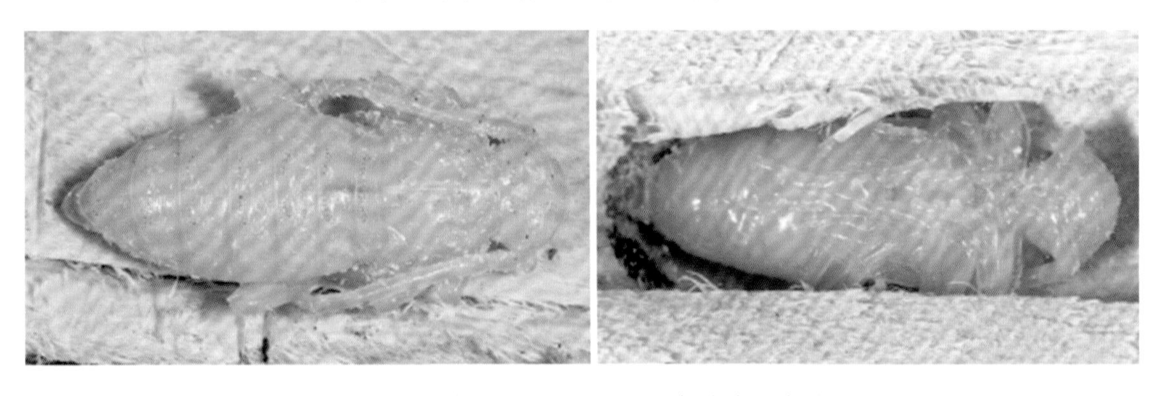

双条杉天牛蛹背面、腹面（李德家　摄）

形态特征：成虫，雄虫体长 11.0~17.2 mm，雌虫体长 10.6~18.5 mm。体形扁阔。头部黑色，向体前方伸出，具细密点刻。口器朝向前下方。触角黑褐色、较短，雌虫触角约为体长的 1/2，雄虫触角略短于体长。前胸黑色，两侧圆弧形，具有较长的淡黄色绒毛，背板中部有 5 个光滑的小瘤突，前面 2 个圆形，后面 3 个尖叶形，排成梅花状。中、后胸腹面均有黄色绒毛。鞘翅上有 2 条棕黄色或驼色横带，

双条衫天牛为害状（李德家 摄）

色较暗，油浸状，基部淡色带色较深，常呈褐色，近中部黑色横带处色变淡，中部黑色横带常连成一片。足黑褐色，被黄色竖毛。腹部棕色，被黄褐色毛，腹末微露于鞘翅外。卵，长约 1.6 mm，长椭圆形，后端尖细，白色。幼虫，老龄幼虫体长 22 mm。前胸宽 4 mm，体圆形略扁，中等粗，向后端明显收狭，初龄淡红色，老熟乳白色，前胸背板有 1 个“小”字形凹陷及 4 块黄褐色斑纹。头颅黄褐色，近梯形，横宽，后部显著宽。额前缘锈色，极光滑，中额线模糊。无足。蛹，长约 15 mm，淡黄色，触角自胸背迂回到腹面，末端达中足腿节中部。

生物学特性： 1 年 1 代，以成虫在树干木质部的蛹室内越冬，少数 2 年 1 代者，以幼虫在木质部边材的虫道内越冬。翌年 3—4 月越冬成虫咬一羽化孔外出，不需进行补充营养，产卵于树干 2m 以下树皮缝内。卵期 10~20 天。初孵幼虫停留在树皮上取食皮层，1~2 天蛀入皮层为害，造成流脂。5 月为害韧皮部和边材部分，在边材上形成明显的扁平虫道，虫道上下盘旋，有的横断树干，长度可达 90~120 cm，其内充满木屑和虫粪。为害树干的位置多在 2 m 以下。7—9 月幼虫蛀入木质部，虫道近圆形，塞满坚实蛀屑，一般向下蛀食一段距离后，即在靠近边材部位筑蛹室。8—10 月幼虫在蛹室内化蛹。蛹期 20~25 天。一般 9—11 月羽化为成虫，成虫在蛹室内越冬。双条杉天牛的危害，一般纯林重于混交林，中龄林重于幼龄林，郁闭度大的林分重于稀疏林分；健康木和衰弱木都能受害，但健康木受害后流脂多，幼虫可被树脂封死，因此衰弱木受害往往重于健康木。幼虫在韧皮部蛀成螺旋式或纵横交错的扁圆形不规则坑道，老熟幼虫蛀入木质部。危害导致树势衰弱，针叶逐渐枯黄，枝干上常见到扁圆形羽化孔，常造成风折，甚至整株枯死。幼虫和蛹有酱色刺足茧蜂寄生。

分布： 我国华北、西北、东北、华中、华南、华东等地。

94 青杨天牛

Saperda populnea（Linnaeus，1758）

分类地位：鞘翅目，天牛科。

别名：山杨天牛、青杨楔天牛、杨枝天牛。

寄主植物：杨属、柳属。

形态特征：成虫体长 11~14 mm。体黑色，密被金黄色绒毛，间杂有黑色长绒毛。触角鞭状，雄虫触角与体长约相等，雌虫触角较体短。前胸背面平坦，两侧各具 1 条较宽的金黄色纵带。鞘翅满布黑色粗糙刻点，并着生有淡黄色绒毛。两鞘翅上各生有金黄色绒毛组成的圆斑 4~5 个。雄虫鞘翅上金色圆斑不明显。卵长卵形，长 2.4 mm 左右，宽 0.7 mm。幼虫乳白色、浅黄色至深黄色，体长 10~15 mm。气孔褐色。身体背面有 1 条明显中线。蛹长 11~15 mm，褐色，腹部背中线明显。

生物学特性：宁夏黄灌区 1 年 1 代，六盘山 2 年 1 代。以老熟幼虫在枝条上的虫瘿中越冬。黄灌区翌年 3 月底至 4 月中旬化蛹；成虫 4 月中旬开始羽化，下旬达盛期。10 月下旬，老熟幼虫开始越冬。幼虫蛀食枝干，特别是 2 cm 以下（2 年生）枝条，被害处形呈纺锤状瘤，阻碍养分的正常运输，使枝梢干枯，易遭风折，或造成树干畸形，呈秃头状，影响成材。如在幼树主干髓部危害，可使整株枯死。天敌有天牛斑姬蜂和管氏肿腿蜂。

分布：西北、东北，内蒙古、北京、河北、河南、山东、山西、湖北、江苏、福建、广东等地。

青杨天牛成虫交尾状（李德家　摄）

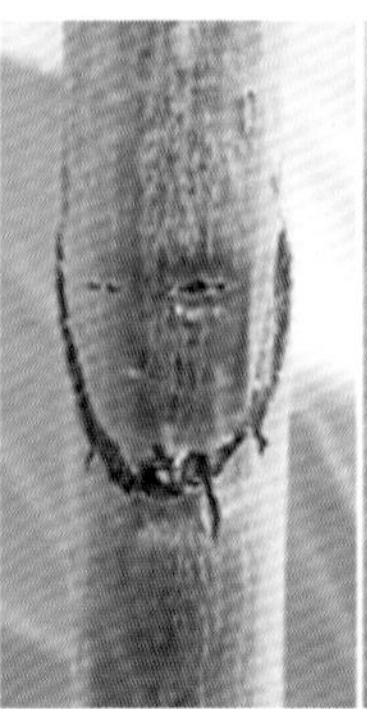

青杨天牛产卵刻槽及卵（雷银山　摄）

青杨天牛幼虫及为害状（李立国　摄）

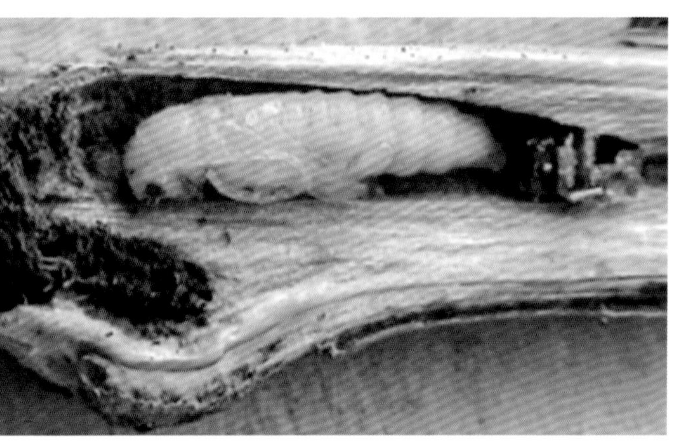

青杨天牛为害状及蛹（雷银山　摄）

95 北京勾天牛
Exocentrus beijingensis（Chen，1993）

分类地位：鞘翅目，天牛科。

寄主植物：刺槐、榆树、苹果、海棠等。

形态特征：成虫，小型，体长 3.0~4.5 mm，略扁，两侧平行。体褐色至红褐色，被有较密灰白色柔毛和较稀疏的栗色长刚毛。头部深褐色，密被颗粒，头顶、额及颊均被有灰白色紧贴体表的柔毛。上唇色浅，被均匀较稀疏的白毛。触角红棕色，自第 3 节开始，各节基部色稍浅。前胸背板深褐色，前缘与后缘为红褐色，密被颗粒与横向中线的灰白色柔毛，中央有 1 条较清楚的灰白色毛组成的纵带。小盾片端圆，被白色细毛。鞘翅上被稀疏较硬褐色长刚毛，密被灰白色及栗色的贴身短毛，而灰白色毛较前胸的粗密，鞘翅上有灰白色毛组成的 3 条横带，第 1 条较宽，位于肩部处，由鞘翅肩角处向下斜伸至翅中缝处，中央 1 条较狭，曲折形，第 3 条位于近翅端处，由中缝斜向外侧缘，鞘翅从侧缘至中缝纵列刻点多行，但以中域的数行较整齐，至中缝处刻点稀疏，至翅端，刻点稀少乃至消失。头部约与前胸前缘等宽，

北京勾天牛成虫（李德家 摄）

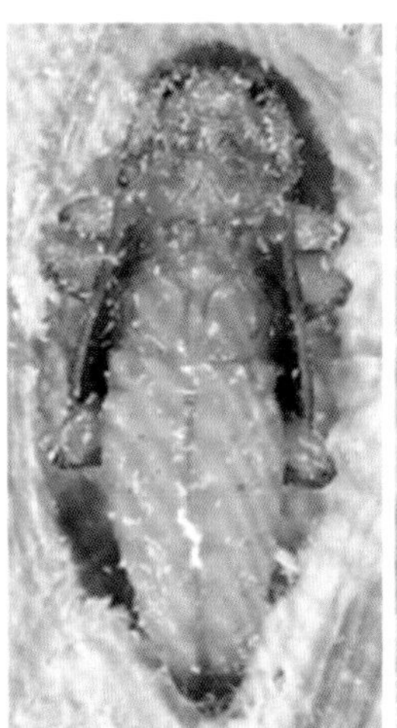

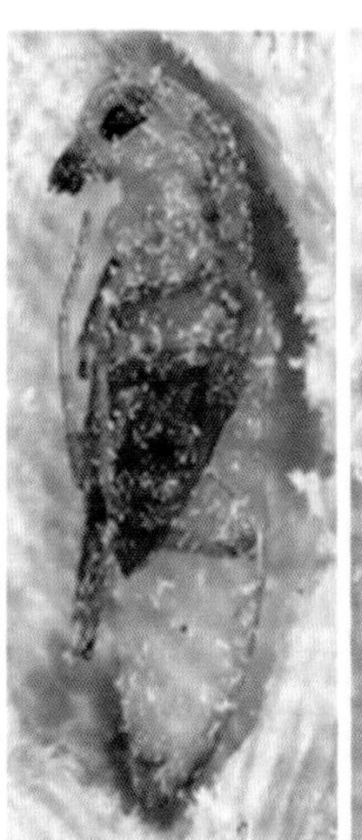

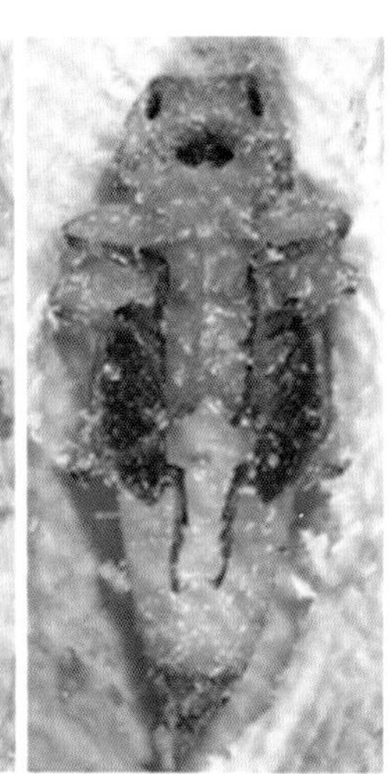

北京勾天牛成虫（李德家 摄）

北京勾天牛蛹（李德家 摄）

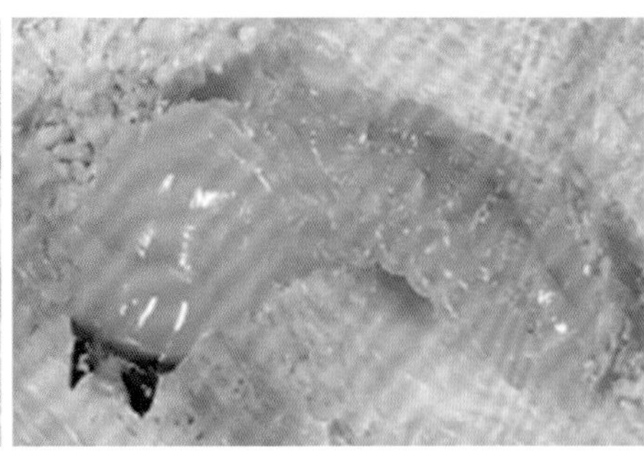
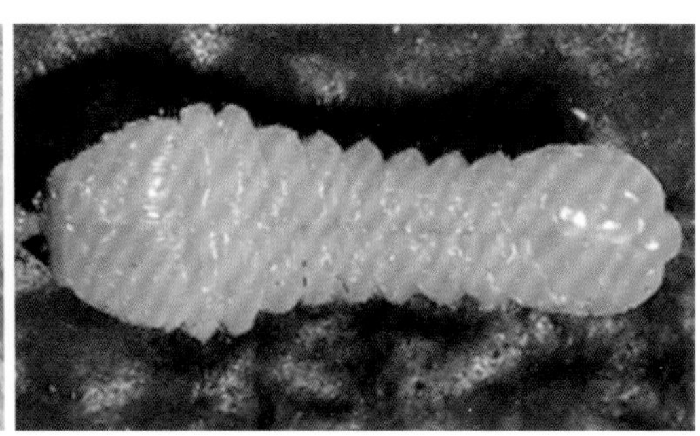

北京勾天牛幼虫（李德家　摄）

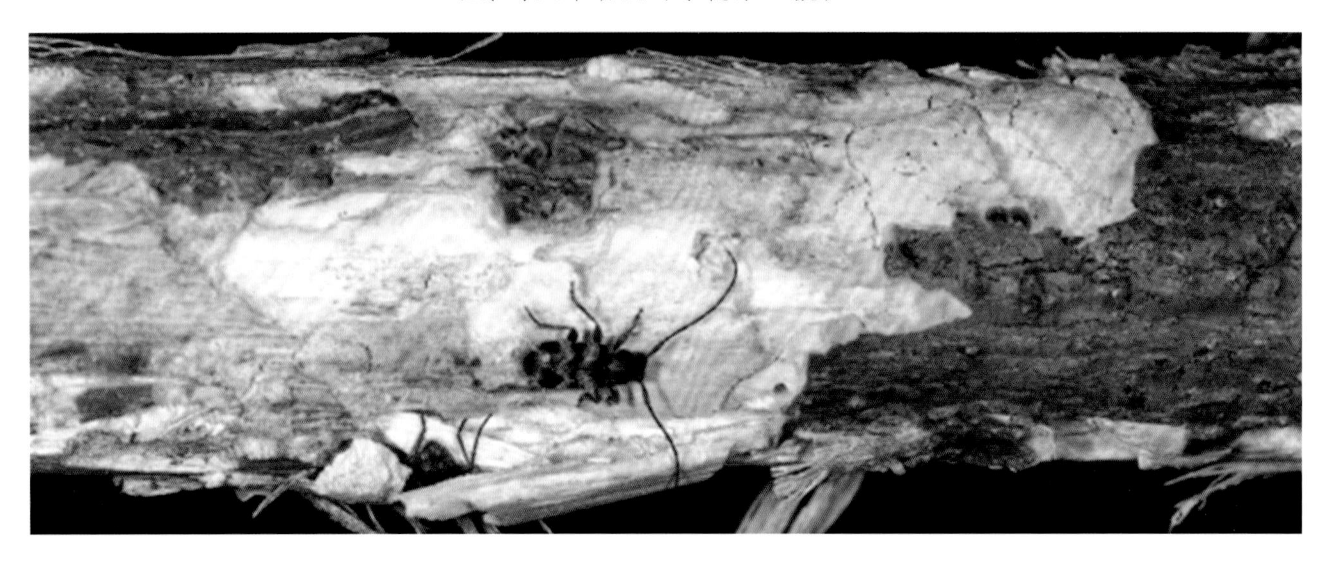

北京勾天牛为害状（李德家　摄）

额中央至头顶凹入呈一浅纵沟，两侧稍凸。触角稍长于体长，柄节圆筒形，长约为宽的 4 倍，柄节略短于第 2、3 节之和，自第 3 节起，各节内侧方约呈 45° 角的斜立刚毛，各节中除柄节外，以第 3 与第 4 节为最长，其余各节略短，末节端尖。前胸长约为宽的 3/4，基部 1/3 处，每侧生有较尖锐后向的刺突，侧刺突后的侧缘向内倾斜，直形，其前的侧缘较凸。前胸背板近基部，中央白毛带每侧各有 1 个深色刚毛点。鞘翅长约为宽的 1.8 倍，鞘翅基部近中缝处略凸，翅端向下倾斜，端部钝圆。各足腿节向端部膨大，后足胫节略长于腿节，后足第 1 跗节约与 2、3 节之和等长。卵，乳白色椭圆形，一头稍尖，长 0.05 mm。幼虫，初孵幼虫乳白色，前胸较宽广，虫体前半部各节略呈扁平，老熟幼虫体长 8~9 mm。预蛹时前胸两侧膨大。蛹，初化蛹乳白色，后渐变黄褐色，羽化前肢翅黑褐色，体长 3~5 mm。

生物学特性：1 年发生 1 代，以老熟幼虫及 4 龄幼虫在被害枝干内越冬。翌年 4 月幼虫恢复活动，继续蛀食木质部。幼虫由上而下蛀食，可蛀入树木根颈地表以下 3~5 cm。整个幼虫期钻蛀隧道全长 8~10 cm。进入 5 月份，4 龄幼虫老熟蛀入木质部的“S”形预蛹室，蛹室在蛀道的末端。成虫羽化后在预蛹室内停留 3~5 天，蛀一穴孔爬出，于 5 月下旬始见成虫。羽化后雄成虫追逐雌成虫交尾，雄成虫可多次交尾。交尾后雌成虫寻找树木的主干皮缝及疤痕处，将产卵器伸入木栓层与韧皮部产卵。成虫以爬行为主，遇惊扰即逃，时有飞翔。产卵期 5~9 天。雌虫寿命 6~10 天，雄虫寿命较雌虫短。

分布：宁夏、甘肃、辽宁、北京等地。

96 家茸天牛
Trichoferus campestris（Faldermann，1835）

分类地位：鞘翅目，天牛科。

寄主植物：杨柳科、榆属、梨属、松属、云杉属、丁香属、苹果属、桦木属、槐属、梧桐属，沙枣、枣、臭椿、香椿、构树、栾树、杉木、白蜡树等。

形态特征：成虫体长 13~14 mm，褐色。全身密被黄色绒毛。雌虫触角短于体长，雄虫触角长于体长。前胸近球形，背面中央后端有 1 条浅纵沟。小盾片半圆形，灰黄色。卵长椭圆形，灰黄色。幼虫体长 20 mm 左右，头部黑褐色，体黄白色。蛹浅黄褐色，体长 15~19 mm。

生物学特性：1 年 1 代，以幼虫在寄主枝干内越冬，4—5 月开始危害，5 月下旬至 6 月间成虫羽化，成虫有趋光性，喜产卵于直径 3 cm 以上的缘材皮缝内，11 月越冬。幼虫期为害寄主干部皮层和木质部，是木材、建筑物、家具及包装箱等方面的大害虫。

分布：西北、东北、华北、华中、华东地区，云南、西藏等地。

家茸天牛成虫（李德家 摄）

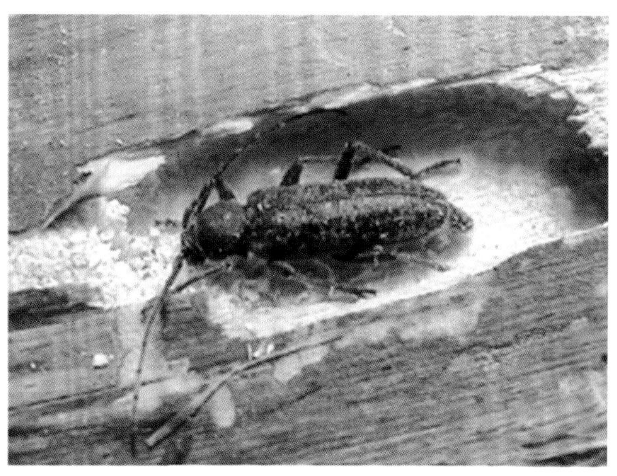
家茸天牛为害状（雷银山 摄）

97 白蜡脊虎天牛
Xylotrechus rufilius Bates，1884

分类地位：鞘翅目，天牛科。

异名：巨胸脊虎天牛 Xylotrechus magnicollis （Fairmaire）。

寄主植物：白蜡、国槐、栎、柿、枫、杨、槭树、榆树、苦楝、黄檀等。

形态特征：成虫，体长 7~13 mm，宽 2~4 mm。体黑色。触角一般长达鞘翅肩部。头近圆形，额有 4 条纵脊。前胸背板前缘黑色，其余红褐色，似球形，约与鞘翅等宽，前端稍窄，后端稍宽，两侧缘弧形，布满细微刻点。小盾片半圆形，有细刻点，端缘有白色绒毛。鞘翅有淡黄色绒毛斑纹，每翅基缘及基部 1/3 处各有 1 条横带，横带靠中缝一端沿中缝彼此相连接，呈“X”形；鞘翅端部 1/3 亦有 1 条横带，靠中缝处宽，有时沿侧缘向下延伸，端缘有淡黄色绒毛，端部微斜切，外端角尖。触角基节粗大节间凹陷，

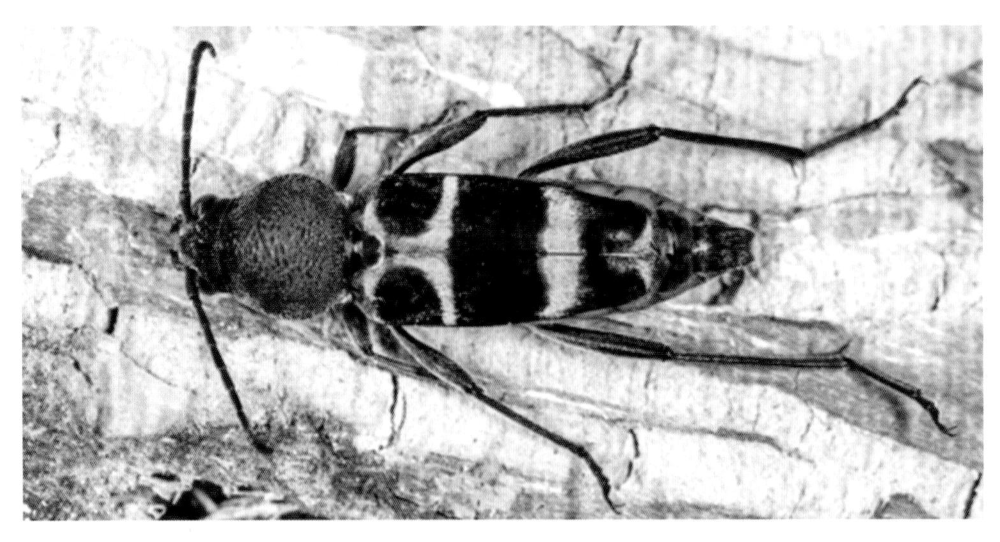

白蜡脊虎天牛雌成虫（李德家　摄）

白蜡脊虎天牛雌成虫头前部（李德家　摄）

白蜡脊虎天牛雄成虫背面（李德家　摄）

第2节短，第3节最长，至10节逐渐短小，第11节最短，黑褐色。足黑褐色。排泄黄白色粪便。雌雄成虫触角相同，虫体较修长。卵，乳白色椭圆形，一头稍尖，长0.3 mm。幼虫，初孵乳白色渐变淡黄色，老熟幼虫，12~23 mm，圆柱形，略扁，乳白色；触角3节，细长；前胸背板前缘后方具2个褐色横斑，后区侧沟间“山”

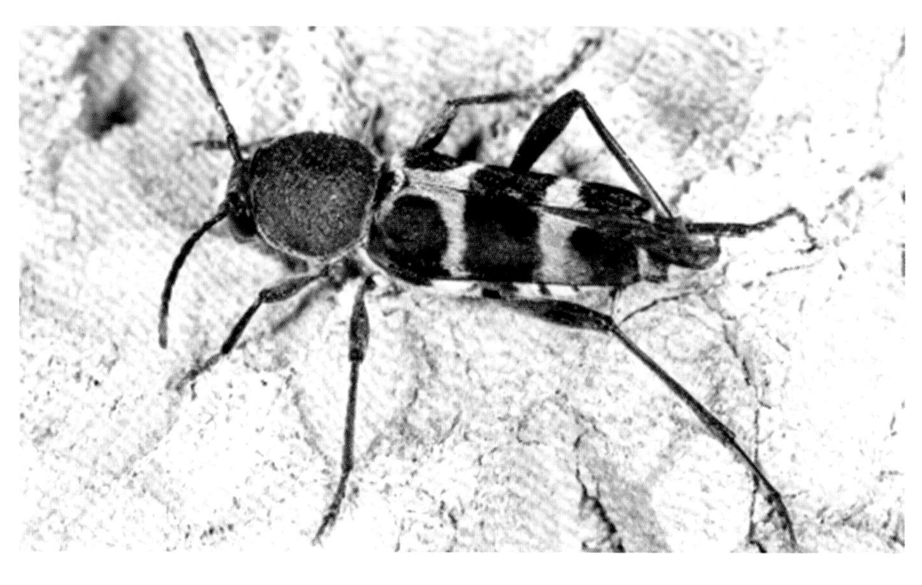

白蜡脊虎天牛雄成虫背侧面（李德家 摄）

字形骨化板较粗糙，有明显细皱纹，后缘具褐色微粒；足极小，褐色刺突状；腹部背步泡突隆起，表面光滑，被细线划分为网状小块，中沟宽陷明显；第7、8腹节较粗大；肛门3裂；气门椭圆形，围气门片褐色；唇瓣深陷。蛹，初化乳白色，后渐变黄褐色有光亮，羽化前变为黑褐色。

生物学特性：1年1代，以幼虫在被害枝干内越冬，翌年4月越冬幼虫开始活动，4月末5月初，幼虫蛀入木质部呈“L”形，做蛹室化蛹。成虫羽化后在蛹室内停留3~5天，5月中旬始见成虫。雄成虫可多次交尾。雌成虫在主干皮缝及疤痕处产卵。卵期5~7天。幼虫蛀道呈不规则的“S”形，隧道内堵满木屑及虫粪。10月下旬老熟幼虫或4龄幼虫在隧道内越冬。一株寄主有30~50头幼虫。卵期5~8天，4—5月成虫羽化。雄虫寿命6~10天，寿命比雌虫短。卵经5~7天孵化幼虫，幼虫孵化后沿树皮缝隙向韧皮部蛀食，幼虫由上而下蛀食，可蛀入树木根茎地表以下3~5 cm。幼虫蛀道全长18~20 cm。

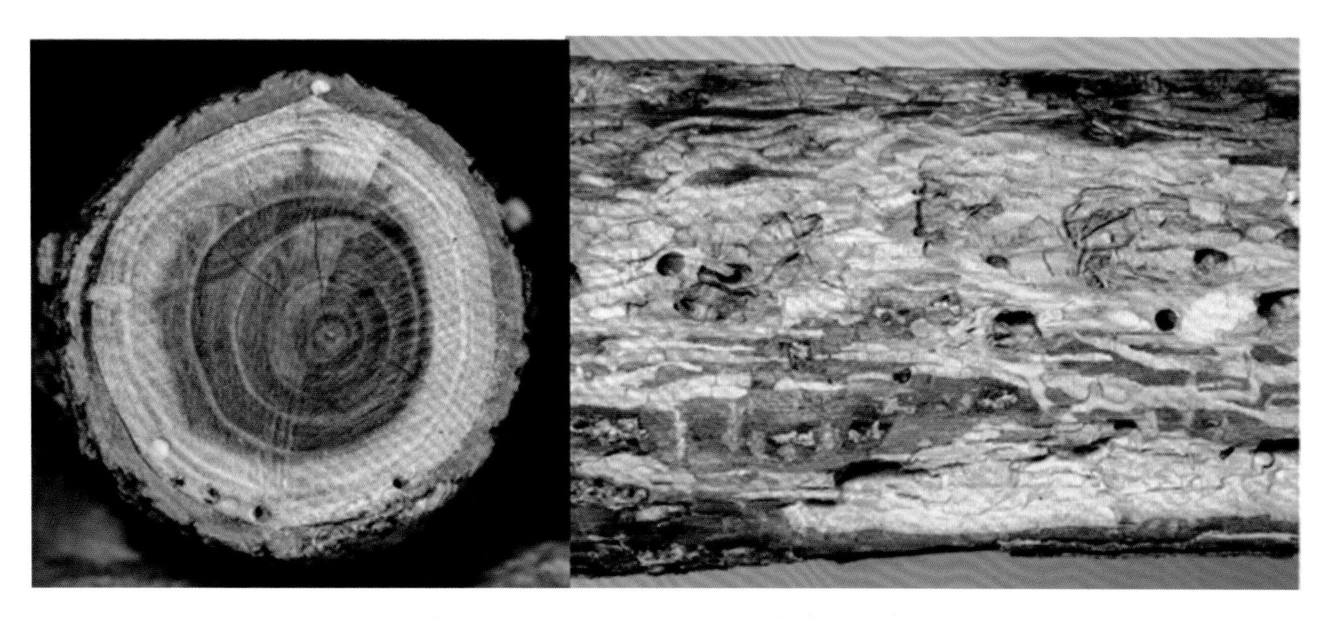

刺槐、白蜡树干被害状（李德家 摄）

该虫世代较整齐。其对树木危害严重，树势衰弱易受害，移植后待缓苗的景观树木受害尤其严重。成虫以爬行为主，能做短距离飞翔。

分布：北京、天津、河北、陕西、四川、山东、江苏、浙江、江西、宁夏，东北等地。

98 纳曼干脊虎天牛
Xylotrechus namanganensis（Heyden，1855）

分类地位：鞘翅目，天牛科。

别名：纳曼甘脊虎天牛、柳脊虎天牛。

寄主植物：柳、杨、榆树、桑、沙枣、果树等。

纳曼干脊虎天牛卵（李德家　摄）

形态特征：成虫体长 10~20 mm，体宽 3.0~4.1 mm；褐色到黑色。头被稀疏灰白色或淡黄色的绒毛，额脊旁、唇基上方具灰白或淡黄色粗长毛。触角棕褐色，第 1 至第 4 节被白色稀疏细绒毛。前胸背板侧缘被灰白色或淡黄色绒毛。鞘翅被褐色短绒毛，每个鞘翅有 4 个灰白色或淡黄色毛斑；第 1 毛斑在小盾片下方，紧靠翅缝，较小；第 2 毛斑在鞘翅基部 1/4 处的外侧；第 3 毛斑位于鞘翅基部 2/5 处；第 4 毛斑在鞘翅端部的 1/3 处，此斑呈直角三角形，较上面 3 个斑大得多；沿鞘翅基部有一窄的灰白或淡黄色毛条纹，侧缘从翅基到第 3 毛斑处的鞘翅边缘有一较宽的毛条纹（鞘翅、前胸背板等处的毛斑和绒毛，雌虫为淡黄色，雄虫为灰白色）。头及前胸背板颜色较深暗，为黑褐色，被灰白或淡黄色绒毛。足棕黄色，后足跗节棕红色。额脊显现清晰，呈“Y”形，较短，一般不达触角基部，触角基瘤之间具微凹的短纵沟，头部具粗糙粒状或皱纹状刻点。复眼大，拱凸，内缘浅凹。触角末端明显变细，雌虫

纳曼干脊虎天牛成虫交尾状（李德家　摄）

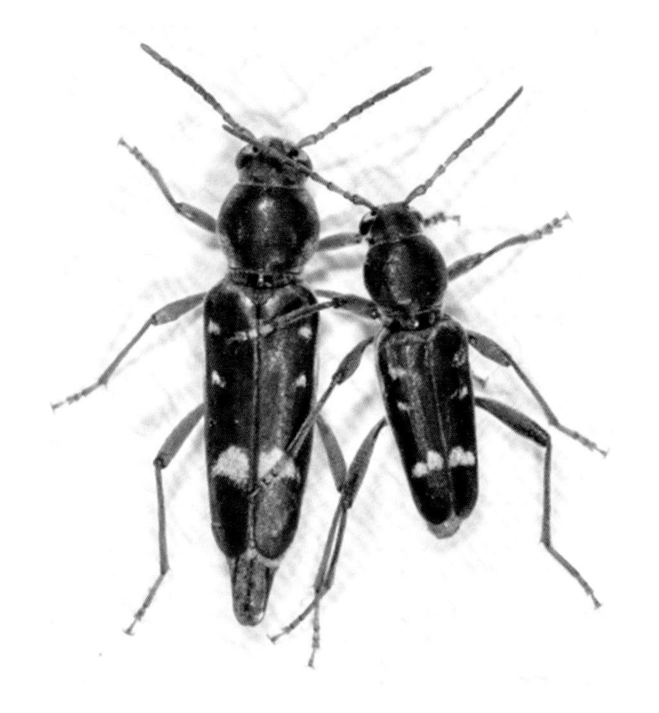

纳曼干脊虎天牛雌（左）雄成虫（李德家 摄）

纳曼干脊虎天牛雄成虫腹面（李德家 摄）

勉强达到鞘翅基部，雄虫伸达鞘翅中部之前，有时达鞘翅中部，第 3 节短于柄节，略长于第 4 节，以后各节除第 11 节外大致等长。前胸背板一般长胜于宽，但变化较大，有时宽胜于长，两侧圆弧形，后端略长于前端，背面具较粗的刻点，中区扁平。小盾片横阔，半圆形。鞘翅前半部两侧平行，端部稍微收窄。小盾片之下沿翅缝具纵压迹。翅端浑圆，端角圆形。后足腿节不达翅端，后足第 1 跗节相当于或略长于其余各节之和。雌虫腹部末节较长，雄虫横阔，露出于鞘翅端部之后。

纳曼干脊虎天牛雄成虫侧面（李德家 摄）

纳曼干脊虎天牛雄成虫背面（李德家 摄）

纳曼干脊虎天牛为害状（李德家 摄）

生物学特性：1~2 年发生 1 代，以幼虫在 2 m 以下的树干中越冬。以老熟幼虫越冬的，翌年开春化蛹，4 月中下旬羽化。以幼龄幼虫越冬的，4 月初继续取食，6 月中旬进入化蛹盛期，蛹期平均 22 天，7 月上旬为羽化盛期。成虫无趋光性。卵单产，多产于 0~2 m 高的树干裂缝中，卵期 7 天左右。产卵多选择 10 年生以上的衰弱树，每雌一生产卵量为 52~199 粒。成虫善爬行，不善飞翔。雌雄性比平均为 1.0 ∶ 1.6。幼虫孵出后先沿着树干形成层蛀食，在韧皮部和木质部之间形成不规则的狭窄虫道，随着虫龄取食量的增加，在木质部自下而上，由浅入深蛀成较宽的弯曲隧道。7 月下旬，3 龄幼虫开始由表层蛀道的末端向木质部内侵入。幼虫钻蛀到木质部内纵向取食，虫道变宽而直，纵横交错，但不相通。幼虫共 6 龄，各龄幼虫边取食边将木渣和粪便堵塞虫道内凝固成棕黄色条状。11 月上旬气温下降到 5 ℃以下时，老熟幼虫在树干蛀道内越冬。纳曼干脊虎天牛适生于荒漠干旱气候，主要为害榆树、杨柳树，尤其以钻天榆受害最重，其次是杨树、柳树、桑树等。幼虫为害，致使树干韧皮部和木质部完全分离，树皮腐朽剥离，输导组织被彻底破坏，影响养分正常输送，造成树木枯死。林木边缘较中心严重，树皮粗糙有伤痕者较光滑者严重，居民区较其他地区严重。

分布：新疆、宁夏（贺兰县）。

99 绿虎天牛
Chlorophorus diadema（Motschulsky，1854）

分类地位：鞘翅目，天牛科。

别名：刺槐绿虎天牛。

寄主植物：刺槐、槐、杨、柳、樱桃、四合木、桦、枣等。也可蛀食房梁、椽和竹、木家具和农具。

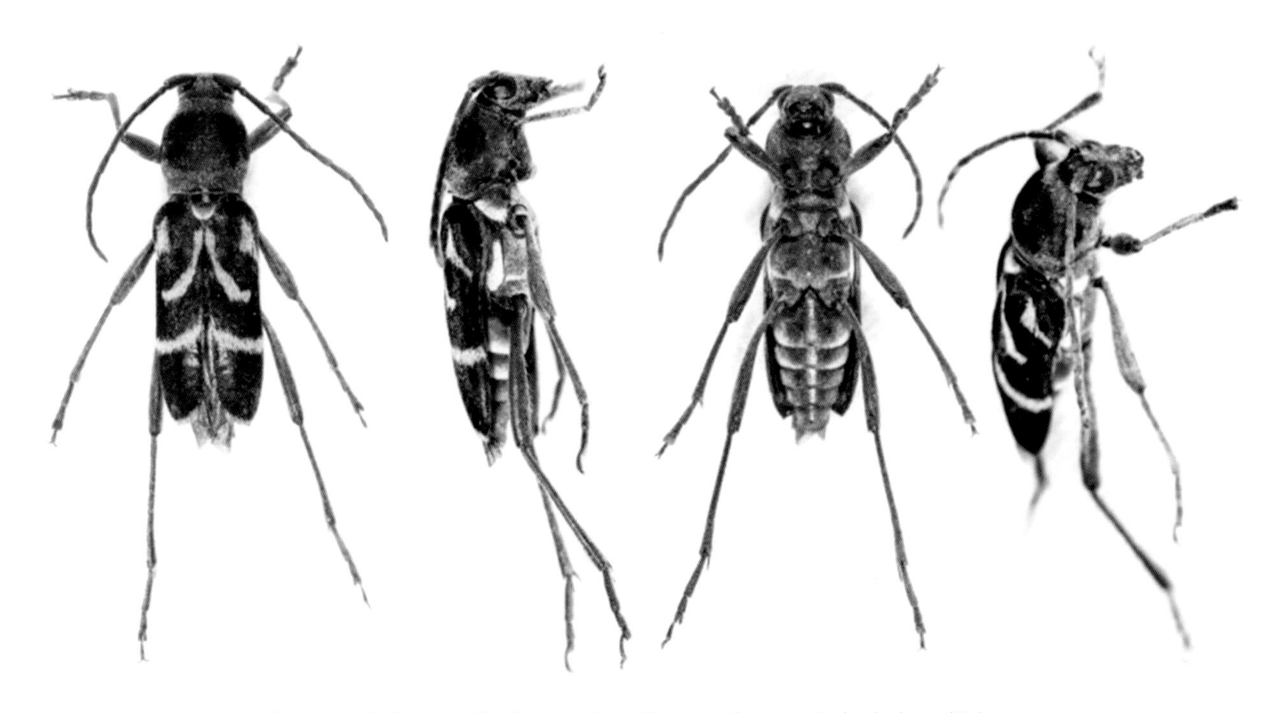

绿虎天牛成虫体背面、侧面、腹面、前侧面（李德家　摄）

形态特征：成虫体长 8~14 mm，黑褐色或棕褐色；头、腹被灰黄绒毛，头顶无毛而有深刻点；触角第 1 节比第 3 节粗大，稍长；前胸背板球形，中央具无毛区，密布刻点；鞘翅基部有少量黄绒毛，肩部前后有黄绒毛斑 2 个；基 1/3 靠小盾片沿内缘向外弯斜形成 1 个类似于“火”字形的灰白色斑，翅 2/3 具灰白色横带，末端黄绒毛横条形。卵长椭圆形，白色，长约 1 mm。幼虫体圆筒形；前胸背板色淡，扁圆形，前缘光滑，背中线直贯后区；腹板中、前腹片弯形中央有浅纵沟 1 条，腹部背步泡突突起无瘤突。蛹体乳白色，长约 14 mm，疏生刚毛。

绿虎天牛成虫栖息状（杨贵军 摄）

生物学特性：1 年发生 1 代，以幼虫在蛀道内越冬。翌年 3 月开始活动，5 月中旬在干内化蛹，蛹期约 25 天，6—8 月可见成虫。卵散产于枯立木或刺槐干部腐烂处，每次产卵约 10 粒。每雌可产卵 50 粒，卵期约 17 天，孵化幼虫即可向干内钻蛀，蛀道弯曲。

分布：西北、东北、华北、华东、华中、西南等地。

100 褐梗天牛

Arhopalus rusticus（Linnaeus，1758）

分类地位：鞘翅目，天牛科。

别名：褐幽天牛。

寄主植物：柳、杨、桦、榆树、栎、椴、柳杉、日本赤松、马尾松、华山松、油松、白皮松、赤松、云南杉、赤柏、侧柏等。

形态特征：体长 25~30 mm，宽 6~7 mm。体较扁，褐色或红褐色。雌虫体色较黑，密被灰黄色短绒毛。额中央具 1 条纵沟，头刻点密；雄虫触角达体长的 3/4，雌虫约达体长的 1/2。前胸背板宽胜于长，两侧缘圆形；背面刻点密，中央有 1 条光滑而稍凹的纵纹，与后缘前方中央的 1 横凹陷相连，背板中央两侧各有 1 肾形的长凹陷。鞘翅两侧平行，后缘圆形；每翅具两条平行的纵脊，基部刻点较粗大，向端部逐渐细弱。雄虫腹末节较短阔，雌虫腹末节较狭长。老熟幼虫体长可达 37 mm，头宽 5~6 mm，体圆筒形。

生物学特性：2 年发生 1 代，以幼虫在木质部坑道中越冬，翌年 3 月下旬越冬幼虫开始活动。成虫羽

褐梗天牛雌成虫（左）、雄成虫（李德家 摄）

饲养过程中产卵于死亡个体鞘翅下的卵及孵化出的小幼虫（李德家 摄）

化始于5月下旬，6月中下旬出现羽化高峰，8月中旬再次出现羽化小高峰。6月上旬至10月初为幼虫孵化期。成虫羽化后，咬食新鲜的松针补充营养。成虫羽化出孔当天交尾，第2天便可产卵。卵聚产于树干翘皮下。成虫与幼虫多集中于植株2高度以内。有弱趋光性。

分布：宁夏（贺兰山、罗山、六盘山）、内蒙古、辽宁、陕西、山东、河北、云南等地。

101 松幽天牛

Asemum amurense Kraatz，1879

分类地位：鞘翅目，天牛科。

异名：脊鞘幽天牛 *Asemum striatum*（L.）。

寄主植物：油松、红松、日本赤松、华山松、黄山松、落叶松、鱼鳞松和云杉。

形态特征：成虫，体长11~20 mm，宽4~6 mm。黑褐色，密被灰白色绒毛，腹面有光泽。触角的长度只达体长的1/2，第5节显著长于第3节。头上刻点密。复眼凹陷不大。触角间有1明显纵沟。前胸背板两侧刺突呈圆形向外伸出，背板中央少许向下凹陷。小盾片长似舌形，黑褐色。鞘翅黑褐色，每个翅面上有2条纵隆起线，两鞘翅末端有倒“V”形缺。足短，密生黄色绒毛。蛹，长18~23 mm，乳黄色。触角贴于体侧，自第2对胸足下边弯回卷曲。翅芽超过腹部第3节后缘。幼虫，老龄幼虫体长25~30 mm。体圆柱形，体毛红棕色。头颅圆，前额凸，有细纵纹，多粗刚毛；上唇红褐色，基部有长毛；

上颚下齿顶端分裂，边缘具切口。前胸背板基部宽，前端有黄色横斑，侧区密生红棕色毛。腹部背步泡突凸起，中沟明显；第 9 腹节背板密被绒毛，后端 1 对尾突较大，锥状，末端为红褐色尖刺，基部左右显著分开。

分布：宁夏（贺兰山、罗山、六盘山）、北京、河北、山西、内蒙古、辽宁、吉林、黑龙江、浙江、安徽、湖北、山东、四川、重庆、云南、陕西、甘肃、青海、新疆等地。

松幽天牛雌雄成虫（李德家 摄）

松幽天牛成虫交尾状（李德家 摄）

102 小灰长角天牛 *Acanthocinus griseus*（Fabricius，1792）

分类地位：鞘翅目，天牛科。

寄主植物：油松、红松、华山松、云杉、栎属等。

形态特征：成虫，体略扁平，长 8~12 mm，宽 2.2~3.5 mm。底色棕红，或深或淡，被不十分密厚的灰色绒毛，与底色相衬，有时呈深灰色，有时于灰色中带棕红或粉红。额近乎方形，具有相当密的小颗粒。体长与触角之比，雄虫 1∶2.5～1∶3，雌虫为 1∶2；触角被淡灰色绒毛，每节端部 1/2 左右为棕红或深棕红色，雄虫的第 2 至第 5 节下沿密被短柔毛；触角柄节表面刻点粗糙，略呈粒状，第 3 节柄节稍长；雌虫从第 3 节起，各节近乎等长或依次递短，末节最短；雄虫自第 3 节以下各节均较前节略长，末节最长。前胸背板有许多不规则横脊线，并杂有粗糙刻点；前端有 4 个污黄色圆形毛斑，排成 1 横行；侧刺突基部阔大，刺端很短，微向后弯。鞘翅被黑褐、褐或灰色绒毛。一般灰色绒毛多分布在鞘翅的中部及末端，各成 1 条宽横带，其余翅面多为黑褐或褐色绒毛，因此，在每翅上显现出 2 条黑褐色横斑；

小灰长角天牛雄成虫（李德家　摄）

小灰长角天牛雌成虫（李德家　摄）

在 2 个明显灰斑之间，尚有分散的灰色绒毛，在中部的灰斑内有黑褐小点；有时在翅基部散生少许灰色绒毛，翅端钝圆。足相当粗壮，后足跗节第 1 节长度约与其他 3 节的总和相等。雌虫产卵管外露，极显著；腹部第 5 节较第 3、4 节的总和略长，末端不凹陷。幼虫，老熟幼虫长而细扁，额上有 8 个具刚毛的孔排成 1 横列。唇基上有 2~4 条宽而分离的纵痕。触角 2 节，第 2 节为长方形，并着生 1 个小圆锥形的透明突起。前胸前缘有 1 横列刚毛，前胸背板的后面，有 2 个非常粗糙的红褐色区域，同时具有多数散开的平滑斑点。肛门 3 裂。

小灰长角天牛雄成虫侧面观（李德家 摄）

小灰长角天牛卵（李德家 摄）

生物学特性：1 年发生 1 代，通常以成虫在蛹室越冬。次年 5 月，成虫咬 1 个扁圆形羽化孔而出；6 月初产卵在新近死亡的或伐倒的针叶树干。产卵前先在树皮上咬 1 个漏斗状的刻槽。然后以产卵管穿孔使其加深。幼虫在韧皮部蛀食，到夏末，才蛀入木质部表层内化蛹，也有少数在树皮下构成蛹室化蛹的，化蛹期在 8 月末 9 月初。成虫羽化后常在蛹室越冬。

分布：宁夏（贺兰山、罗山、六盘山）、黑龙江、吉林、辽宁、河北、陕西、山东、河南、陕西、甘肃等地。

103 云杉大墨天牛
Monochamus sutor（Linnaeus，1758）

分类地位：鞘翅目，天牛科。

异名：*Monochamus sartor rosenmuelleri*（Caderhjelm，1798）；*Monochamus sartor*（Fabricius，1787）。

别名：云杉大黑天牛。

寄主植物：红松、落叶松、云杉、冷杉、白桦等；宁夏系建筑木材引入。

形态特征：成虫，体长 21~33 mm。体黑色。带墨绿色或古铜光泽。雄虫触角长为体长的 2.0~3.5 倍，雌虫触角比体稍长。前胸背板有不明显的瘤状突 3 个，侧刺突发达。小盾片密被灰黄色短毛。鞘翅基部密被颗粒状刻点，并有稀疏短绒毛，愈向鞘翅末端，刻点渐平，毛愈密，末端全被绒毛覆盖。呈土黄色，鞘翅前 1/3 处有 1 条横压痕。雄虫鞘翅基部最宽，向后渐宽；雌虫鞘翅两侧近平行，中部有灰白色毛斑，聚成 4 块，但常有不规则变化。卵，肾形，长 4.5~5.0 mm，宽 1.2~1.5 mm，黄白色。幼虫，老熟幼虫体长 37~50 mm，头壳宽 3.0~5.9 mm，乳黄色。头长方形，后端圆形。约 2/3 缩入胸部；前胸最发达，长度为其余两胸节之和，前胸背板有凸形红褐色斑；胸、腹部的背面和腹面有步泡突，背步泡突上有 2 条横沟，横沟两端有环形沟，腹步泡突上有 1 条横沟，横沟两端有向后的短斜沟。蛹，体长 25~34 mm，白色至乳黄色，前胸背板有发达的侧刺突，腹部可见 9 节。

生物学特性：一般 2 年 1 代或 1 年 1 代。以幼虫越冬。成虫在 6 月上旬开始羽化，6 月下旬至 9 月上

云杉大墨天牛雌成虫（李德家　摄）

旬是产卵期，7 月下旬至 8 月上旬为产卵盛期，7 月上旬幼虫开始孵化，在树皮下啃食韧皮部和边材表层，被害部呈不规则形，经过 1 个月左右，幼虫开始向木质部筑垂直的坑道，至 9 月末钻入坑道内越冬。第 2 年 5 月从木质部钻出到韧皮部取食，到 7 月中旬幼虫成熟，再次钻入木质部中筑坑道，并在坑道末端做蛹室，幼虫共有 6 龄。老熟幼虫在蛹室中再次越冬，第 3 年 5 月上旬化蛹。成虫羽化后在树干内的蛹室中滞留约 7 天，然后从羽化孔中钻出，羽化孔直径约为 8 mm。成虫必须经过补充营养，否则不能繁殖，因此在大量羽化期间云杉树冠部云集了大量的云杉大墨天牛成虫。雌虫自羽化飞出后经过 10~21 天开始产卵。雌虫交配后找到合适的树干，开始咬“一”字形刻槽，然后掉过头来将产卵器插入，每次产卵 1~2 粒，一生可产卵达 14~58 粒，平均约为 30 粒。在木质部的坑道有马蹄形、弧形和直线形 3 种。以危害倒木和衰弱木为主，也可以在成虫期补充营养时危害嫩枝，特别是云杉针叶。

分布：宁夏（银川、贺兰山）、内蒙古、山西、河北、河南、山东、陕西、江苏，东北等地。

104 云杉小墨天牛
Monochamus sutor（Linnaeus，1758）

分类地位：鞘翅目，天牛科。

寄主植物：主要为害云杉、冷杉，间或为害落叶松、欧洲赤松和红松。

形态特征：成虫，体长 15~24 mm，宽 4.5~7.0 mm。体黑色，有时微带古铜色光泽。全身密被淡灰色至深棕色的稀疏绒毛。头部刻点很密，粗细混杂，头顶刻点较粗糙。雄虫触角超过体长 1 倍多，黑色，密布细颗粒；雌虫触角超过1/4，或更长，从第3节起每节基部被灰色毛。前胸背板两侧刻点粗密，中央较稀，一般在中央前方略有皱纹；侧刺突粗壮，末端钝圆；雌虫前胸背板中区前方常有2个淡色小型斑点。小盾片具灰白或灰黄色毛斑，中央有无毛细纵纹1条。鞘翅黑色，绒毛细而短；沿基缘及肩部具颗粒，全翅点刻粗糙，端部较基部为细；鞘翅末端钝圆；雌虫鞘翅上常有稀散不显著的淡色小斑，雄虫一般缺如。腹面被棕色长毛，以后胸腹板为密。卵，长椭圆形，稍弯曲，长3.3~3.8 mm，宽1.0~1.6 mm，白色。幼虫，老熟幼虫体长达35~40 mm，体淡黄白色。头部褐色，头壳后段缩入胸部；前胸宽大扁平、背板较骨化，上有许多纵向细纹，中间有1条纵缝；前缘及侧缘有较多的黄褐色刚毛，中、后胸各有1横行刚毛。腹部第10节圆突形，末端有“T”形肛门缝。胸、腹部的背面和腹面都有步泡突，背步泡突圆形，后方有缺口，中央有3行瘤；腹步泡突有2行横瘤，其间有1条横沟。第1对气门在前胸与中胸之间，较大；其余8对分别位于腹部第1至第8节的两侧，气门椭圆形，中央有1条纵缝，气门附近刚毛较多。蛹，长17~20 mm，白色。触角在中足和后足之间弯呈螺旋形。胸部有钝的小齿腹部有黑色刚毛。最后腹节呈长圆锥形。

云杉小墨天牛雌成虫（李德家　摄）

生物学特性：在东北1年1代，以幼虫在木质部虫道内越冬。次年春天继续取食，老熟后于5月开始在距树皮2~3 cm的虫道内作蛹室化蛹。6月初成虫咬一圆形羽化孔飞出，盛期在6月中下旬，一直延续到8月份。成虫飞出后在树冠上取食嫩枝皮进行补充营养，不仅为害大径（22 mm）枝条，也为害极细（2 mm）的枝条。一般在粗枝上多呈带状为害，在8 mm以下的细枝上则呈环状为害，不仅咬食枝皮，并喜欢取食木段断面的韧皮部，常咬成很大的缺口。成虫较活跃，有假死习性，喜光。一生可多次交尾。该虫喜欢将卵产在适于幼虫生活的新伐倒木或风倒木树干上，产卵时雌虫先咬好刻槽，然后掉过头来将产卵器插入刻槽，把卵产在表皮和韧皮部之间，成虫再分泌1种黏性胶状物堵住产卵孔。刻槽长菱形，平均长4~6 mm，均匀地分布在木段上。一般1个刻槽内有卵1粒，少数刻槽无卵，极个别情况也有3粒卵的。每雌平均产卵22~39粒。卵期平均9天。卵发育起点温度为（11.6±1.9）℃，有效积温为（66.9+17.6）日度。老熟幼虫在蛀道末端咬出宽大蛹室，蛹室距木质部外缘平均有2 mm，待成虫羽化后，咬穿羽化孔钻出。预蛹期8天左右，蛹期平均19天。此虫危害程度与径级大小有关，径级越大危害越严重。

分布：东北，内蒙古、山东、青海。（宁夏检疫查获）

105 漠金叶甲 *Chrysolina aeruginosa*（Faldermann，1835）

分类地位：鞘翅目，叶甲科。

别名：沙蒿金叶甲。

寄主植物：白沙蒿、黑沙蒿、沙蓬等。

漠金叶甲成虫为害状（李德家　摄）

形态特征：成虫，卵圆形，长5~8 mm，翠绿至紫黑色，有金属光泽。触角黑褐色，着生白色微毛，端半部各节较膨大。前胸背板横宽，密列短白毛，背面密布细刻点，体型较宽，淡黄色，头胸及腹部密生黄褐色毛，腹端有1根黑色尖刺。卵，椭圆形，灰白色至深灰色，长1.86 mm，宽0.85 mm，卵壳上有横纹脊纹。幼虫，共4龄。1、2龄幼虫体色为黑褐色，头部黑色，足黑褐色，3对，足趾钩为红色，体表散布黑色毛疣，每疣生有1根白色短毛。3龄幼虫褐色，毛疣和白色短毛退化，5条黑灰色背线，体型逐渐变胖。4龄老熟幼虫土黄色，体型肥短；头部黑褐色，口器黄褐色，前胸背板灰褐色，中线淡色，较细，两侧有1个月形纹，中后胸两侧各有1个弯形黑斑；腹部各节背中央有1个横皱，将各节分为前后两半，端部两节背板黑褐色，下生一吸盘；胸足黑褐色，气孔黑色；腹部腹面淡黄色，两侧和中部各有一群黑点，整个幼虫期头前部左右各有1个突起，腹部呈环纹状。蛹，裸蛹，金黄色透明蛹壳。

生物学特性：1年发生1代，以老熟幼虫在沙土中越冬，4月下旬化蛹。5月上中旬羽化并大量出土，成虫爬上植株，此期正值沙蒿8叶期，成虫取食生长点和新叶，使茎秆不能正常生长，形成鸟巢状的丛生点；6月中旬成虫交配，7月中旬开始产卵，8月中旬产卵盛期。卵多产在画眉草、蒙古冰草、沙米、地锦等杂草靠近地面的叶鞘和叶片上。画眉草上单株卵量高达137粒，沙蒿上卵量较小。8月上旬幼虫开始孵化，并取食叶片。10月上旬幼虫开始越冬。幼虫共计4龄。1、2龄幼虫取食叶片一侧，造成断叶、缺刻；3、4龄取食全叶，且食量很大，单株沙蒿幼虫数量达80头以上时即可吃光叶片，造成整株枯死。该虫为草原畜牧业发展的一大威胁。

分布：国内主要分布于宁夏、甘肃、内蒙古、陕西、新疆等西北省（区）。

106 蒿金叶甲
Chrysolina aurichalcea（Mannerheim，1825）

分类地位：鞘翅目，叶甲科。

别名：铜紫蓟叶甲。

寄主植物：沙蒿。

形态特征：体长 6.2~9.5 mm，宽 4.2~5.5 mm。背面青铜色或蓝色，有时紫蓝色腹面蓝色或蓝紫色。唇基刻点较密；头顶刻点较稀；触角细长，向后长度达到体长之半。前胸背板横宽，刻点很深密，粗刻点间有极细刻点；侧缘基部近于直，中部之前趋圆，向前渐窄，前缘内弯而中部直，前角向前突，基部中叶后拱；盘区两侧隆起，隆内纵凹，基部较深而端部较浅。小盾片三角形，有 2~3 个刻点。鞘翅刻点较前胸背板更粗深，有时略趋纵行，粗刻点间有细刻点。

蒿金叶甲成虫交尾状（李德家 摄）

生物学特性：1 年 1 代，以老熟幼虫在深层沙土中越冬，个别以蛹或成虫越冬，越冬幼虫翌年 4 月化蛹，5月上旬羽化成虫，5月中下旬开始大量出土，并爬到沙蒿上危害。幼虫4龄，3 龄前幼虫多聚集枝梢顶端，1~2 龄幼虫取食叶片的半边，3~4 龄幼虫取食全叶，严重时可吃光植株叶片，造成整株枯死。4 龄幼虫有取食卵壳和 1~2 龄幼虫，在土中有咬伤蛹的现象。幼虫老熟后停止取食，钻入 8~20 cm 的湿土层中筑室化蛹或越冬。个别老熟幼虫 9—10 月化蛹，大部分在翌年 4—5 月化蛹。成虫 8 月上旬开始交配产卵，多次交配多次产卵。雌虫交尾结束后即可产卵，卵散产于寄主附近的画眉草、蒙古冰草、沙米草等植物近地面的叶片或叶鞘上。初产时卵壳表面有 1 层无色黏液，以便卵黏附在寄主上。平均产卵量为 130 多头。

分布：宁夏、河北、山西、黑龙江、浙江、福建、山东、河南、湖北、湖南、广西、四川、贵州、云南、陕西、甘肃、新疆、台湾等地区。

107 柳蓝叶甲
Plagiodera versicolora（Laicharting，1781）

分类地位：鞘翅目，叶甲科。

别名：柳蓝圆叶甲、柳圆叶甲、橙胸斜缘叶甲。

寄主植物：柳属、杨属、榛属植物，主要为害柳属植物，河岸柳受害较重。

形态特征：成虫，体长 3~5 mm，全体深蓝色，有强金属光泽，头部横阔，触角第 1 节至第 6 节较小，褐色，第 7 节至第 11 节较粗大，深褐色，有细毛。复眼黑褐色，前胸背板光滑，横阔，前缘呈弧形凹入。鞘翅上有刻点，略成行列。体腹面及足色较深，也有金属光泽。卵，长 1.5 mm，宽 0.54 mm，椭圆形，橙黄色。幼虫，体扁平，长 6 mm，体灰黄色。头黑褐色，前胸背板中线两侧各有 1 个大褐斑，中后胸背板侧缘有较大的乳头状黑褐色突起；亚背线上有黑斑 2 个，前后排列；腹部第 1 节 ~ 第 7 节，在气门上线各有 1 个黑色较小的乳头状突起；在气门下线，各有 1 个黑斑，其上有毛 2 根。腹部腹面

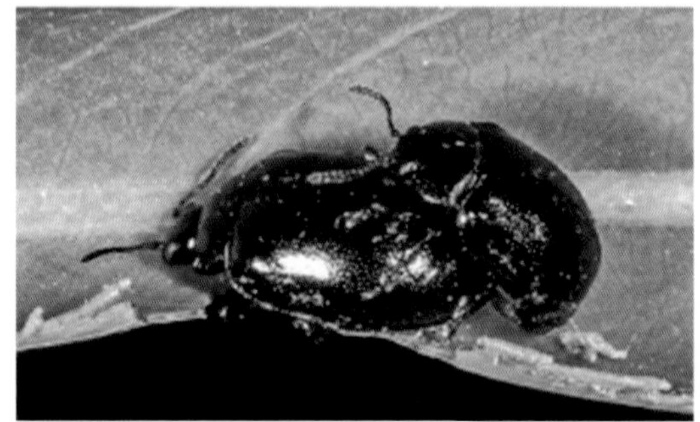
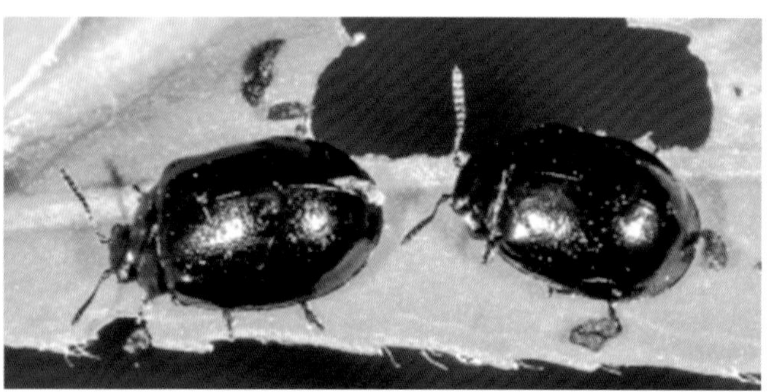

柳蓝叶甲成虫（李德家 摄）

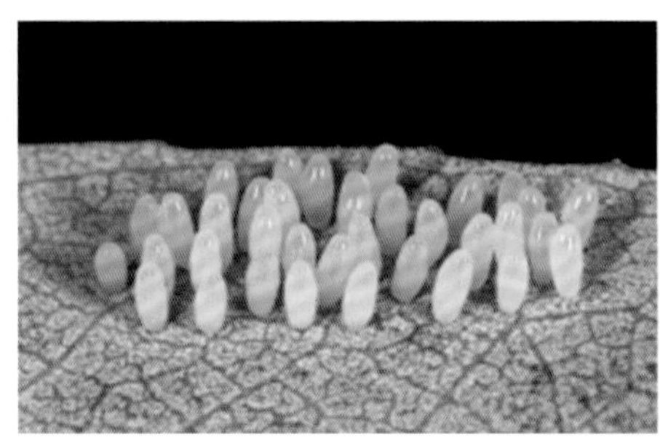
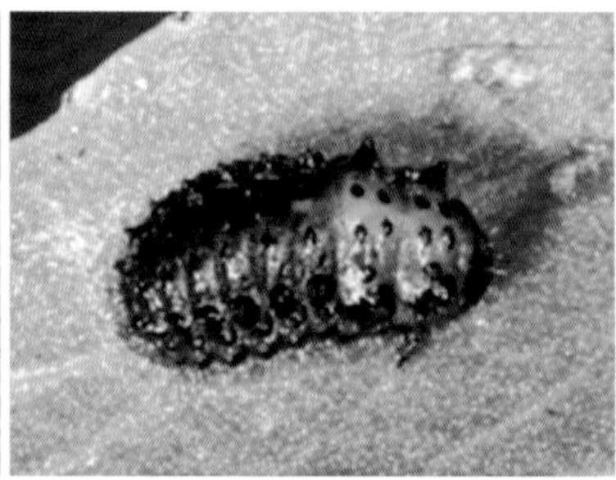

柳蓝叶甲卵、预蛹、蛹（李德家 摄）

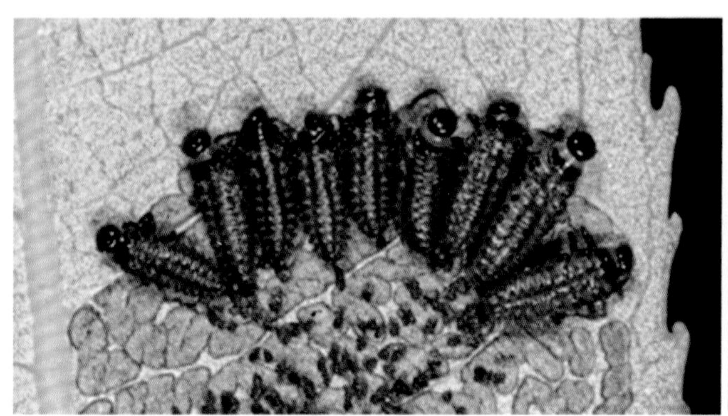
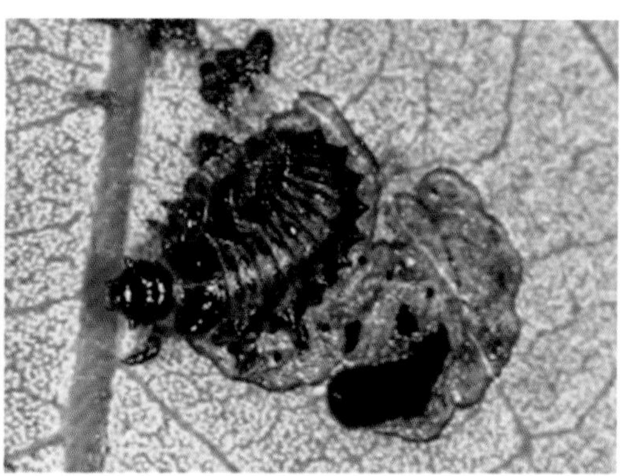

柳蓝叶甲幼虫为害状（李德家 摄）

各节有黑斑6个，其上均有毛1~2根。腹部末端具有黄色吸盘。蛹，椭圆形，长4 mm，腹部背面有4列黑斑。

生物学特性：1年发生3~4代，以成虫于落叶、杂草及土中越冬。翌春柳树发芽时出蛰活动，交尾产卵，卵成块产于叶背或叶面，每雌产卵1 000~1 500粒，卵经7天左右孵化，幼虫孵出后，多群集危害，啃食叶肉，被害处灰白色透明，网状。幼虫共4龄，经5~10天老熟，以腹末黏附于叶上化蛹，蛹期3~5天。此虫发生极不整齐，从春季到秋季都可见到成虫和幼虫活动。成虫有假死性。成虫和幼虫均取食叶片。

分布：我国东北、华北、西北，山东、江苏、浙江、台湾、江西、安徽、湖北、四川、云南、贵州等地。

108 双斑萤叶甲 *Monolepta hieroglyphica*（Motschulsky，1858）

分类地位：鞘翅目，叶甲科。

别名：双斑叶甲。

寄主植物：豆类、玉米、小杂粮、十字花科蔬菜、杨、柳、海棠等。

形态特征：成虫体长3.6~4.8 mm；体棕黄色，头及胸部背面色色较深，触角黑色，基部1~3节黄色，每个鞘翅基半部具1个近于圆形的黄白斑，近鞘缝处的黑斑可向端部延伸，有些个体黑带纹不清或消失。

生物学特性：1年生1代，以卵在土中越冬。翌年5月开始孵化。幼虫共3龄，幼虫期30天左右，在3~8 cm土中活动或取食作物根部及杂草。7月初始见成虫，一直延续到10月，成虫期3个多月，初羽化的成虫喜在地边、沟旁、路边的苍耳、刺菜、红蓼上活动，约经15天转移到豆类、玉米、高粱、谷子、杏树、苹果树上为害，7—8月进入危害盛期，大田收获后，转移到十字花科蔬菜上为害。成虫有群集性和弱趋光性，在1株上自上而下地取食，日光强烈时常隐蔽在

双斑萤叶甲成虫为害状（李德家　摄）

双斑萤叶甲成虫（李德家　摄）

下部叶背或花穗中。成虫飞翔力弱。早晚气温低于 8 ℃或风雨天喜躲藏在植物根部或枯叶下，气温高于 15 ℃成虫活跃，成虫羽化后经 20 天开始交尾，把卵产在田间或菜园附近草丛中的表土下或杏、苹果等叶片上；卵散产或数粒粘在一起，卵耐干旱，幼虫生活在杂草丛下表土中，老熟幼虫在土中做土室化蛹，蛹期 7~10 天。干旱年份发生重。7、8 月可见成虫，亦可见于灯下。成虫取食叶肉，残留网状叶脉或将叶片吃成孔洞，成虫还咬食谷子、高粱的花药，玉米的花丝以及刚灌浆的嫩粒。幼虫危害轻，仅啃食根部。

分布：除西藏外全国各地均有分布。

109 榆绿毛萤叶甲 *Pyrrhalta aenescens*（Fairmaire，1878）

分类地位：鞘翅目，叶甲科。

别名：榆蓝叶甲、榆毛胸萤叶甲、绿毛萤叶甲。

寄主植物：榆属。

为害特点：成虫和幼虫取食叶片形成网眼状，严重时整个树冠被吃光。

形态特征：成虫体长 6.0~8.0 mm，宽 3.0~4.0 mm，橘黄色，密布淡色微毛。触角黄褐色，背面黑色。复眼黑色，头顶有 1 半圆形黑斑。前胸背板横宽，周缘有细边，侧缘圆弧，前角下倾，有 1 小突起，

榆绿毛萤叶甲卵块（杨贵军　摄）

榆绿毛萤叶甲幼虫为害状（杨贵军　摄）

榆绿毛萤叶甲雌（左）雄成虫（李德家　摄）

上生 1 根长毛，后角亦有 1 小突起和 1 根长毛，后缘中部直，两侧向前弯，背面横列 3 个大黑斑。小盾板梯形，后端略圆，黑褐色。翅鞘金绿至黑绿色，有铜色反光，翅面密布淡色微毛和细刻点，外缘略扁平，中部各有 2 条不甚明显的纵棱。卵为梨形，黄色，长 1.5 mm，宽 0.54 mm，卵面密布六边形点刻。卵两行排列成块，每块有卵 7~22 粒。幼龄幼虫黑色，密生刺毛，成熟后橙红色，长 12 mm，头、足、体背面毛瘤为黑色。蛹，污黄色，长 5~6 mm，宽 3~4 mm，背面有黑色毛瘤 8 行，上生黑色刺毛。

生物学特性：1 年 2 代，以成虫在树皮缝、土石缝等隐蔽处越冬。4 月中旬越冬成虫出来活动，下旬开始产卵，5 月中旬为产卵盛期，卵成块产于叶背。卵期 9 天，5 月中下旬为幼虫孵化盛期。幼虫 3 个龄期，需 20~22 天。幼虫老熟后多在树干隐蔽处群集化蛹，蛹期 10~15 天，6 月下旬第 1 代成虫开始羽化，7 月为盛期。成虫寿命颇长，第 1 代成虫又能与越冬代成虫混合、交配产卵，7—8 月虫口密度大增，各代成虫幼虫混合食害叶片，可将全株叶片食光，是一年中严重危害期。第 2 代成虫在 9 月间发生，并于下旬寻觅隐蔽处越冬。成虫有短暂假死习性，稍有触动，即下坠飞逸。

分布：东北、华北，宁夏、陕西、甘肃、内蒙古、河南、山东、山西、江苏、台湾等地。

110 白茨粗角萤叶甲
Diorhabda rybakowi Weise，1890

分类地位：鞘翅目，叶甲科。

别名：白茨萤叶甲、白刺萤叶甲。

寄主植物：白茨。

形态特征： 成雄虫体长 5~8 mm，长圆形，黄褐色，背面密布粗刻点和白色短毛。头顶中央有 1 黑斑，复眼及眼后黑褐色，触角黑褐色，端部数节较膨大，各节依次渐大，生有白色短毛。前胸背板宽大于长。有 1“小”字形凹陷黑斑，前、后角钝圆，前缘较平直，惟中部稍向内凹，后缘向后弯，中部微内曲，小盾片半圆形，中部黑褐色。鞘翅缝黑色，翅面中部有 1 黑色略弯的纵条纹，近外缘处暗褐色。各足腿节、胫节中部黄褐色，端部及跗节黑褐色，密生浅褐色毛。腹面黄褐色，后胸腹板黑色，各腹节两

白茨粗角萤叶甲幼虫（李德家 摄）

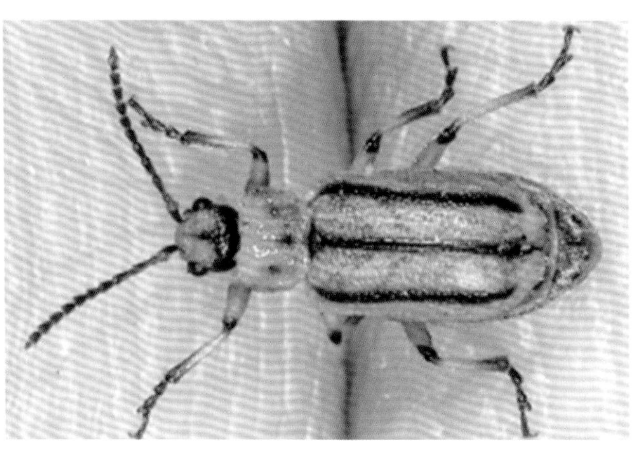

白茨粗角萤叶甲雄成虫（李德家 摄）

侧暗褐色。雌虫特征同雄虫，唯腹部抱卵特别膨大，使腹端5节露出翅外，显出背面各节散布黑色条斑，腹面每节有黑色大横斑。卵粒长圆形，长1 mm，直径0.7 mm，暗黄色，19~154粒位为1卵块。卵块灰白色，半球形，表面有沙状颗粒。幼虫体长10 mm，背面紫黑色，各节有两横列黄白色毛疣，前列4个，后列6个，胸部前后列均为4个。腹面黄褐色，每节两侧各有毛疣2个。各疣有白毛数根。蛹长6~7 mm，蜡黄色，有淡色毛，气门环和毛基黑色，前胸背板毛18根，中、后胸各4根，腹部各节8根。复眼棕红色，上颚黑色。

生物学特性：1年2代，以成虫在土中15~25 cm干湿土交界处越冬。4月底至5月上旬，白茨叶片初展时开始出蛰交配活动，雌虫抱卵后腹部异常膨大。5月上旬开始产卵。卵成块产于枝杈、叶基或叶背等处。雌虫产卵期较长，6月中旬达高峰期。5月下旬至6月下旬是幼虫危害期，暴食叶片，6月中旬幼虫开始老熟入土化蛹，6月下旬第1代成虫出现，7月上中旬产卵，下旬第2代幼虫孵化。8月份成虫、幼虫混合为害，可将叶片嫩枝及果实吃光。9月上旬幼虫入土化蛹，中旬第2代成虫羽化，继续为害至10月中旬。成虫在寄主附近沙丘向阳面土下过冬。成虫不善飞翔，爬行迁移，有假死习性。幼虫取食叶肉，残留表皮，干枯脱落。幼虫行动迟缓，亦有假死习性。

分布：宁夏（石嘴山、银川、吴忠、中卫市半荒漠区）、青海、甘肃、内蒙古、新疆等地。

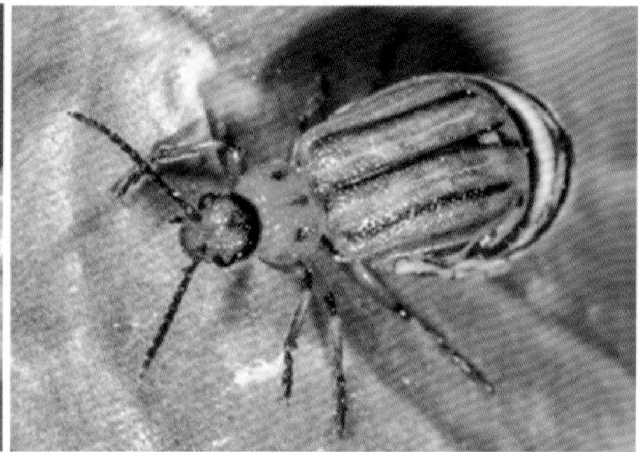

白茨粗角萤叶甲雌成虫（李德家　摄）

白茨粗角萤叶甲成虫交尾状（杨贵军　摄）

111 衫针黄肖叶甲
Xanthonia collaris Chen，1940

分类地位：鞘翅目，叶甲科。

别名：杉针黄叶甲。

寄主植物：云杉、青冈栎、山桃、栗、桦等。

形态特征：体长 3.1~3.6 mm；体黄褐色至褐色，中后胸腹面及腹部黑色；体背面斑纹有变化，有时黑褐色斑纹不明显；前胸背板中央具大黑褐色斑，鞘翅中缝黑褐色，鞘翅中部具黑褐色纵斑；触角棕黄色，端部 7 节褐色或黑褐色，第 3、4 节细，约等长，稍长于第 2 节，后 5 节稍粗；前胸背板前缘之后具 1 条横沟，两侧在中部之后各有 1 个横凹窝。

衫针黄肖叶甲成虫（李德家　摄）

生物学特性：1 年 1 代，以幼虫在土中越冬。5 月中旬随气温升高越冬幼虫逐渐向地表迁移，后上树取食。幼虫历期 9 个月，6 月中下旬开始在地表枯落物、树干基部树皮裂缝中化蛹，历期 15~20 天；7 月上旬可见成虫，7 月中下旬为成虫活动高峰期，成虫历期 15~20 天，成虫从云杉针叶上部一侧向下取食叶肉，严重危害可使松林成片枯黄；成虫在树冠下土壤或树干基部皮缝中产卵，7 月下旬始见产卵，8 月初为产卵高峰期，卵期 12~14 天，幼虫为害苗木及幼树根系，幼虫喜阴湿，9 月中下旬老熟幼虫进入越冬。

分布：宁夏、青海、北京、山西、四川、云南、西藏等地。

衫针黄肖叶甲成虫为害状（李德家　摄）

112 褐足角胸肖叶甲
Basilepta fulvipes（Motschulsky，1860）

分类地位：鞘翅目，叶甲科。

寄主植物：柳、榆树、桃、梨、苹果、梅、李、樱桃、枫杨、千屈菜等。

形态特征：成虫体长 4.5~5.0 mm，小型卵形或近于方形；体色变异极大，鞘翅有铜绿型、蓝绿型、黑红胸型、红棕型、黑足型和标准型（体背铜绿色，足、触角褐黄色，小盾片黑红色）；头部刻点密，触角丝状，11 节，黄褐色，前 4 节淡棕色，余者黑色，具细短毛；前胸背板六角形。两侧缘在基部约 1/4 处明显突出呈尖角形，盘区密布深刻的刻点；鞘翅前部有圆形凸起，肩部有椭圆形凸起，每鞘翅有点刻 10 余列，基部 1/5 处有横凹 1 个。足腿节较膨大；腹部和足有稀疏细毛。

生物学特性：1 年发生 1 代，6—8 月危害盛期。成虫善弹跳，取食嫩芽、嫩叶，造成缺刻。

分布：全国各地。

褐足角胸肖叶甲为害状（李德家　摄）

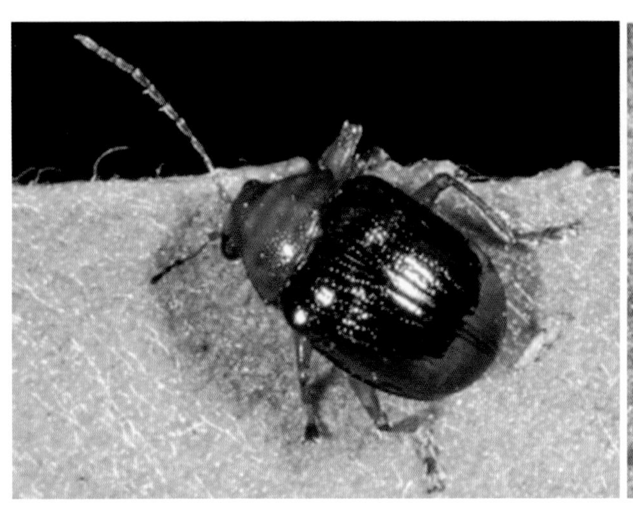

褐足角胸肖叶甲蓝绿型（左）和红棕型成虫（李德家　摄）

113 中华钳叶甲
Labidostomis chinensis Lefèvre，1887

分类地位：鞘翅目，叶甲科。

寄主植物：杨、胡枝子。

形态特征：成虫体长 6~8 mm，细长方形，蓝绿色，有金属光泽；额唇基前缘略呈波浪形凹切，中部微向前突出，两侧双齿较小，相距较宽；鞘翅土黄或棕黄色。肩无黑斑；头、胸和体腹密生白毛；鞘翅刻点粗密，不规则排列；前足粗大，胫节内弯，无毛束。

生物学特性：1 年发生 1 代，6—8 月成虫期。成、幼虫取食叶片成缺刻。

分布：东北、华北，宁夏、陕西、甘肃、山东等地。

中华钳叶甲成虫（李德家　摄）

114 柳十八斑叶甲
Chrysomela salicivorax（Fairmaire，1888）

分类地位：鞘翅目，叶甲科。

别名：柳十八星叶甲、柳九星叶甲。

寄主植物：柳。

形态特征：成虫，体长 6~8 mm，长卵形头部、前胸背板中部、小盾片和腹面深青铜色，前胸背板两侧和腹部两侧黄至棕红色；头具光泽，顶中央具纵沟 1 条，刻点粗密；触角端末 5 节黑色，基部棕黄；鞘翅棕黄或草黄色，中缝黑蓝色，每翅上各有黑蓝色斑 9 个（少数 7~8 个）或无或小；足棕黄色。卵，

柳十八斑叶甲成虫（李德家　摄）

柳十八斑叶甲成虫（李德家　摄）

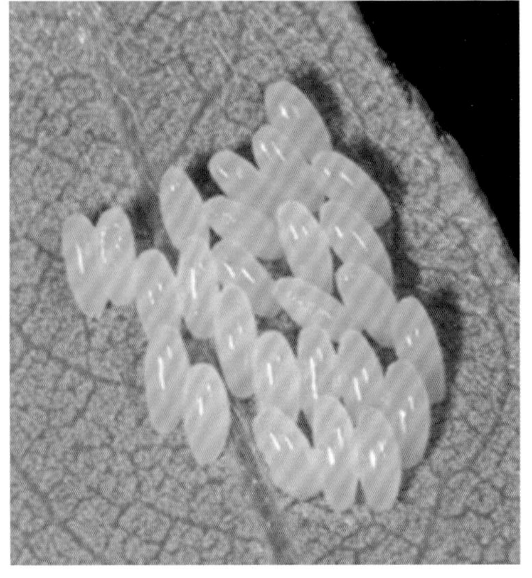

柳十八斑叶甲卵（李德家　摄）

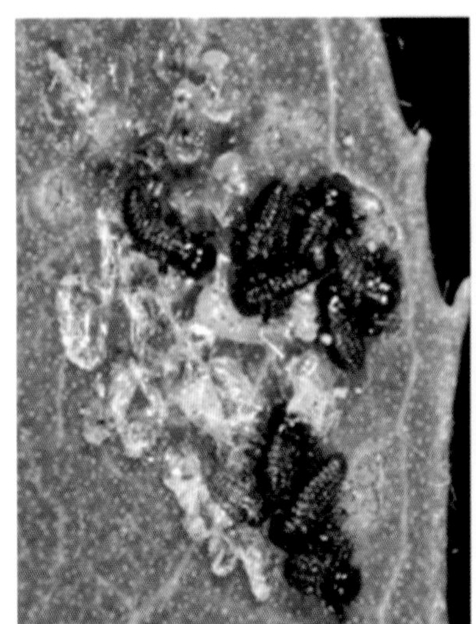

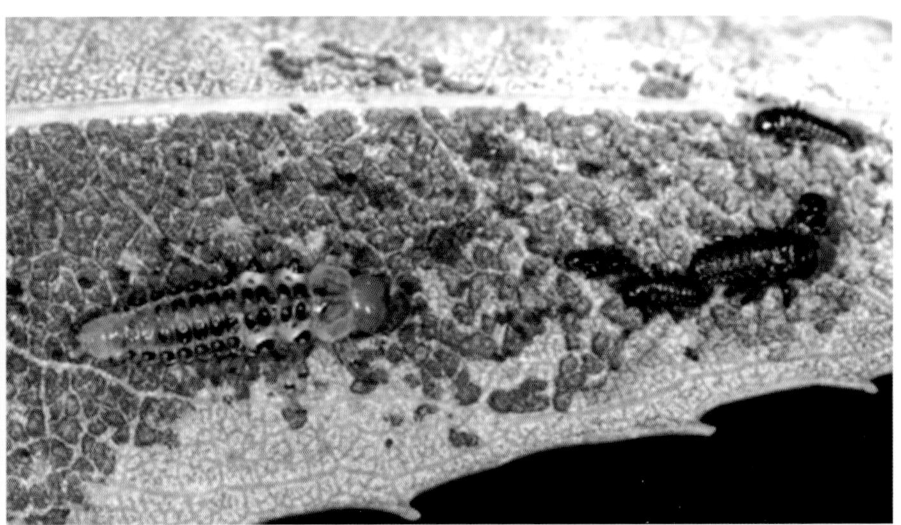

柳十八斑叶甲初孵幼虫（左）及幼虫为害状（李德家　摄）

柳十八斑叶甲老熟幼虫（左）及蛹（李德家 摄）

长椭圆形，长约 1.5 mm，宽约 0.8 mm，鲜黄色，后变为橙黄色。幼虫体初孵时黑色，2 龄后深褐色，老熟时黄色，老熟时体长 9~11 mm，体表有黑色瘤状突起 2 列，气门上线和下线也有突起。蛹体椭圆形，长 7~8 mm，黄色，背有成列黑点，末端留于末龄幼虫蜕皮内。

生物学特性：1 年发生 2 代，以成虫在枯枝落叶层、土缝及树皮缝内越冬。4 月上旬至 4 月中旬（杨、柳发芽放叶期）越冬成虫出蛰，产卵于叶面或叶背，产卵成块状，排列整齐，每卵块有卵 20~54 粒。4 月下旬至 5 月上旬幼虫孵化，6 月可见各种虫态，7 月上旬为危害盛期，老熟幼虫在叶上粘着化蛹，7 月第 2 代成虫出现，至 10 月下旬下树越冬。初孵幼虫群栖取食，被食叶片呈现密密的刻点，低龄幼虫渐分散取食叶肉，被害叶呈网状，老龄幼虫食叶仅留主脉，造成缺刻或全部食光。潮湿的林分中发生较多。成虫有假死性，受振动后装死落地。

分布：东北、华北、华东，宁夏、陕西、甘肃、贵州、四川等地。

115 甘草萤叶甲
Diorhabda tarsalis Weise，1889

分类地位：鞘翅目，叶甲科。

寄主植物：甘草。

甘草萤叶甲成虫交尾状（李德家 摄）

形态特征：体长 5.4~6.0 mm，黄褐色。触角 11 节，黑色，头顶及前胸背板中部各具 1 条黑色条斑，腹部各节基半部黑色。头顶具中沟及较粗的刻点；额瘤长方形，在其之后为较密集的粗刻点；触角达鞘翅基部。前胸背板宽为长的 2 倍，侧缘具发达的边框。鞘翅基部窄，中部之后变宽，肩角突出。腿节粗大，具刻点及网纹。幼虫胸足不发达，体背具 1 条黑纹，腹背两侧各有 8 个黑腺点，其下为 8 个瘤突，并生有短绒毛，身

甘草萤叶甲雄成虫（李德家　摄）

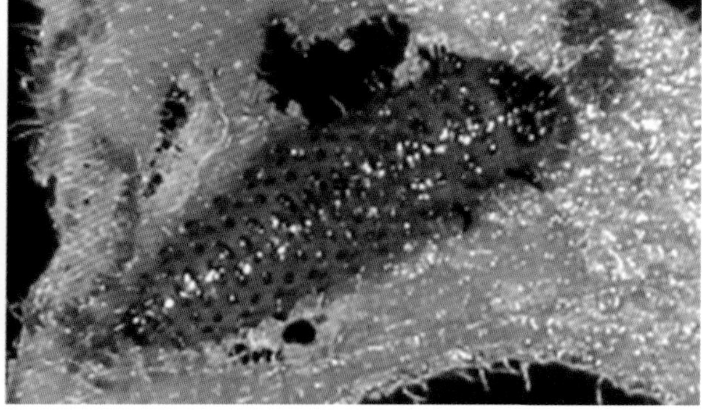
甘草萤叶甲幼虫（李德家　摄）

体其他部位有不规则的瘤突。

生物学特性： 1 年发生 3 代，以成虫在甘草根际及土缝等处越冬。翌年 5 月成虫开始活动，交配后产卵。幼虫共 4 龄，取食甘草叶片，常残留叶脉和上表皮，虫孔周线不齐，严重时甘草田无完整叶片。被害甘草残留叶片橘黄，脱落，严重影响光合作用，植株生长不良。6—8 月发生严重。

分布： 宁夏、甘肃、青海、新疆、河北、山西、内蒙古、辽宁、云南等地。

116 萝藦叶甲 *Chrysochus asclepiadeus*（Pallas，1773）

分类地位： 鞘翅目，肖叶甲科。

别名： 蓝紫萝摩肖叶甲。

寄主植物： 食性杂，最喜欢萝藦科牛皮消。

形态特征： 成虫长 11~14 mm，宽 5.5~6.5 mm，蓝绿色，闪光如翡翠。触角长及体半，着生白色微毛，

萝藦叶甲成虫（李德家　摄）

第 1 节蓝紫色，第 2 节至第 6 节较细，黑褐色，第 7 节至第 8 节加粗，黑色，端节短锥形。头部着生白色短毛，刻点较前胸背板密，唇基点刻尤密而均一。触角基内侧有 1 光滑突起，头顶中缝细而可见。前胸背板横宽，中央隆凸，散布小刻点，侧边圆弧，近后端较直，前后角突起，后缘棱较粗，列有 1 行刻点。小盾片桃形，紫黑色，表面光滑。鞘翅基部略宽于前胸，翅肩有 1 短而弯的纵凹，后面有 1 斜横凹，横贯全翅，凹处多呈紫色。翅面点刻略呈纵行排列。各足腿节布有刻点和短毛，胫节有数行刻点，行间呈纵棱，端部内侧密生黄色绒毛。跗节黑褐色，背面微毛较稀，下面厚密，爪内侧有副齿。中胸腹板舌形，刻点粗密，雄虫中胸腹板的后缘中部有 1 向后指的尖齿。卵为长圆形，长 1.5 mm，宽 0.7 mm，橙色，卵面有细粒突。幼虫白色，头及前盾板淡黄褐色，上唇基有黑色横纹，胸足 3 对，淡色。腹部各节疏生横列黄褐色毛。腹端毛较长而密。第 2 节至第 7 节腹面两侧各生 1 指状肉瘤，瘤上着生褐色长毛 1 根及短毛数根，腹板有 1 列向后倒伏刺毛，第 8 节两侧各有 1 月形赤褐色骨化斑，肛门纵向，两侧有 1 横褐色骨片。前蛹期，体淡褐色，头及足均呈赤褐色。蛹，长 11~13 mm，白色，头、胸背面有排列对称的褐色长毛。各足膝节长毛 2 根，小刺一簇 2~3 根。腹部背毛较密，腹端臀棘 3 对，背面 1 对较长。

生物学特性：1 年 1 代，以老熟幼虫在寄主根部 10 cm 以下土中做土室越冬。次年 5 月中旬化蛹，6 月上旬羽化为成虫，取食寄主叶片，7 月上旬开始产卵，中旬为盛期。卵成块产于寄主根基土缝中，卵期约 8 天。幼虫孵化后即钻入根部啃食根皮，至 11 月越冬。

分布：宁夏、甘肃、内蒙古等地。

117 中华萝藦叶甲
Chrysochus chinensis Baly，1859

分类地位：鞘翅目，肖叶甲科。

别名：大蓝绿叶甲、萝摩叶甲、中华萝藦肖叶甲。

中华萝藦叶甲成虫（李德家 摄）

寄主植物：食性杂，主要取食萝藦科的萝藦、鹅绒藤、地梢瓜、雀瓢、徐长卿，夹竹桃科的茶叶花，豆科的紫云英、黄芪、柠条锦鸡儿，旋花科的甘薯、蕹菜，天南星科的芋，茄科的茄、枸杞等。

形态特征：成虫体长 7.2~13.5 mm，宽 4.2~7.0 mm。长卵形，呈金属蓝、蓝绿、蓝紫色，变异较大。头中央有细纵纹。触角 1~4 节常为深褐色；端 5 节灰暗无光泽；余节为黑色。前胸背板长大于宽；基、端两处较狭，中部之前最宽；盘区具刻点。小盾片蓝黑色，有时中部具 1 个红斑。鞘翅基部宽于前胸，肩胛和基部均隆起，二者间具 1 条纵凹，基部之后有横凹。

生物学特性：1 年 1 代，以老熟幼虫越冬。7 月上旬至 8 月上旬为成虫产卵盛期。卵成块产于寄主根基。成虫食叶，幼虫食根、为害较重。

分布：东北、华北、西北地区，河南、山东、江苏、浙江、湖北等地。

118 甘薯肖叶甲
Colasposoma dauricum Mannerheim，1849

分类地位：鞘翅目，肖叶甲科。

别名：麦茎叶甲、旋花叶甲。

寄主植物：主要取食甘薯、蕹菜、打碗花、小麦、枸杞、文冠果等。

形态特征：成虫，体长 5.0~7.0 mm，宽 3.0~4.0 mm。体色多变，大多铜色和蓝色。头上刻点十分粗密，刻点间距隆起，呈纵皱纹状；唇基中央 1 瘤突；触角较细长，端部 5 节略粗，呈圆筒形而不宽扁。前胸背板侧缘圆，前角尖锐；盘区隆凸，密布粗深刻点。小盾片近方形，刻点较细而稀疏。鞘翅刻点较细小，排列不规则，刻点间距较光平，有细刻点，有时具皮革状细皱纹；雌性外侧肩部后方具较低横皱褶，雄性几乎光滑无皱。

甘薯肖叶甲成虫（李德家　摄）

生物学特性：1 年发生 1 代，多以老熟幼虫在土下 15~25 cm 处做土室越冬；有少数在甘薯内越冬；也有以成虫在岩缝、石隙及枯枝落叶中越冬。越冬幼虫于 5—6 月化蛹，成虫羽化后要在化蛹的土室内生活数天才出土。成虫耐饥力强，飞翔力差，有假死性。成虫产卵为堆产，可产于麦茎、高粱、玉米留在田间的残物中，禾本科杂草的枯茎中、甘薯藤、豆类根茎中，孔口有黑色胶质物封涂。卵孵化后，幼虫潜入土中啃食寄主的根皮或蛀入根内蛀成隧道。当土温下降到 20 ℃以下，大多数幼虫进入土中越冬。

分布：西北、东北地区，内蒙古、河北、山东、山西、河南、江苏、安徽、湖北、四川等地。

119 杨梢叶甲
Parnops glasunowi Jacobson，1894

分类地位：鞘翅目，肖叶甲科。

别名：杨梢肖叶甲。

寄主植物：主要为害美杨、加杨、旱柳等幼苗及幼树的叶柄和新梢，毛白杨次之。食料充足时一般不取食银白杨。

形态特征：成虫，体长椭圆形。雌虫体长 5.4~7.3 mm，宽 2.3~3.4 mm。雄虫体长 5.2~6.6 mm，宽 2.0~2.9 mm。体狭长；底色黑或黑褐，背腹面密被灰白色平卧的鳞片状毛。额、唇基、上唇和足淡棕色或淡棕黄色。头宽，基部嵌于前胸内；复眼内缘稍凹切；唇基横宽，与额愈合，前缘中部稍凹，弧形；上唇横宽，前缘凹切。触角丝状，等于或稍超过体长之半。前胸背板矩形，宽大于长，与鞘翅基部约等宽，前缘稍弧弯，侧边平直，前角圆形，稍向前突出，后角成直角。小盾片舌形。鞘翅两侧平行，端部狭圆，基部稍隆起，肩胛不明显隆起。前胸前侧片前缘稍凹。前胸腹板狭而隆起；中胸背板狭长。足粗壮，中后足胫节端部外侧稍凹切；跗节第 1 节至第 3 节宽，略呈三角形爪纵裂。卵，长椭圆形，长约 0.7 mm，宽约 0.3 mm。初产时乳白色，很快变成乳黄色。幼虫，老熟幼虫体长 10 mm，宽 2.4 mm，头尾略向腹部弯曲，形似新月，头部乳黄色，上颚黄色，胸腹白色。腹部具有不明显的毛瘤，仅气门线上毛瘤较为明显；第 9 腹节具 2 个角状突起，尖端为黄褐色。蛹，乳白色，长 6.2 mm，

杨梢叶甲为害状（李德家 摄）

杨梢叶甲成虫交尾状（李德家 摄）

复眼黄色。前胸背板具有几根黄色刚毛。腹部显见5节，每节上亦有刚毛。尾节有2刚毛。

生物学特性：1年发生1代，以幼虫在土壤中越冬。翌年4月下旬开始化蛹，5月上旬为化蛹盛期且少量开始羽化为成虫，羽化盛期为5月中旬至6月上旬，末期为7月中旬。成虫出土后，即开始上树为害，成虫在7：00前静伏树枝上不动，从7：00开始在树枝上来爬动、取食、交尾，并在树冠上飞行。中午高温时，活动力减弱，17：00以后至太阳落山以前，活动最盛，除取食飞行外，还进行产卵。1次产卵几粒或几十粒。19：00以后成虫停止飞行和产卵活动，仅在树枝上取食，交尾。成虫有假死性，5：00以前尤为明显，此时如猛击树干，成虫便立即坠落地面，呈假死状；但在7：00后猛击树干，虫坠下后随即展翅飞逃，一般为7～8 m，寿命6～13天。卵多产在茅草叶缝内及土壤缝隙中或卷叶螟和卷叶蛾为害的叶片粘连处。每雌产卵16~46粒，卵粒成堆直立，无覆盖物，卵期7~8天。孵化率为93%以上。幼虫孵出后，先在地上爬行，然后入土。幼虫取食杨树或杂草幼根，无群栖性。在土壤中生活以青沙地最为适宜，其次是落沙地与起沙地相连接的紧密土壤中，疏松的土壤很少发现幼虫。幼虫越冬以入土30 cm深处最多。越冬后多上升到12~20 cm深处。幼虫老熟后，在土中做1个蛹室，在蛹室化蛹，蛹期7天。取食部位主要在嫩梢顶端以下5～6 cm处。叶柄与嫩梢被害后，很快萎缩下垂，干枯脱落，也可把叶柄直接咬断。因此凡有成虫危害的林地，地上均布满落叶。危害严重时，可使树木形成光枝秃梢。

分布：宁夏、吉林、辽宁、北京、河北、河南、山西、陕西、甘肃、内蒙古、新疆、江苏、浙江等地。

120 枸杞负泥虫
Lema decempunctata（Gebler，1830）

分类地位：鞘翅目，负泥虫科。

别名：十点叶甲、金花虫。

寄主植物：枸杞属。

枸杞负泥虫成虫、幼虫（李德家　摄）

枸杞负泥虫为害状及叶片上的卵块（李德家　摄）

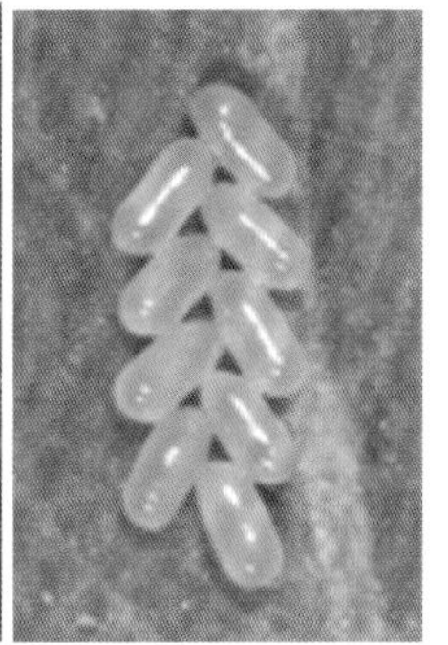

枸杞负泥虫卵块（李德家　摄）

形态特征：成虫，体长 4.5~5.8 mm，头、触角、前胸背板、小盾片蓝黑色；鞘翅黄褐至红褐色，每鞘翅有 5 个近圆形黑斑。鞘翅斑点的数目和大小均有变异，有时全部消失。足黄褐至红褐色，有时足全部黑色。头刻点粗，顶平坦，中央有 1 条纵沟，沟中央有 1 个凹窝；触角粗短，略超鞘翅肩部，第 3 节以后渐粗。前胸背板近方形，两侧中部略收缩；表面平无横沟，散布粗密刻点，基部前的中央有 1 个椭圆形深凹窝。小盾片舌形，末端稍平直。鞘翅基部后稍膨宽，末端圆形；翅面较平，刻点粗大。

生物学特性：1 年发生 3 代，多以成虫在枸杞根部附近的土下等田间隐蔽处越冬。春七寸枝生长后开始危害，以成虫飞翔到栽培枸杞树上啃食叶片嫩梢，成虫喜栖息在枝叶上，产卵于叶面或叶背，黄色卵粒以“人”字形排列，一般 8~10 天卵孵化，幼虫开始大量危害。幼虫、成虫取食枸杞叶片、嫩梢。6—7 月危害最盛，幼虫老熟后入土并吐白丝黏和土粒结成土茧，化蛹其内。10 月初，末代成虫羽化，10 月底进入越冬。

分布：宁夏、辽宁、河北、山西、陕西、内蒙古、甘肃、青海、新疆、山东、江苏、浙江、江西、湖南、福建、广东、四川、西藏等地。

121 柳沟胸跳甲
Crepidodera pluta（Latreille，1804）

分类地位：鞘翅目，叶甲科。

别名：杨方凹跳甲。

寄主植物：杨、柳、枸杞、艾蒿等。

形态特征：体长 2.8~3.0 mm，背面蓝色或绿色，前胸背板常带金红色金属光泽；触角基部 4 节淡棕黄色，其余黑色，触角可伸达鞘翅基部 1/3 处，第 1 节粗大；足棕黄色，后足腿节大部分深蓝色，粗大；鞘翅上具 10 列刻点。

生物学特性：1 年 1 代，以成虫在枯枝落叶、土中越冬。成虫取食柳、杨叶片。5—6 月、8、9 月可见成虫，具趋光性。

分布：宁夏、甘肃、北京、上海、黑龙江、吉林、河北、山西、湖北、云南、西藏等地。

柳沟胸跳甲成虫及为害状（李德家　摄）

122 枸杞毛跳甲
Epitrix abeillei（Bauduer，1874）

分类地位：鞘翅目，叶甲科。

寄主植物：枸杞。

形态特征：成虫体长 1.6 mm，宽 0.9 mm，卵圆形，黑色，触角、腿端、胫节及跗节黄褐色。复眼黑色。头顶两侧各有粗刻点 3、4 个，上生数根白毛，前面以"V"形细沟与额隔开，额中隆突，前部疏生白毛。触角基部上方有 2 个刻点，上生 2 毛。触角 11 节，长略及体半，第 1、2 节较粗，第 3、4 节略细，以后各节依次加粗，各节密生微毛，以节端 2 毛较长。前胸背板周缘具细棱，列生白毛，侧缘略呈弧形，有细齿，背面刻点粗密。后缘向后弯，前方两侧各有 1 小凹陷。小盾板半圆形，无刻点。鞘翅肩角弧形，内侧有 1 小肩瘤。翅面刻点组列成行，行间生 1 行整齐的白毛。后足腿节粗壮，下缘有 1 条容纳胫节的纵沟，胫节具 1 小端距。

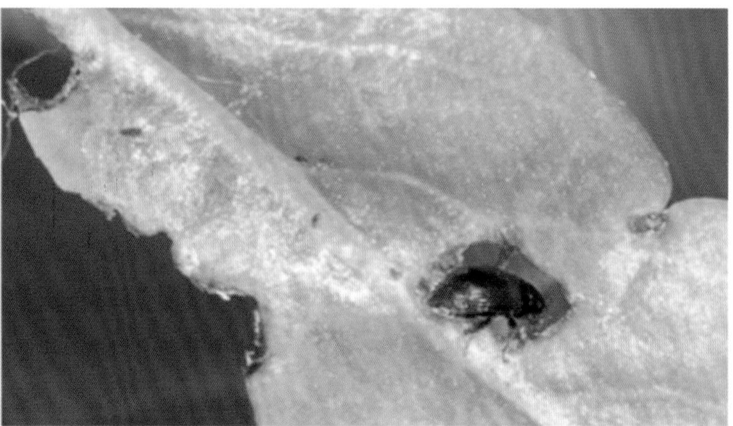

枸杞毛跳甲成虫及为害状（李德家　摄）

生物学特性：代数不详。以成虫在株下土中或枝条上挂的枯叶中越冬，4 月上旬枸杞发芽时开始活动，中旬为盛期，食害新芽，生长点被破坏，新芽不能抽出，展叶后在叶面啃食叶肉成坑点，严重时坑点相连成枯斑，叶片早落，并食害花器及幼果，使果实不能成长或残缺不整。生长期间均有成虫为害，以 6—8 月为最多，多集于梢部嫩叶上，1 片叶上，常有数虫为害，稍有惊扰即弹跳落地或飞逸。

分布：宁夏、甘肃、新疆、陕西、河北、山西等地。

123 枸杞血斑龟甲
Cassida（*Tylocentra*）*deltoides* Weise，1889

分类地位：鞘翅目，龟甲科。

寄主植物：枸杞。专食性害虫。

形态特征：成虫，长 4~5 mm，宽 3~4 mm，黄绿色，周缘淡黄色，体酷似 1 种绿色瓢虫。鞘翅中缝上常有 3 个红色或黑紫色斑块，有时 3 斑相连或全部消失，无斑个体约占 60%。小盾板舌形，其附近的鞘翅基部呈现一平面三角形区，上布刻点，翅面其他刻点成不甚整齐的行列。触角黄绿色。各足跗节黄褐色。卵，长 1 mm，长圆形，黄绿色，卵面有微细花纹。卵粒外常覆 1 层黑褐色胶质保护物，表面粗糙，外观酷似 1 粒虫粪，常 2~8 粒卵相互挤压在一起，剥开保护物才可见到黄绿色卵粒，卵多

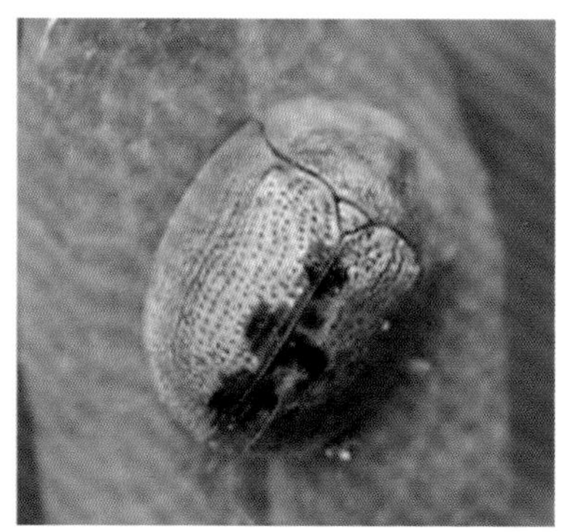

枸杞血斑龟甲成虫（李德家　摄）

枸杞血斑龟甲幼虫（李德家　摄）

产在叶片尖部。幼虫老熟时长 5.5 mm，宽 2~7 mm，黄绿色，上下略扁，腹端拖有 5 个相连成串的褐色脱皮壳，因第 1 皮壳极小，不易辨认，故肉眼只可看出 4 个皮壳。皮壳常拖在尾后或卷翘在背部，对幼虫有伪装和保护作用。幼虫的前胸两侧各有 4 齿，前 2 齿有细分齿。中、后胸侧各有 2 齿，齿端均向前指。腹侧各节有 1 齿，较短，均向后指。蛹，椭圆形，长 5 mm，宽 3.3 mm，黄绿色，前胸背板宽扁而色淡，前缘弧形，中央有 1 缺刻或无，侧缘稍内弯，后侧角延长，有 1 对小齿。腹部背板散布白色小点，侧缘扁薄而色淡，第 1 腹节两侧各有 1 黑色小突起，腹端拖有 6 个脱皮壳。本种与枸杞龟甲酷似，且常混生，易于混淆，在宁夏以本种占绝大多数。本种体表有蓝绿色反光，鞘翅缝一般有 3 个紫红色斑。枸杞龟甲为黄绿色，仅在小盾板两侧三角区有血红色斑，后胸侧板常有金色闪光。幼虫和蛹的形态，两者区别则明显得多。

生物学特性：1 年 3 代，以成虫在寄主下土中及枯叶下越冬。4 月上旬出蛰活动，取食枸杞新叶，中旬交配产卵。卵产于叶片端部，呈黑色虫粪状，下旬达产卵盛期和幼虫孵化初期。成虫寿命较长，可连续产卵至 5 月中旬，因之世代重叠，虫态混生。第 1 代幼虫于 5 月上旬至下旬为害，蚕食梢叶成孔洞缺刻，严重时可将梢叶食光。幼虫有 6 个龄期，5 月下旬至 6 月上旬幼虫老熟，陆续固着叶上化蛹，羽化为第 1 代成虫，7 月上旬为第 2 代，8 月下旬为第 3 代，10 月间以末代成虫在树下枯叶中越冬。

分布：宁夏、陕西、甘肃、青海、新疆、山西、江西等地。

124 柠条豆象
Kytorhinus immixtus Motschulsky，1874

分类地位：鞘翅目，豆象科。

寄主植物：柠条锦鸡儿、甘草。

形态特征：成虫，体长椭圆形，长 3.5~5.5 mmm，宽 1.8~2.7 mm。体黑色，触角、鞘翅、足黄褐色。头密布细小刻点，被灰白色毛。触角 11 节，雌虫触角锯齿状，约为体长的 1/2；雄虫触角栉齿状，与体等长。前胸背板前端狭窄，布刻点，被灰白色与污黄色毛，中央稍隆起，近后缘中间有 1 条细纵沟。小盾片长方形，后缘凹入，被灰白色毛。鞘翅具纵刻点沟 10 条，肩胛明显，鞘翅末端圆形；翅面大部分为黄褐色，基部中央为深褐色，被污黄色毛，基部近中央有 1 束灰白色毛；两侧缘间略凹，两端向外扩展。腹部末 2 节外露，布刻点，被灰白色毛。卵，椭圆形，长约 0.2 mm，宽约 0.1 mm，初产时淡黄色，孵化前变为褐色。幼虫，老熟时体长 4~5 mm。头黄褐色，体淡黄色，多皱纹，弯曲呈马蹄形。蛹，淡黄色，长 4~5 mm，宽 3 mm。

生物学特性：1 年发生 1 代，以老熟幼虫在种子内越冬，翌春化蛹，4 月底至 5 月上中旬羽化、产卵，5 月下旬孵出幼虫，8 月中旬幼虫即进入越夏过冬期。老熟幼虫还有滞育现象，长达 2 年之久。成虫出现与柠条开花、结荚相吻合。成虫飞翔力较强，行动迅速，遇惊即飞；雄虫比雌虫更甚。成虫白天栖息于阴暗处，傍晚飞出活动，不断用头管插入花筒吸取蜜汁，并取食萼片或嫩叶作为补充营养。成虫羽

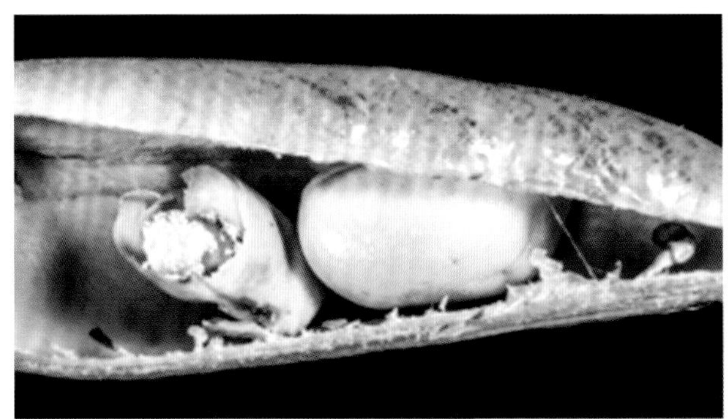
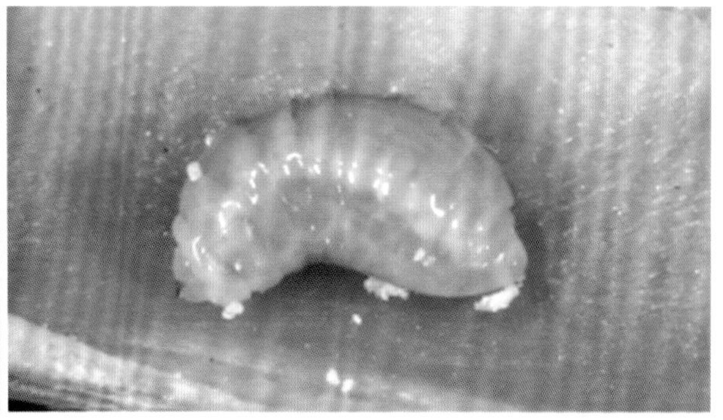

柠条豆象害状及幼虫（李德家 摄）

柠条豆象卵（李德家 摄）

柠条豆象雌成虫（李德家 摄）

化2~3天交尾、产卵。雄虫寿命7~8天，雌虫8~12天，最长19天。卵散产于果荚外侧靠近萼冠外，每果荚有卵3~5粒，最多达13粒。卵期11~17天。幼虫多从卵壳下部钻入果荚内，个别幼虫从卵壳旁或爬行一段时间后再钻入果荚，虫道为直孔。幼虫多从种脐附近蛀入种子为害。幼虫共5龄，1头幼虫一生只为害1粒种子。幼虫在豆粒中蛀食，虫体伸缩可使虫粒跳动碰碰作响，又称"跳豆"，虫粒常高达50%，严重影响种子收获与繁殖。被害种子的种皮呈黑褐色，表面多有小突起，常有胶液溢出，与健康种子极易区别。该虫发生危害的规律是纯林重于混交林，疏林重于密林，未平茬林分重于平茬林分。

分布：宁夏、黑龙江、内蒙古、宁夏、陕西、甘肃、新疆、青海等柠条种植区。

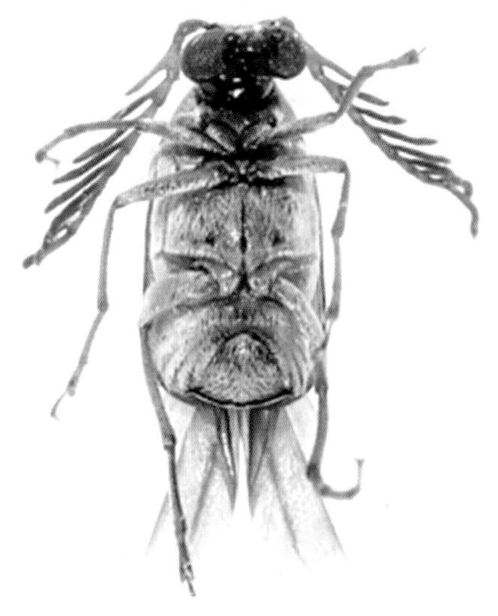

柠条豆象雄成虫（李德家 摄）

125 紫穗槐豆象
Acanthoscelides pallidipennis（Motschulsky，1873）

分类地位：鞘翅目，豆象科。

寄主植物：紫穗槐。

形态特征：成虫体长 2.5~3.0 mm，宽 1.3~1.5 mm，卵圆形，灰黑色或黑色，头较小，头顶密布圆刻点及稀疏细白毛；额中线不明显；复眼肾形，大而突出；触角 11 节，锯齿状；前胸背板中部稍隆，有 3 条明显纵毛带，中间的毛带贯穿整个背板，两侧的则稍短；小盾片方形，密布白色细毛，基部凹窝状，其两侧角状突；每翅 10 条刻点沟；雄性臀板向腹面强烈弯曲，雌性腹面臀板不可见。

生物学特性：1 年 2 代，以 2~4 龄幼虫在紫穗槐种子内越冬。翌年 5 月中旬至下旬在种子内化蛹，蛹期 7 天左右。5 月下旬始见第 1 代成虫，6 月上旬为成虫羽化盛期。成虫飞翔力强；喜在紫穗槐花序和种荚间爬行，受惊后有坠地假死习性；晴天气温较高时活动力增强。成虫取食紫穗槐花蜜，啃食花瓣和幼嫩种荚皮。1 头幼虫只为害 1 粒种子。

分布：宁夏、陕西、甘肃、新疆、内蒙古、北京、天津、河北、河南、山东、江西、浙江、东北等地。

紫穗槐豆象成虫（李德家　摄）

126 臭椿沟眶象
Eucryptorrhynchus brandti（Harold，1881）

分类地位：鞘翅目，象甲科。

别名：椿小象、气死猴。

寄主植物：臭椿、千头椿。

形态特征：成虫，体长约 11.5 mm，体宽约为 4.6 mm；黑色，略发光。额部比喙基部窄得多。喙的中隆线两侧无明显的额沟。头部布有小刻点；前胸背板及鞘翅上密被粗大刻点。前胸前窄后阔。鞘翅坚厚，左右紧密结合。前胸几乎全部、鞘翅肩部及其端部 1/4 处（除翅瘤以后的部分）密被雪白鳞片，仅掺杂少数赭色鳞片，鳞片叶状。其余部分则散生白色小点。鞘翅肩部略突出。卵，长圆形，黄白色。幼虫，长 10~15 mm，头部黄褐色，胸、腹部乳白色，每节背面两侧多皱纹。蛹，长 10~12 mm，黄白色。

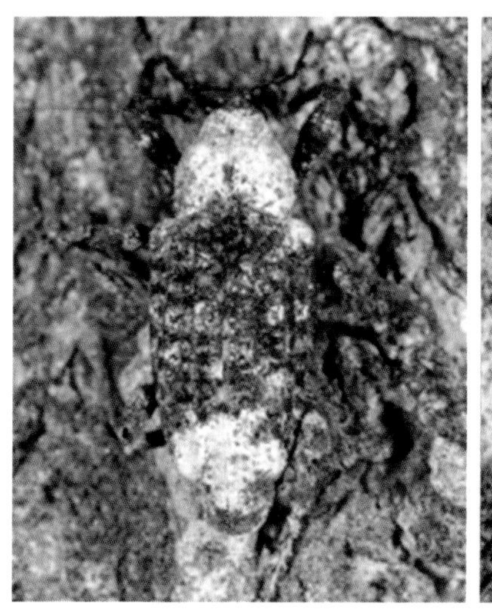

臭椿沟眶象成虫（李德家 摄）

臭椿沟眶象成虫交尾状（李德家 摄）

臭椿沟眶象蛹（王红 摄）

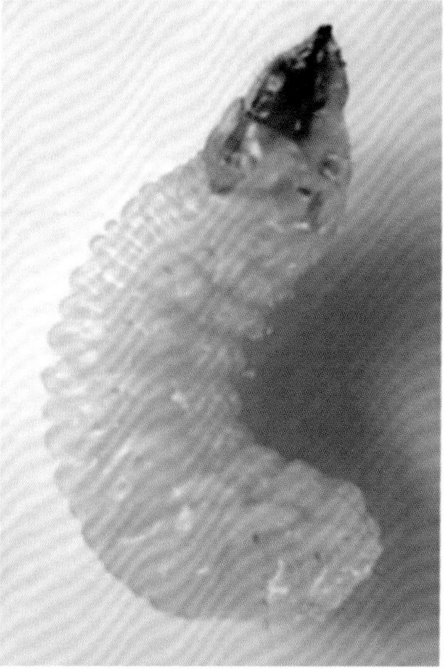

臭椿沟眶象幼虫（王红 摄）

臭椿沟眶象卵（姚国龙 摄）

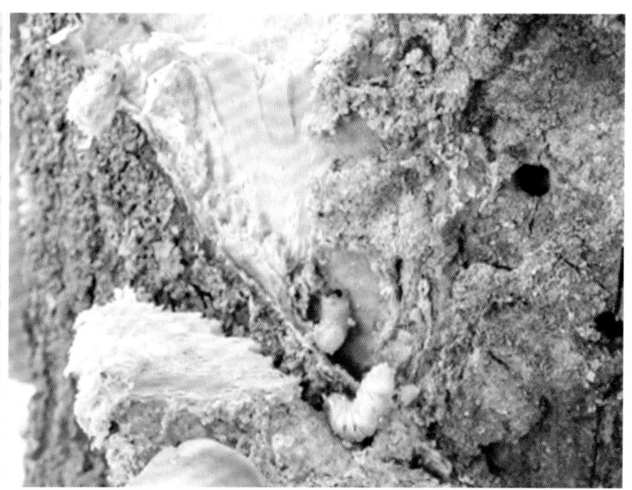

臭椿沟眶象为害状（姚国龙 摄）

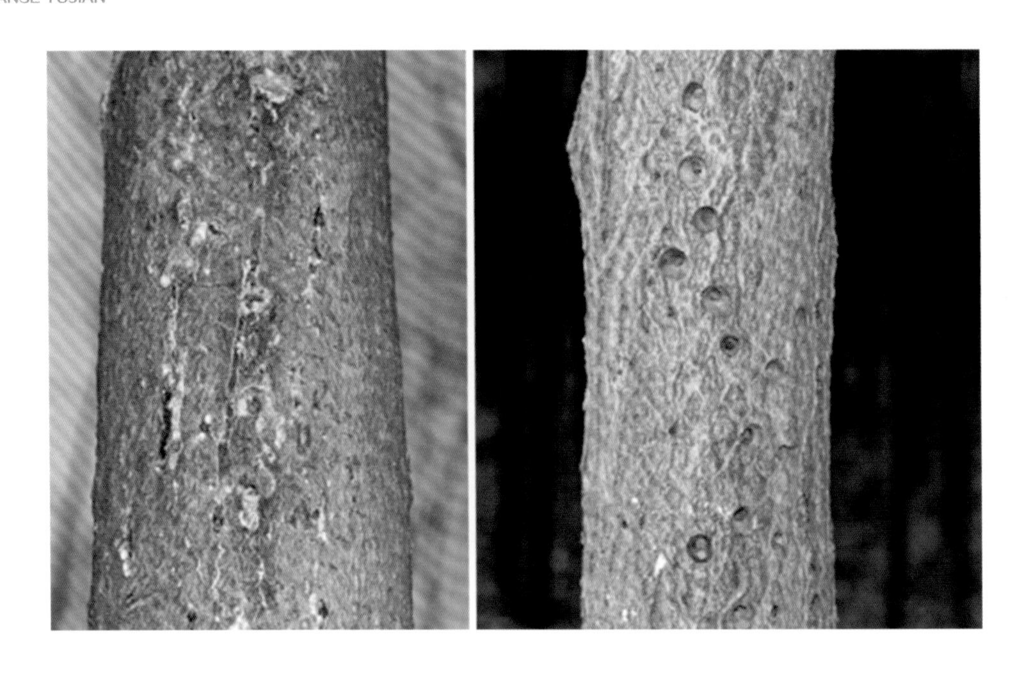

臭椿沟眶象为害状（李德家　摄）

生物学特性：该虫多在树干上产卵，主要蛀食寄主树干、大枝的树皮和木质部，危害严重时造成树势衰弱以致死亡。在北方 1 年 1 代，以幼虫和成虫在树干内和土内越冬，成虫产卵时先咬破树皮，将卵产于孔内，并用喙将卵推至树皮深处。产卵处后期多流有白色液体。5 月底幼虫孵化危害。以幼虫越冬的翌年 5 月间化蛹，老熟幼虫先在树干上咬 1 个圆形羽化孔，然后以蛀屑堵塞侵入孔，以头向下在蛹室中化蛹，蛹期 10~15 天，6、7 月间成虫羽化、产卵。8 月下旬幼虫孵化危害。在树干基部越冬的成虫寿命可达 7 个月。

分布：宁夏、北京、河北、山西、山东、河南、甘肃、陕西、青海、辽宁、吉林、黑龙江、江苏、上海、安徽、四川、贵州、福建等地。

127 沟眶象
Eucryptorrhynchus scrobiculatus（Motschulsky，1853）

分类地位：鞘翅目，象甲科。

异名：*Eucryptorrhynchus chinensis*（Olivier，1790）。

别名：椿大象、气死猴。

寄主植物：臭椿、千头椿。

形态特征：沟眶象前胸背板多为黑色，前胸背板和鞘翅上掺杂有赭色。成虫，体长 13.5~18 mm，宽 6.6~9.3 mm；长卵形，凸隆黑色，略发光。头喙长于前胸，触角着生处以后的部分为圆筒形，具中隆线；着生处以前的喙较窄而扁，发光，端部放宽。前胸背板宽大于长，中间以前最宽，向后渐窄；基缘凹形，小盾片前略后弧凸；前缘明显凸出；盘区中纵线贯全长。小盾片略呈圆形。鞘翅长 1.5 倍于宽，肩部最宽，向后渐缩，肩斜很突出，端部钝圆；肩部覆白鳞片，端部约 1/3 主要覆白色鳞片，沿鞘缝

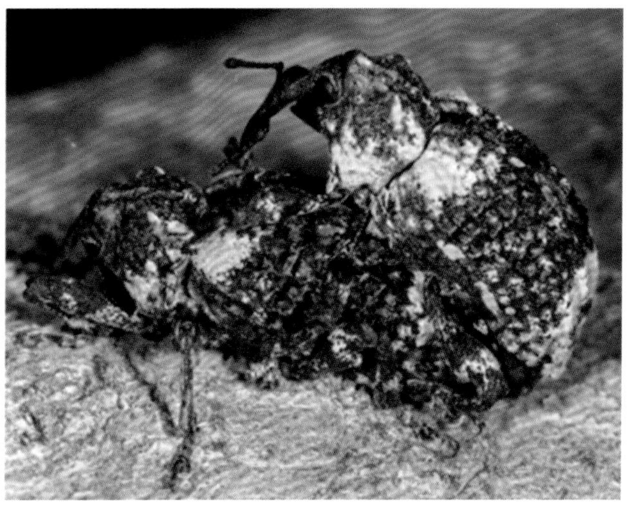

沟眶象成虫及交尾状（李德家 摄）

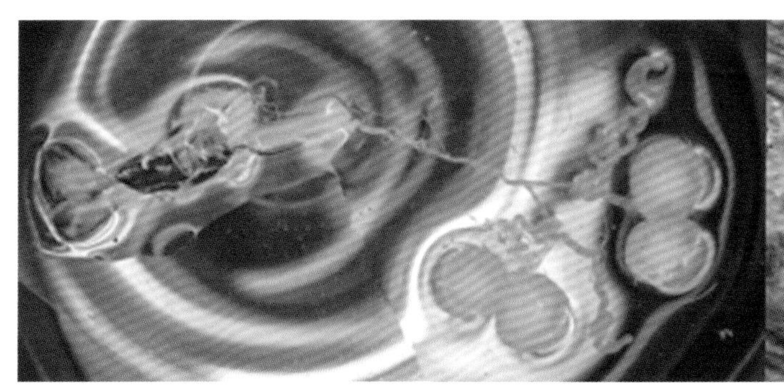

沟眶象雄性内生殖系统（李德家 摄）

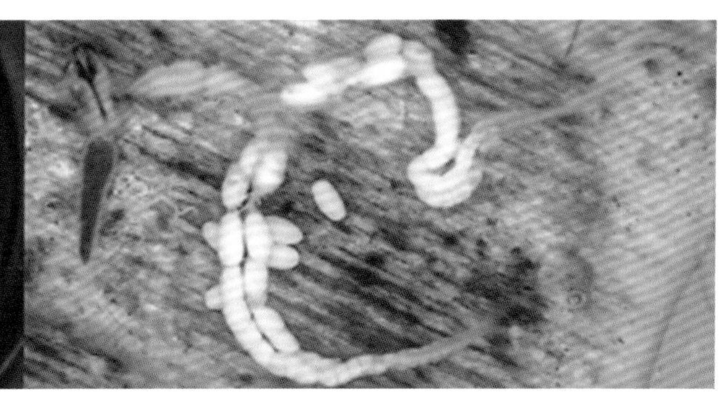

沟眶象雌性内生殖系统（李德家 摄）

沟眶象卵（李德家 摄）

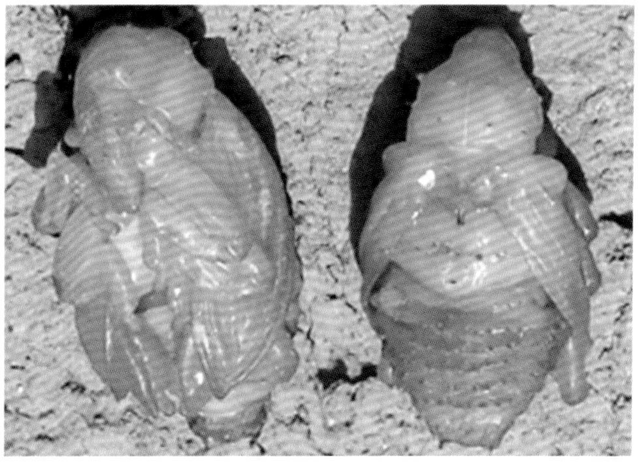

沟眶象蛹（李德家 摄）

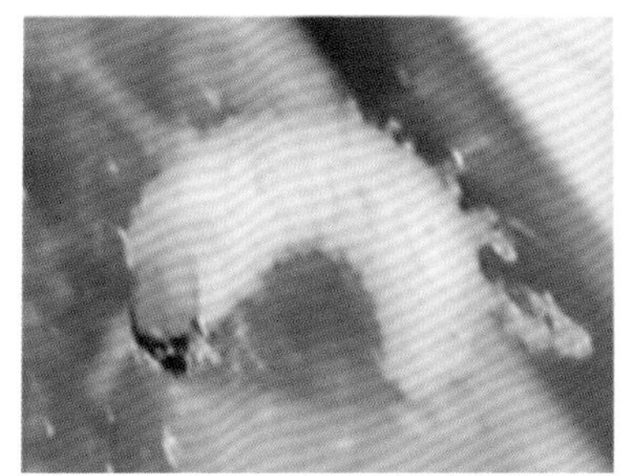
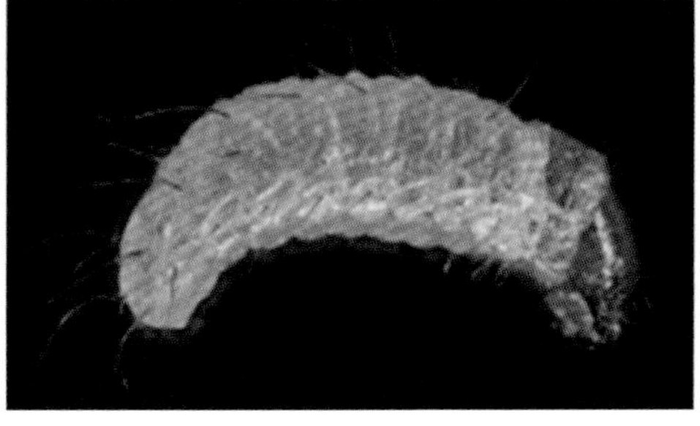
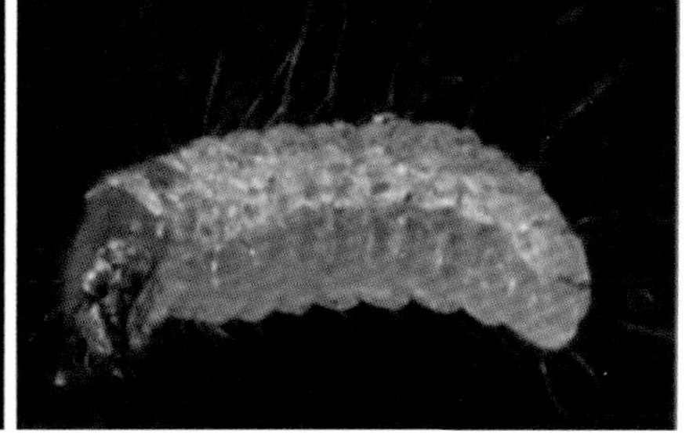

沟眶象1龄幼虫（李德家 摄）

沟眶象各龄幼虫（李德家　摄）

沟眶象为害状（李德家　摄）

沟眶象为害状（李德家　摄）

散布点状赭鳞片，其他部分散布零星白鳞片；行纹宽，刻点大，多呈方形，行间窄得多，奇数行间较隆。

生物学特性：该虫多在根际和根部产卵，幼虫主要蛀食根部和根际处。在北方 1 年 1 代，以幼虫和成虫在根部或土中越冬。各虫期发生不整齐。从成虫越冬的翌年 4 月下旬开始活动，4 月下旬至 5 月中旬为成虫盛发期，成虫具假死性，如受惊扰即卷缩坠地，雄虫很快恢复活动（约 1 分钟），雌虫较慢（约 5 分钟）。4 月、6 月、7 月和 10 月均可发现成虫交尾，卵期 8~9 天，初孵幼虫先食害皮层，稍长大即可蛀入木质部为害。随着虫体增大，食量增加，蛀入坑道也增大。危害严重时造成树势衰弱以致死亡。

分布：宁夏、北京、河北、山西、山东、河南、甘肃、陕西、青海、辽宁、吉林、黑龙江、江苏、上海、安徽、四川、贵州、福建等地。

128 云杉树叶象 *Phyllobius* sp.

分类地位：鞘翅目，象甲科。

别名：云杉叶象、云杉叶象甲等。

寄主植物：云杉、落叶松。

形态特征：成虫，体长 7~8 mm、宽 2.5~3.0 mm，灰褐色。雄成虫较雌成虫略小。复眼为黑色，椭圆形半凸起。触角膝状，呈红褐色，着生白色绒毛，触角间的宽略大于额宽的 1/2；触角沟坑状，位于喙的背面端部，外缘扩大为喙耳；柄节弯，长略过前胸前缘，索节 1 长于索节 2，索节 3、4 节圆锥形，长大于宽，索节 5~7 节膨大呈棒状。喙短粗而直，长略大于宽，两侧近于平行，背面略洼。前胸宽大于长，前后端宽约相等，两侧相当凸，前后缘近于截断形，背面沿中线略突出；前胸背板上有 1 个由黑色短毛排列呈放射状的圆形图案。小盾片半卵圆形、较小，白色，长大于宽，端部钝；鞘翅两侧平行，肩明显，鞘翅中央各有 1 块白色斑块，并各具 10 条刻点列，行间近于扁平。足腿节膨大略呈棒形，无齿。卵，

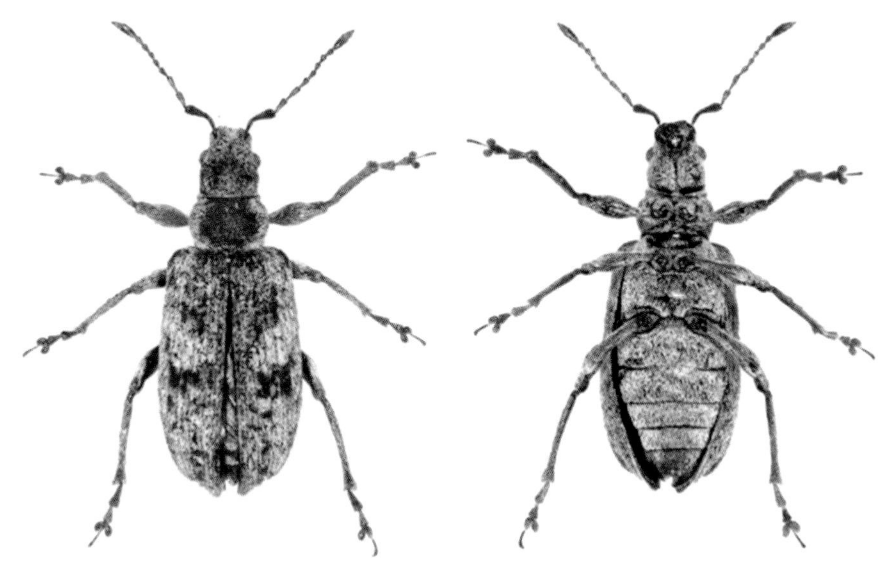

云杉树叶象成虫（李德家 摄）

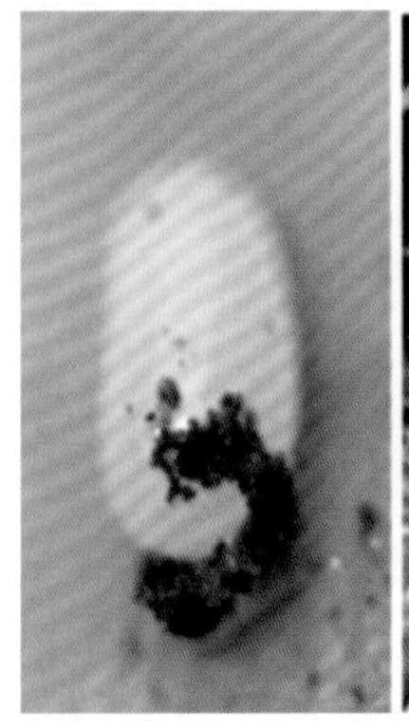
云杉树叶象卵
（赵海安　摄）

云杉树叶象幼虫（李德家　摄）

云杉树叶象蛹（李德家　摄）

椭圆形，长1.0~1.2 mm，乳白色。幼虫，体长 5~7 mm，呈乳白色或淡褐色，形状呈“C”形，上着生白色绒毛。头呈红褐色，胸部略有3对乳状凸起。蛹，椭圆形，体长 5~6 mm，乳白色或淡褐色，复眼红褐色，头管向下至前胸，前端有1对明显的褐色的齿，触角柄节紧贴头部，鞭节向下伸至后足腿节处，后足腿节和胫节呈三角形，外露在鞘翅外端，腹部有乳状突起，上着生白色绒毛。

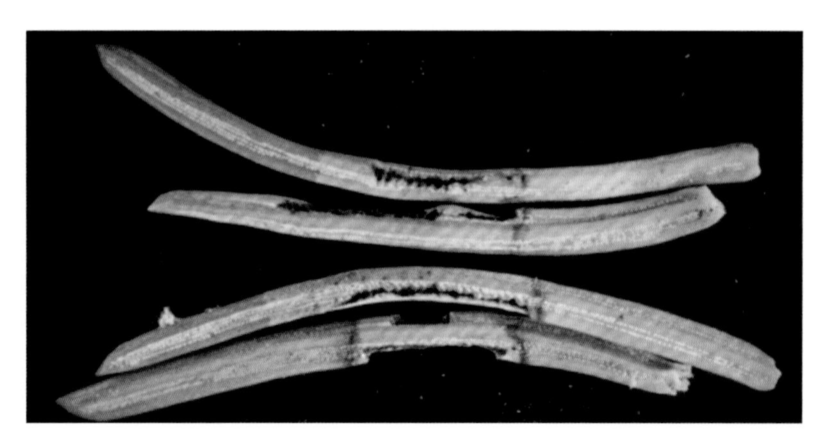
云杉树叶象对云杉针叶为害状（李德家　摄）

生物学特性：1年1代，以幼虫在落叶层下的土壤中越冬。成虫于5月下旬开始羽化，6月上中旬为羽化盛期，初羽化成虫留土室内，2~3天出土补充营养。取食云杉、落叶松针叶，造成针叶呈缺刻状，

云杉树叶象对云杉为害状（李德家　摄）

随后逐渐干枯。成虫具群聚性和假死性。7月中下旬为产卵盛期，产卵于枯落叶下。产卵量25~30粒，卵期40~50天。9月上中旬幼虫开始活动取食腐殖质。幼虫主要分布在地表枯落物土层5~30 cm范围。10月下旬开始，幼虫常聚集土室越冬，翌年4月下旬开始活动，取食腐殖质及寄主根系。

分布：宁夏（六盘山区）、甘肃、四川等地。

129 枣飞象
Scythropus yasumatsui Kôno & Morimoto，1960

分类地位：鞘翅目，象甲科。

别名：枣芽象甲、枣月象、小灰象鼻虫等。

寄主植物：主要为害枣、桃、苹果、杨、泡桐。

形态特征：成虫，体长约4 mm（喙除外），灰白色。雄虫色较深，喙粗。背面两复眼之间凹陷。前胸背面中间色较深，呈棕灰色。鞘翅弧形，每侧各有细纵沟10条，两沟之间有黑色鳞毛，鞘翅背面有模糊的褐色晕斑，腹面银灰色。后翅膜质，能飞。卵，长椭圆形，初产时乳白色，后变棕色。幼虫，乳白色，长约6 mm，略弯曲，无足。蛹，灰白色，长约4 mm。

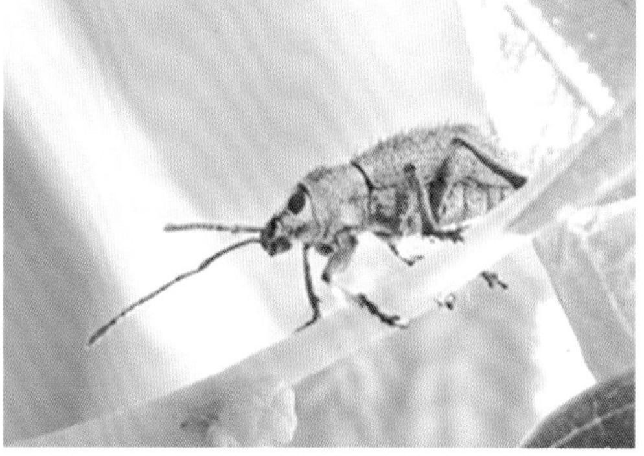

枣飞象雌成虫（左）、雄成虫（右）（李德家　摄）

枣飞象成虫交尾状（李德家　摄）

生物学特性： 1 年发生 1 代，以幼虫在土中越冬。翌年 2 月下旬至 3 月上旬化蛹，3 月中旬至 5 月上旬成虫羽化。成虫羽化后即出土食害嫩芽，芽受害后长时间不能重新萌发。重发的新芽，枣节生长短，仅能结少量晚枣，且质量差。如幼叶已展开，则将叶尖咬成半圆形或呈锯齿形缺刻，或食去叶尖。5 月以前由于气温较低，成虫在无风天暖的中午前后上树最多，危害最凶。早晚天凉，多在近地面土中潜伏。5 月以后，气温增高，成虫喜在早、晚活动危害。成虫受惊有坠地假死习性。如白天气温高时往往在着地前或落地后即展翅飞逃。雌虫寿命平均 43.5 天，雄虫 36.5 天。雌虫产卵于枣树嫩芽、叶面、枣股翘皮下或脱落性枝痕裂缝内。每个卵块 3~10 粒。每雌一生可产卵 100 多粒。卵期 12 天左右。5 月上旬至 6 月中旬，幼虫孵出后，沿树干下树，潜入土中，取食植物细根，9 月以后下迁至 30 cm 左右深处越冬。翌春气温回升时，再上迁地表 10~20 cm 深处活动，化蛹时在距地面 3~5 cm 处做土室。

分布： 宁夏、河北、山东、江苏、河南、陕西、山西、四川、广西、云南、湖南等地。

130 榆跳象
Rhynchaenus alni（Linnaeus，1758）

分类地位： 鞘翅目，象甲科。

异名： *Orchestes alni*（Linnaeus，1758）。

别名： 榆潜叶象甲。

寄主植物： 榆属。

形态特征： 成虫，体黄褐色，长 3.0~3.5 mm，全身密被倒伏刚毛，头黑色，满布大瘤突。眼大，几乎占据头部绝大部分；喙长，向下折；触角着生于喙基部 1/3 处，柄节长，索节 6 节，棒卵圆形。喙、小盾片、中胸及后胸腹板、腹部第 1、2 腹板均黑褐色；触角、前胸和鞘翅黄色，前胸两侧和鞘翅肩部有数根长而直立的刚毛；鞘翅肩部突出，背面中间前后各有 1 条褐色横带。前、中足短小，后足腿节特别粗壮，腹面有若干个刺。卵，长椭圆形，一端略小。长约 0.7 mm，宽约 0.3 mm，无色透明至米黄

榆跳象成虫（李德家　摄）

榆跳象为害状（李德家 摄）

色。幼虫，乳白色，体长约 3 mm，头部黄褐色，身上皱褶无刚毛。老熟幼虫上颚发达，额中央有 1 条深色纵沟，前胸背板黑褐色，中央有 1 条乳白色纵带，腹板有 3 个排列呈倒三角形的黑斑，腹部背中线下凹，青色，每节背面和两侧均有瘤突，上面着生白色刚毛，腹末第 2 节为 1 个黑色骨化环。通体密布细小黑色颗粒。蛹，乳白色至黄色，长约 2.5 mm。头部色深。头顶及胸部每节背面均有 2 根硬刚毛，胸部每节两侧各有 2 根刚毛，翅透明，卷向腹面，翅面刻点列明显，腹末有短棘两根。

生物学特性：1 年发生 1 代，以成虫于榆树粗皮裂缝或伤疤翘皮下枯枝落叶层、地表松土中越夏和越冬。4 月中旬出蛰，取食榆树幼芽、嫩叶补充营养，出蛰盛期在 4 月下旬至 5 月上旬，4 月下旬交尾产卵，卵期 10 天左右，5 月上旬孵化，5 月下旬幼虫开始化蛹。成虫一般在 6 月中旬至下旬羽化，取食一段时间后于 7 月中旬潜伏越夏，秋末大多数越夏成虫转入落叶层或地表松土、树皮裂缝中越冬。成虫取食叶片，幼虫潜叶为害，叶片被害部位鼓起变黄，受害严重时全林如同火烧。成虫取食榆叶上表皮和叶肉，使其残留网状，致叶早落，一般梢部嫩叶上发生较重。雌成虫产卵时先用喙管在叶背主脉中间处咬 1 产卵孔，然后掉转腹部产 1 粒卵。一般 1 叶 1 粒，单雌产卵量 30 粒左右，卵孵化率 93.3%。成虫白天活动，无趋光性，有假死性。幼虫期约 14 天，初孵幼虫钻蛀叶肉内取食为害，使叶片受害部分膨大隆起，形成泡囊，远看树冠一片枯黄，老熟幼虫可以跳跃。蛹期 13 天左右，成虫羽化孔呈圆形，直径 1.5 mm 左右，80% 的羽化孔在叶正面，初羽化的成虫色浅，斑纹不明显，取食几天后，鞘翅上斑纹逐渐显著。

分布：宁夏、甘肃、内蒙古、陕西、辽宁、吉林、北京、天津、河北、山东、安徽、江苏、上海等地。

131 亥象
Heydenia crassicornis Tournier，1874

分类地位：鞘翅目，象甲科。

寄主植物：茵陈蒿、锦鸡儿属、榆、文冠果、苜蓿等多种植物。

形态特征：体长 3.5~4.5 mm。体卵球形，体壁黑色。触角、足黄褐色，被覆石灰色圆形鳞片。触角和足散布较长的毛，头和前胸的毛很稀。喙粗短，端部扩大，两侧隆，中间呈沟状。触角位于侧面，颇弯，柄节直，向端部渐宽；索节 3~7 节宽大于长，棒卵形。前胸宽大于长，两侧略圆，有 3 条褐色纹。鞘翅近球形，行间有 1 行很短而倒伏毛，鞘翅行间 4 之间有 1 个褐色斑，其后缘为弧形，长达鞘翅中间，

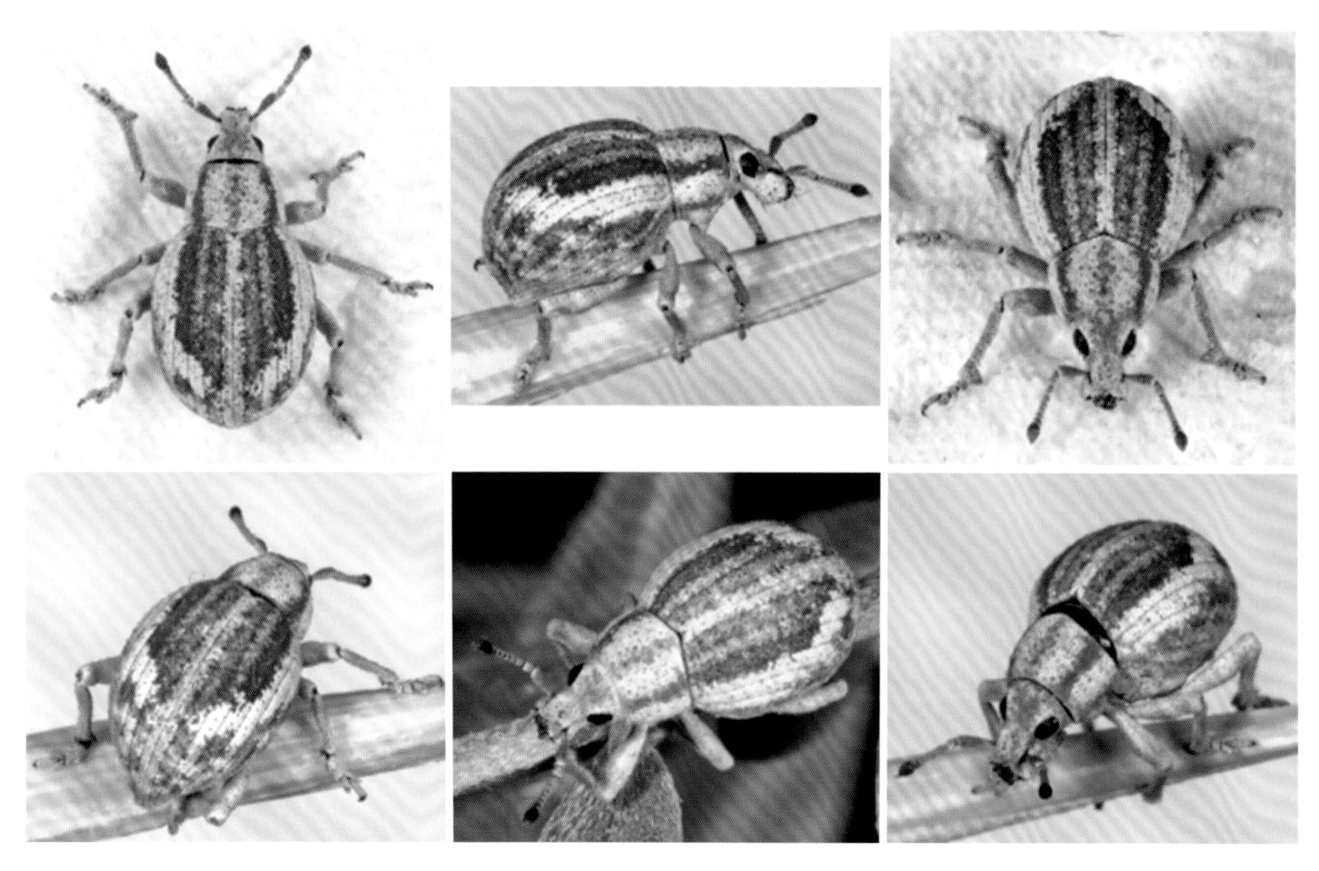

亥象成虫（李德家　摄）

褐斑后外侧形成 1 淡斑，二斑之间形成 1 条灰色“U”形条纹。足粗，腿节棒状，胫节直，胫窝关闭，跗节宽，爪合生。

分布：宁夏、甘肃、青海、内蒙古、河北、山西、陕西等地。

132 梨虎 *Rhynchites foveipennis* Fairmaire，1888

分类地位：鞘翅目，象甲科。

别名：梨象甲、梨虎象甲、朝鲜梨象甲、梨实象甲。

寄主植物：梨、苹果、花红、山楂、杏、桃等。

形态特征：成虫，体长 12~14 mm，暗紫铜色，有金属闪光，头管较长，头部全长与鞘翅纵长相等。雌虫头部较直，触角着生于头管中部；雄虫头管先端向下弯曲，触角着生在头管端部的 1/3 处。触角膝状 11 节，端 3 节显著宽扁。前胸背面中部有 3 条凹纹略呈“小”字形，鞘翅上刻点粗大，呈 9 纵行。卵，椭圆形，长 1.5 mm 左右，乳白色。幼虫，体长 12 mm 左右，乳白色，12 节，体表横皱略向腹面弯曲，头小，大部分缩入前胸内，头前半部和口器褐色，胸足退化。蛹，长 9 mm 左右，裸蛹乳白色。

生物学特性： 1 年发生 1 代，以成虫潜伏蛹室内越冬。少数个体 2 年 1 代，以幼虫越冬，翌年夏、秋羽化，如不出土则继续越冬，直至第 3 年出土。越冬成虫在梨花开放时出土，以梨果拇指大时出土最多。成

梨虎成虫（李德家 摄）

虫出土后飞到树上，白天活动，以晴朗天气中午前后活动最为活跃。成虫经过补充营养1~2周开始产卵，产卵时先将果柄基部咬伤，然后转身到果实上咬一小孔，产卵1~2粒。6月下旬到7月中旬为产卵盛期，致落果较为严重。每雌1天可产卵1~6粒，一生可产卵20~150粒，产卵期长，因而造成发生期很不整齐。卵经6~8天孵化，幼虫在果内蛀食。被害果常因成虫咬伤果柄或产卵后遇大风暴雨而造成大量落果。幼虫即在落果中继续蛀食，经20余天老熟，则脱果入土。在3~7 cm深的土层做室化蛹，当年不出土即在蛹室中越冬。成虫具有假死性，稍受惊扰则假死落地。成、幼虫都能为害寄主植物。成虫取食嫩叶，啃食果皮果肉，造成果面粗糙，俗称“麻脸梨”；幼虫在果内蛀食，致使被害果皱缩成凹凸不平的畸形果，对产量影响很大。

分布：宁夏、吉林、辽宁、河北、山东、山西、河南、江苏、浙江、江西、福建、广东、四川、湖北等地。

133 柏肤小蠹
Phloeosinus aubei（Perris，1855）

分类地位：鞘翅目，小蠹科。

别名：柏树小蠹、柏木合场肤小蠹。

寄主植物：柏木属。

形态特征：柏肤小蠹成虫体长 2~3 mm，赤褐色或黑褐色，体表无光泽。头部小，藏于前胸下，触角末端的纺锤部呈椭圆形，色暗，触角黄褐色，球棒部呈椭圆形，复眼凹陷较浅。前胸背部有粗点刻，中央有 1 条隆起线。前翅上有颗粒，靠近翅基部的颗粒比翅端部的大，翅端部斜面弯曲，沟间部各有 1 纵列颗瘤，靠近翅缝的第 1、3 沟间部的颗瘤比其他的大，每个鞘翅上有 9 条纹，雌虫的颗瘤要比雄虫的大，雄虫鞘翅斜面齿状突起。

生物学特性：1 年发生 1 代，以幼虫和成虫在柏树枝干蛀道内越冬。次年 3 月下旬至 4 月中旬陆续出蛰，雌虫取食衰弱的侧柏、桧柏立木和新伐倒木树皮上咬圆形侵入孔，蛀入皮下和木质部表层，雄虫跟踪进入，并共同筑成 5~8 cm 长的不规则交配室交配。雌虫交配后向上蛀纵向母坑道，并沿坑道两侧蛀成卵室，每室产卵 1 粒。雄虫将母坑道的木屑及排泄物推出蛀入孔外。母坑道长 15~45 mm，雌虫一生产卵 26~104 粒。卵历期 7 天，4 月中旬孵化。幼虫坑道长 30~40 mm。5 月中下旬老熟幼虫在坑道

柏肤小蠹成虫（李德家　摄）

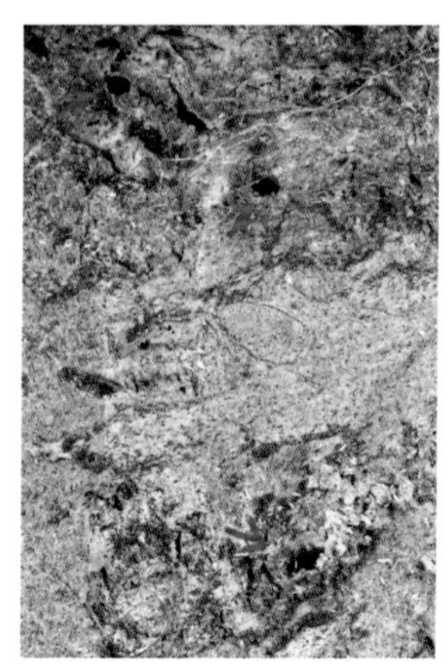
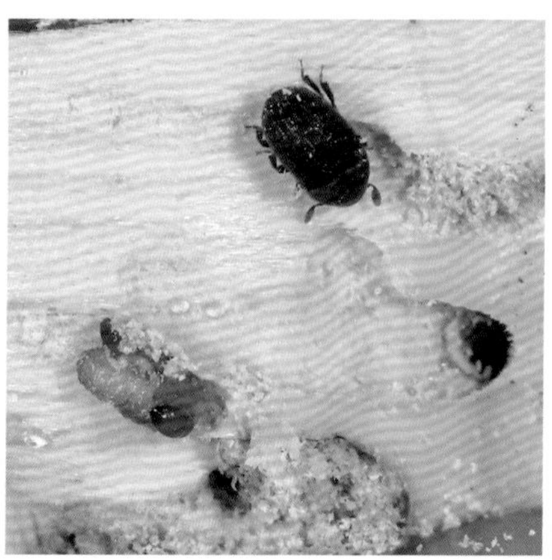
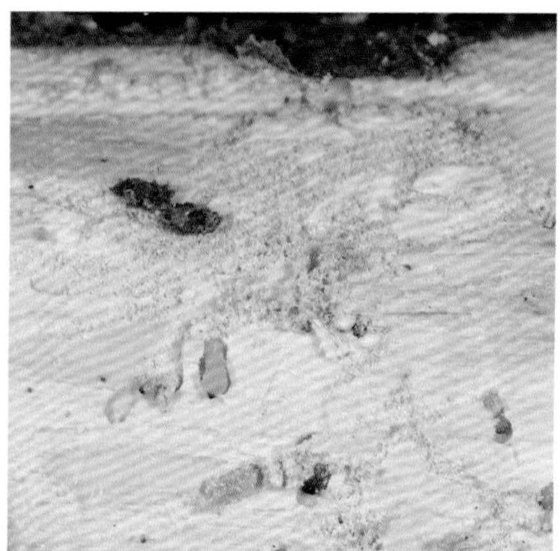

柏肤小蠹为害状（李德家　摄）

末端与幼虫坑道呈垂直方向做 1 个深约 4 mm 的圆筒形蛹室，并在其中化蛹。蛹室外口用半透明膜状物封住。蛹期 10 天左右。成虫于 6 月上旬出现，成虫羽化初期体色稍淡至淡黄褐色。羽化后沿羽化孔上爬行，待翅变硬即飞向健康的柏树冠上部、边缘的枝梢上，蛀侵入孔并向下蛀食，进行补充营养。柏树枝梢常被蛀空，遇大风即折断，严重时，林地上落许多断梢，使柏树受严重损害，成虫于 10 月中旬后进入越冬状态。

分布：宁夏、甘肃、陕西、北京、天津、河南、山东、江苏、四川、云南等地。

134 脐腹小蠹
Scolytus schevyrewi Semenov，1902

分类地位：鞘翅目，小蠹科。

异名：多毛小蠹。

寄主植物：榆树、柳、沙枣、柠条、桃、梨、杏、苹果等。

形态特征：成虫体长 3~4 mm。鞘翅中部常有深褐色横带。额面雄虫平凹，雌虫微突。前胸背板光亮、少毛，长略小于宽，上面刻点细小。鞘翅被毛，两侧几乎平行。刻点沟浅，沟中刻点椭圆形，与沟间区刻点的形状、大小相同。沟间区有稀疏竖立的黄色刚毛列 。第 2 腹板中部两性均有 1 纵扁的瘤，末

脐腹小蠹成虫（李德家　摄）

脐腹小蠹蛹（李德家　摄）

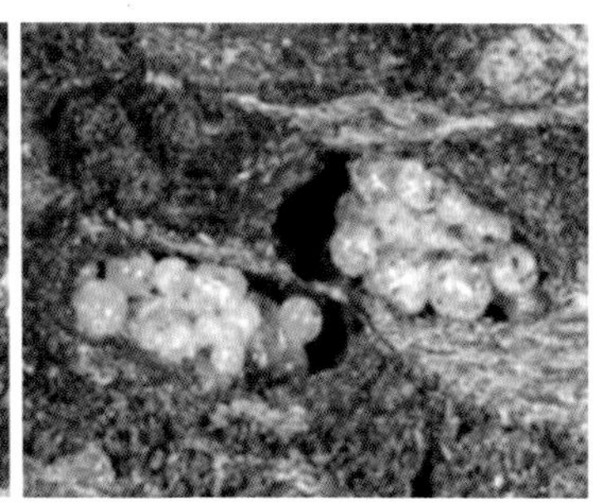

蒲螨寄生状（李德家　摄）

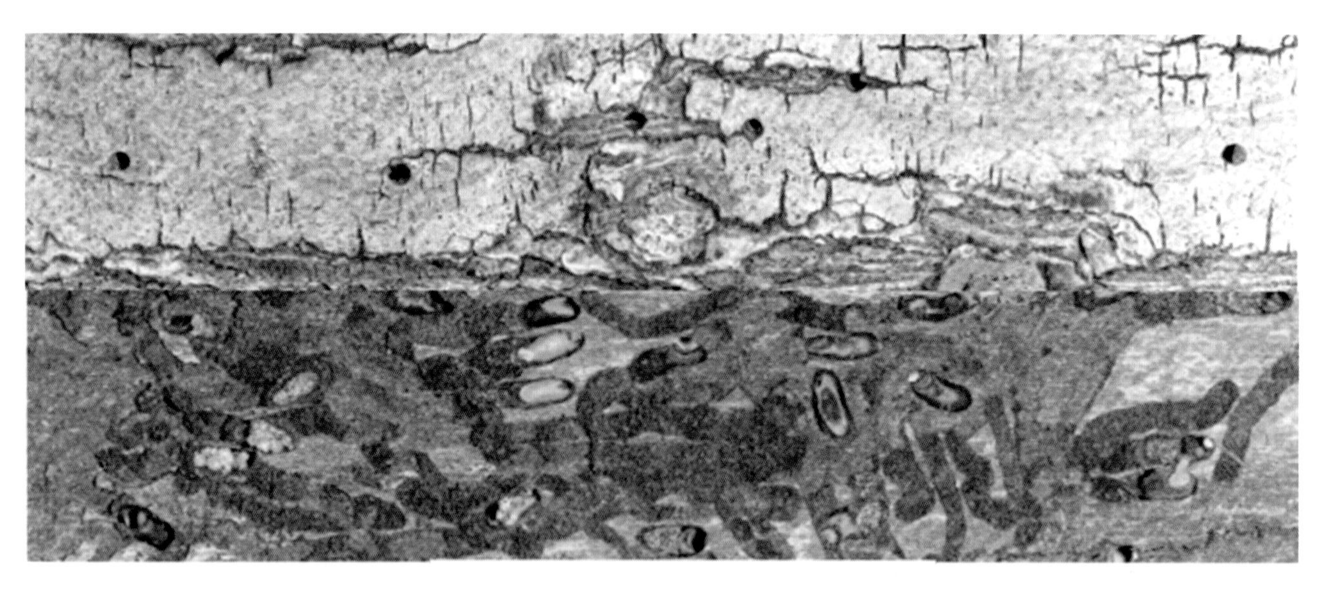

脐腹小蠹为害状（李德家　摄）

端稍膨大。雄虫第 7 背板后部有 1 对大刚毛。

生物学特性：1 年发生 2~3 代，多以老熟幼虫在树皮下蛹室内越冬，也能以其他虫态越冬，后期世代重叠明显。成虫飞翔能力差，成虫需取食嫩枝皮补充营养后继续入侵原树或附近的弱树，并交配产卵；即使树木死亡，幼虫仍继续取食至完成发育。

分布：宁夏、陕西、青海、新疆、黑龙江、辽宁、河北、河南、北京、山西、山东等地。

135 横坑切梢小蠹
Tomicus minor（Hartig，1834）

分类地位：鞘翅目，小蠹科。

异名：*Blastophagus minor*（Hartig，1834）、*Hylastes minor*（Hartig，1834）

寄主植物：马尾松、油松、云南松。

形态特征：成虫，体长 3.4~4.7 mm。鞘翅沟间部的刻点较稀疏，自翅中部起各沟间部有 1 列竖毛，鞘翅斜面第 2 沟间部不凹陷，上面的颗粒和竖毛依然存在，直到翅端。本种与纵坑切梢小蠹极为相似，两者区别在于纵坑切梢小蠹的鞘翅斜面第 2 沟间部凹陷，其表面平坦，没有颗粒和竖毛。

横坑切梢小蠹成虫（李德家　摄）

生物学特性：常与纵坑切梢小蠹伴随发生。1 年 1 代，在我国北方，成虫于秋末、冬初在松树嫩梢或土内越冬。成虫于 4 月下旬开始陆续飞出，取食树冠梢头补充营养，交配产卵，5 月下旬结束。新一代成

横坑切梢小蠹为害状（李德家 摄）

虫直到 10 月发育成熟，羽化越冬。主要侵害衰弱木和濒死木，亦可侵害健康木，多在树干中部的树皮内蛀虫道，母坑道复横坑，子坑道向上下方垂直伸展。横坑切梢小蠹常使树木迅速枯死，被害枝梢易风折，严重时被“剪断”的枝梢竟达到树冠枝梢的 70% 以上。

分布：宁夏、陕西、甘肃、东北、北京、河北、河南、江西、四川、云南等地。

136 日本双棘长蠹 *Sinoxylon japonicum* Lesne，1895

分类地位：鞘翅目，长蠹科。

寄主植物：槐、刺槐、柿、栾树、白蜡等。

形态特征：成虫体长 4.6~5.6 mm，圆筒形，两侧平直，具有淡黄色短毛，黑褐色；触角 10 节；鞘翅黑褐色，后端急剧向下倾斜，斜面合缝两侧有刺状突起 1 对。卵，长椭圆形，长约 0.4 mm，白色，

日本双棘长蠹成虫（李德家 摄）

半透明。幼虫，体蛴螬形，稍弯曲，乳白色，胸足3对。老熟时体长约4 mm。蛹，体初为白色，近羽化时头、前胸背板及鞘翅黄色。

生物学特性：1年发生1代，以成虫在枝条蛀道内越冬。翌年4月下旬槐树开始发芽时，被害枝上部衰弱不发芽，4月末成虫飞出，取食蛀入5~40 mm粗的枝条食害和产卵，1个枝干上常有多处被蛀入作母坑道；幼虫也在枝内蛀食，将木质部蛀成白色碎末状。6月上旬开始化蛹，羽化为成虫。7—8月成虫飞出，10月后成虫开始蛀入约20 mm粗的健壮枝条内，横向或斜向环行蛀食枝干木质部，形成一环状或螺旋状蛀道，切断养分和水分的输导。

分布：华北、华东、华中等地区，宁夏、陕西。

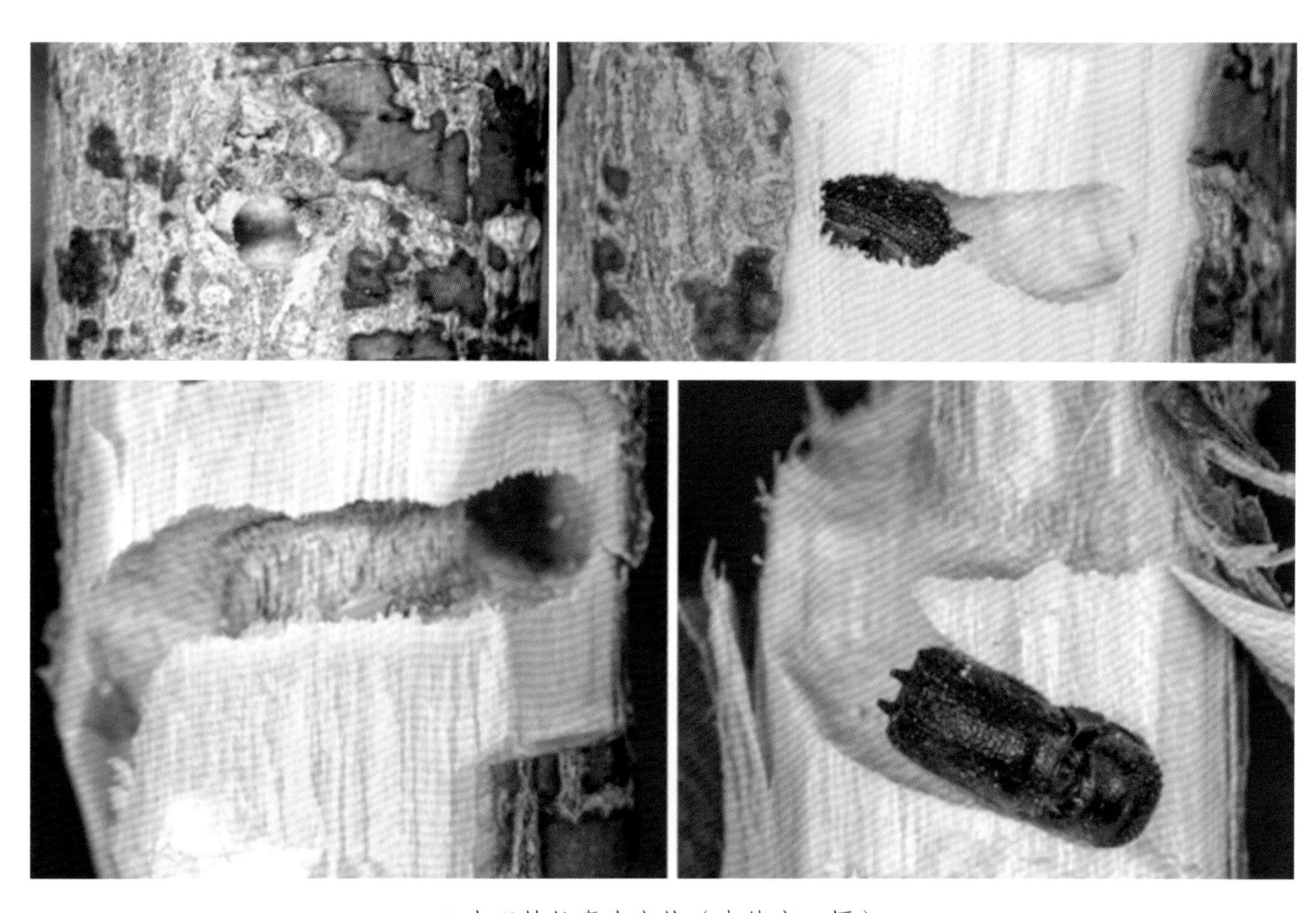

日本双棘长蠹为害状（李德家　摄）

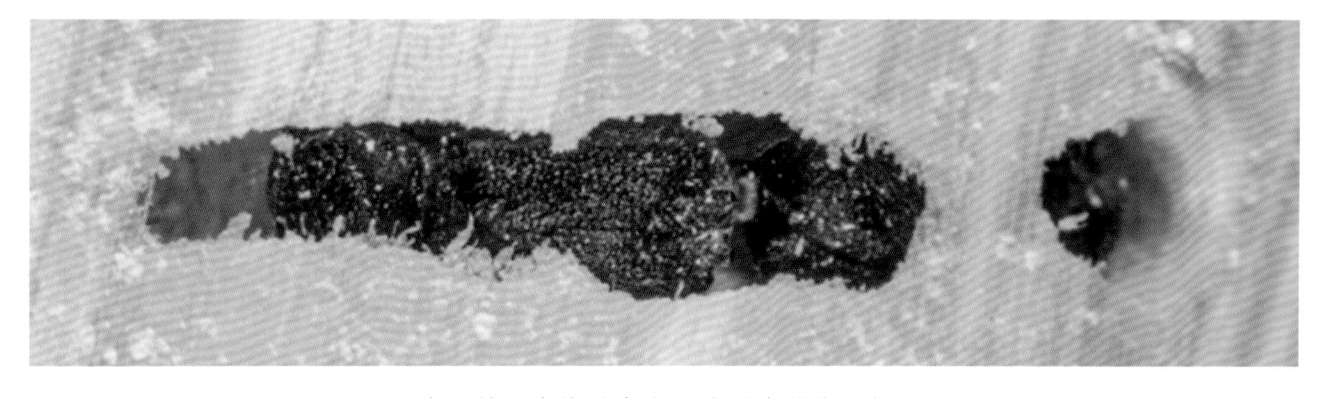

日本双棘长蠹坑道内交尾状（李德家　摄）

四、鳞翅目
LEPIDOPTERA

137 金凤蝶
Papilio machaon Linnaeus，1758

分类地位：鳞翅目，凤蝶科。

别名：黄凤蝶、茴香凤蝶、胡萝卜凤蝶。

寄主植物：伞形花科植物（茴香、胡萝卜、芹菜等）的花蕾、嫩叶和嫩芽梢。

形态特征：成虫，翅展 90~120 mrn。体黑色或黑褐色，胸背有 2 条“八”字形黑带。翅黑褐色至黑色，斑纹黄色或黄白色。前翅基部的 1/3 有黄色鳞片；中室端半部有 2 个横斑；中后区有 1 纵列斑，从近前缘开始向后缘排列，除第 3 斑及最后 1 斑外，大致是逐斑递增大；外缘区有 1 列小斑。后翅基半部被脉纹分隔的各斑占据，亚外缘区有不十分明显的蓝斑，亚臀角有红色圆斑，外缘区有月牙形斑；外缘波状，尾突长短不一。翅反面基本被黄色斑占据，蓝色斑比正面清楚。幼虫，幼龄时黑色，有白斑，形似鸟粪。老熟幼虫体长约 50 mm，长圆桶形，但后胸及第 1 腹节略粗。体表光滑无毛，淡黄绿色，各节中部有宽阔的黑色带 1 条。后胸节及第 1~8 腹节上的黑条纹有间距略等的橙红色圆点 6 个，色泽鲜艳醒目。

生物学特性：每年发生代数因地而异。在高寒地区每年通常发生 2 代，温带地区 1 年可发生 3~4 代。成虫白天活动取食花蜜，并将卵产在叶尖、花或芽上，每产 1 粒即行飞离。幼龄幼虫栖息于叶片主脉上，成长幼虫则栖息于粗茎上。幼虫白天静伏不动，夜间取食为害，遇惊时从第 1 节前侧伸出臭丫腺，放出臭气，借以拒敌。台湾亚种分布在台湾海拔 600~3 500 m 的山区。在高山区成虫春季到秋季出现，

金凤蝶成虫背面（李德家 摄）

金凤蝶成虫体侧面、翅反面（王继飞 摄）

金凤蝶幼虫（杨贵军 摄）

在深秋、冬季迁移到海拔低的山区繁殖，在高山区以蛹越冬。卵期约7天，幼虫期35天左右，蛹期15天左右。成虫喜欢访花吸蜜，少数有吸水活动。

分布：宁夏、陕西、甘肃、青海、河北、河南、山东、新疆、山西、黑龙江、吉林、辽宁、云南、四川、西藏、江西、浙江、广东、广西、福建、台湾等地。

138 山楂粉蝶
Aporia crataegi Linnaeus，1758

分类地位：鳞翅目，粉蝶科。

别名：树粉蝶、苹果粉蝶、苹芽粉蝶、梅白蝶。

寄主植物：苹果、沙果、梨、杏、桃、山定子、山楂、山里红、花楸、樱桃、鼠李、山杨、毛榛子、春榆、桦、山柳等。

形态特征：成虫，翅展64~76 mm，体黑色，翅白色。雌虫翅灰白色，翅脉黑色。前翅外缘除A脉外各翅脉末端均有一烟黑色三角形斑纹。卵，鲜黄色，直立、纺锤形，长约1.5 mm，周缘有纵脊7~12条。幼虫，体略呈圆筒形，头黑色，疏生白色长毛和较多的黑色短毛；胸、腹部腹面紫灰色，两侧灰白色，

山楂粉蝶成虫交尾状（李德家 摄）

山楂粉蝶雌（左）雄成虫（李德家　摄）

山楂粉蝶蛹（李德家　摄）

山楂粉蝶破茧成虫（李德家　摄）

山楂粉蝶卵块（李德家　摄）

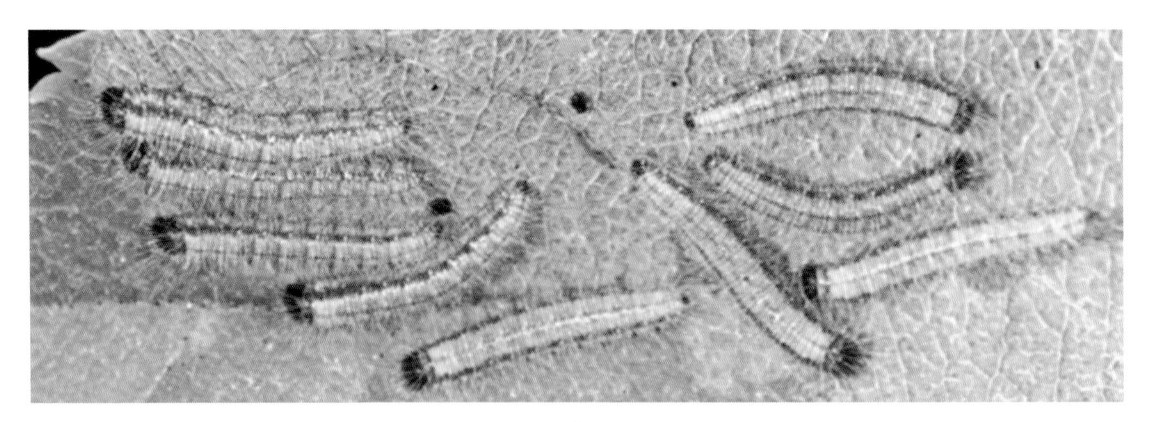

山楂粉蝶低龄幼虫幼虫（李德家　摄）

山楂粉蝶高龄幼虫（李德家　摄）

山楂粉蝶老熟幼虫（李德家　摄）

山楂粉蝶低龄幼虫为害状（李德家　摄）

山楂粉蝶高龄幼虫为害状（李德家　摄）

背面紫黑色，每节的黄斑串连成纵纹，体躯各节有许多小黑点，疏生白色长毛；老熟幼虫体长约40 mm。蛹体有两型，（1）黑蛹型，体黄白色，具许多黑色斑点，胸部背面隆起的纵脊、翅缘及腹部腹面均为黑色；（2）黄蛹型，体黄色，黑斑点较少而小，体也比黑蛹型小。

生物学特性： 1年发生1代，以2~3龄幼虫群集在树冠上的虫巢内越冬。翌年早春群集为害叶芽、花蕾、叶片及花瓣，4~5龄幼虫不活泼，具假死性。多白天取食。老熟幼虫在树上、附近灌木或杂草及秸秆上化蛹。幼虫期约40天，蛹期14~19天。成虫卵多成堆产于叶背，每堆有卵25~50粒，排列整齐。每雌产卵量200~500粒。卵经11~17天羽化。7月中旬幼虫发育至2~3龄，即开始吐丝将叶片连缀成巢，群集其中越冬。

分布：西北、东北、华北、华东、华中地区，四川等地。

139 小檗绢粉蝶
Aporia hippia（Bremer，1861）

分类地位：鳞翅目，粉蝶科，绢粉蝶属。

寄主植物：小檗属植物、禾本科牧草。

形态特征：中型，前翅长 23~29 mm，和绢粉蝶很相似，主要区别是该种翅反面基部有 1 橙黄色斑点。

小檗绢粉蝶幼虫栖息状（杨贵军 摄）

小檗绢粉蝶幼虫栖息状（杨贵军 摄）

小檗绢粉蝶成虫和幼虫（杨贵军 摄）

翅脉较同类宽又黑，翅缘色浅黑斑大。成虫触角末端黄褐色。外形与绢粉蝶 *A.crataegi* 相似，但前翅正面的中室端斑及外缘的三角形黑斑列更宽大明显；后翅的中室更长更窄，后翅反面基部前缘有橘黄色斑，底色黄色较浓，翅脉两侧的黑边更明显。雌蝶多少有些带黄色，前翅透明程度较弱。

生物学特性：1 年 1 代，幼虫有群居现象，以低龄幼虫筑巢越冬，每年春季 3—4 月份开始出巢，4 龄后幼虫分散生活。成虫常在 6—7 月发生较普遍。

分布：宁夏（贺兰山）、山西、吉林、黑龙江、江西、河南、云南、贵州、西藏、陕西、甘肃、青海等地。

140 白钩蛱蝶 *Polygonia c-album*（Linnaeus，1758）

分类地位：鳞翅目，蛱蝶科。

别名：榆蛱蝶、白弧纹蛱蝶、狸白蛱蝶。

寄主植物：榆属、柳属、荨麻属、葎草属、茶藨子属等植物。

形态特征：中小型的蛱蝶，翅展 47~51 mm，身体密布绒毛，翅正面橙黄色，散布黑色斑点；翅反面棕色或褐色，布有不规则暗纹，后翅反面中央有 1 个白色或浅黄色“C”或“L”形纹；前翅正面基部

白钩蛱蝶雌（上）雄（下）成虫（李德家 摄）

白钩蛱蝶雌（上）雄（下）幼虫（李德家　摄）

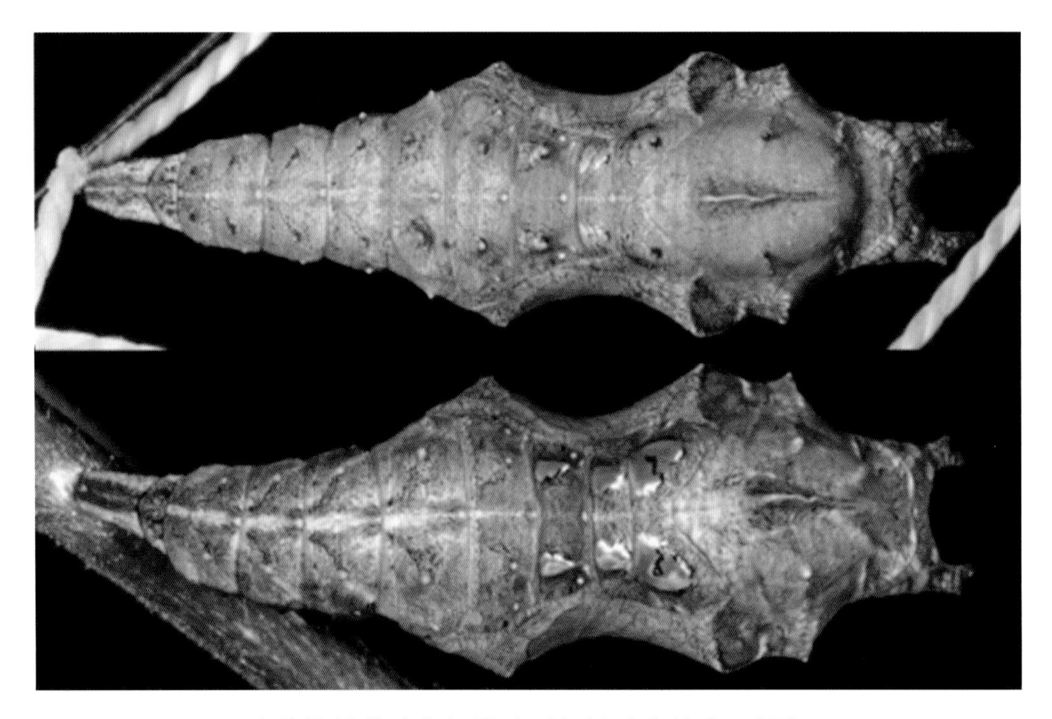

白钩蛱蝶雌（上）雄（下）蛹（李德家　摄）

没有 1 个小黑斑，中室内只有 2 个黑斑；翅外缘的角突钝。

生物学特性： 1 年 3 代，以蛹越冬。幼虫取食榆树、柳等的叶片。成虫主要发生在春末至夏季，动作敏捷，低飞，喜欢取食树液、腐败水果和花蜜，雄蝶具领域性。

分布： 全国广泛分布。

141 黄刺蛾
Monema flavescens Walker，1855

分类地位：鳞翅目，刺蛾科。

异名：*Cindocampa flavescens* Walker。

别名：八角虫、八角罐、白刺毛、洋辣子、茶树黄刺蛾。

寄主植物：寄主多达 90 多种，宁夏常见寄主如枣、苹果、梨、桃、李、杏、山楂、核桃、杨、柳、榆树、枫、榛、梧桐、桑、月季、紫薇、樱花、枫、大叶黄杨、紫叶李、榆叶梅、海棠等。

形态特征：成虫，雌蛾体长 15~17 mm，展翅 35~39 mm；雄蛾体长 13~15 mm，翅展 30~32 mm。体橙黄色。前翅黄褐色，自顶角有 1 条细斜线伸向中室，斜线内方为黄色，外方为褐色；在褐色部分有 1 条深褐色细线自顶角伸至后缘中部，中室部分有 1 个黄褐色圆点。后翅灰黄色。卵，扁椭圆形，一端略尖，长 1.4~1.5 mm，宽 0.9 mm，淡黄色，卵膜上有龟状刻纹。幼虫，老熟幼虫体长 19~25 mm，体粗大。头部黄褐色，隐藏于前胸下。胸部黄绿色，体自第 2 节起，各节背线两侧有 1 对枝刺，以第 3、4、10 节的为大，枝刺上有黑色刺毛；体背有紫褐色大斑纹，前后宽大，中部狭细呈哑铃形，末节背面有 4 个褐色小斑；体两侧各有 9 个枝刺，体侧中部有 2 条蓝色纵纹，气门上线淡青色，下线淡黄

黄刺蛾成虫（李德家 摄）

黄刺蛾成虫羽化后的茧壳（李德家 摄）

黄刺蛾茧壳内的预蛹（雷银山 摄）

黄刺蛾蛹（杨凌 摄）

黄刺蛾幼虫（李立国、杨凌　摄）

色。蛹，椭圆形，粗大。体长 13~15 mm。淡黄褐色，头、胸部背面黄色，腹部各节背面有褐色背板。茧，椭圆形，质坚硬，黑褐色，有灰白色不规则纵条纹，极似雀卵。

生物学特性：1 年 1 代，以老熟幼虫于树枝上结茧越冬，翌年 5 月化蛹，6 月中旬开始羽化，6 月下旬进入盛期。成虫羽化多在傍晚，以 17：00—22：00 为盛；羽化时将茧盖顶开，蛹体露出茧外 1/3。成虫羽化后即交尾产卵，每雌产卵 49~67 粒，散产或数粒在一起，卵多产于叶背。7 月上中旬孵化，孵化前可见到卵壳内乳黄色的幼体和枝刺及黄褐色口器等。初孵幼虫先食卵壳，然后取食叶片的下表皮和叶肉，留下上表皮，形成圆形透明小斑。4 龄时取食叶片形成孔洞、缺刻。5、6 龄幼虫能将叶吃光，仅留叶脉。9 月中下旬，幼虫吐丝结茧越冬。茧开始透明，可见幼虫活动情况，后即凝成硬茧。初为灰白色，不久变为棕褐色，并显露出白色纵纹。

分布：全国各地均有分布。

142 中国绿刺蛾 *Parasa sinica* Moore，1877

分类地位：鳞翅目，刺蛾科。

异名：双齿绿刺蛾 *Parasa hilarata*（Staudinger，1887）。

别名：褐袖刺蛾、中华青刺蛾，小青刺蛾、黑下青刺蛾、绿刺蛾、苹绿刺蛾等。

寄主植物：桃、枣、桑、樱花、苹果、梨、李、白蜡、柑橘等多种园林植物。

形态特征：成虫，长约 12 mm，翅展 21~28 mm；头胸背面绿色，腹背灰褐色，末端灰黄色；触角雄羽状、雌丝状；前翅绿色，基斑和外缘带暗灰褐色；后翅灰褐色，臀角稍灰黄。卵扁平椭圆形，长 1.5 mm，光滑，初淡黄，后变淡黄绿色。幼虫，体长 16~20 mm；头小，棕褐色，缩在前胸下面；体黄绿色，前胸盾具 1 对黑点，背线红色，两侧具蓝绿色点线及黄色宽边，侧线灰黄色较宽，具绿色细边；各节生灰黄色肉质刺瘤 1 对，以中后胸和 8~9 腹节的较大，端部黑色，第 9、10 节上具较大黑瘤 2 对；气门上线绿色，气门线黄色；各节体侧还有 1 对黄色刺瘤，端部黄褐色，上生黄黑刺毛；腹面色较浅。

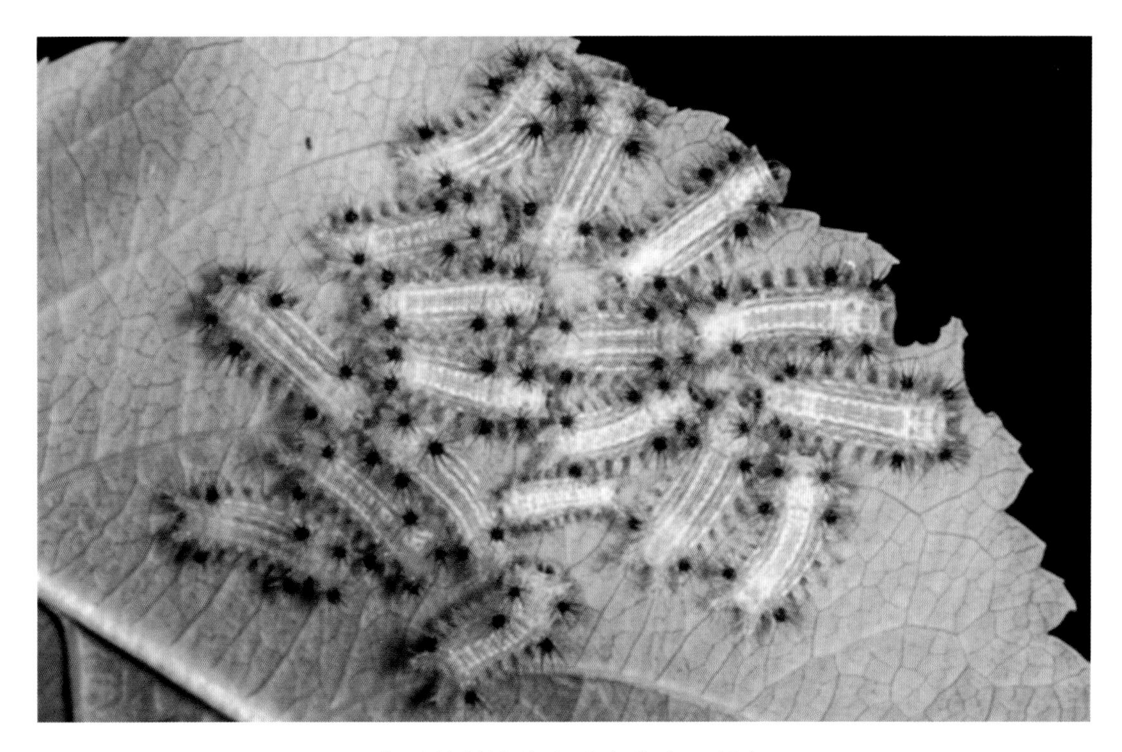

中国绿刺蛾幼虫（李德家 摄）

蛹长 13~15 mm，短粗；初产淡黄，后变黄褐色。茧，扁椭圆形，暗褐色。

生物学特性：北方 1 年发生 1 代，5 月间陆续化蛹，成虫 6—7 月发生，幼虫 7—8 月发生，老熟后于枝干上结茧越冬。成虫昼伏夜出，有趋光性，羽化后即可交配、产卵，卵多成块产于叶背，每块有卵数 10 粒作鱼鳞状排列。低龄幼虫有群集性，稍大分散活动危害。幼虫啃食寄主植物的叶，造成缺刻或孔洞，严重时常将叶片吃光。

分布：宁夏、陕西、甘肃、北京、天津、河北、河南、山东、湖北、湖南、上海、江西、四川、贵州、广东、广西等地。

143 梨叶斑蛾
Illiberis pruni Dyar，1905

分类地位：鳞翅目，斑蛾科。

别名：梨星毛虫、饺子虫、白毛虫、梨狗子、筛虫。

寄主植物：以仁果类果树为主，包括多种蔷薇科植物，如梨、苹果、海棠、榅桲、杜梨、桃、李、杏、山楂、樱桃等。

形态特征：成虫，中型蛾，全体暗黑色，复眼黑色，翅黑色略透明，翅脉明显易见。雌蛾体长 9~12 mm，翅展 22 mm，触角锯齿状。雄蛾体长 8~10 mm，翅展 20 mm，触角短羽状。卵，扁平椭圆形，长 0.8 mm，初产时乳白色或浅黄色，孵化前黄灰或暗灰色，在叶面 50~100 余粒为 1 堆。幼虫，初龄幼虫灰褐色，老熟时两端尖圆，中部肥大，体长 16~22 mm。头小，黑褐色。胴部乳白或浅黄色，

梨叶斑蛾成虫背面、侧面（李德家　摄）

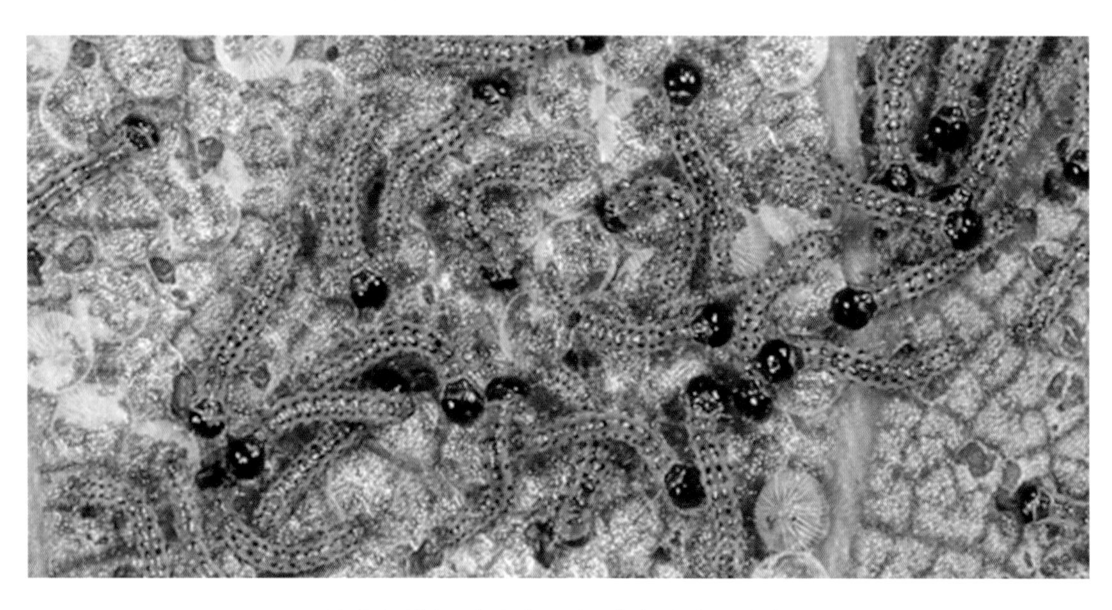

梨叶斑蛾初孵幼虫及卵（李德家　摄）

有6排白色瘤突，纵列两侧上生长短不等的硬毛。背线黑色或无，亚背线下各有1排明显的黑色圆斑。蛹，长11~13 mm，似纺锤形，初为白色或浅黄，羽化前黑褐色，3~9节腹部背面前缘有褐色短刺1排，腹端圆无刺。蛹茧薄，乳白色半透明，茧的外层联结在被害的卷缩叶内。

生物学特性：1年发生1代，两次危害，以2或3龄幼虫在枝干粗皮缝中越冬。果树发芽时3月下旬至4月上旬即从越冬处爬出向上转移，食害花芽叶芽，严重时影响展叶抽蕾。4月中下旬花谢后即移害叶片，并吐丝连缀叶缘把叶片卷如饺子状，在内咬食叶肉，残留叶脉及叶背表皮如筛，故又叫筛虫。幼虫吃完一片叶子后又转移到另一片叶子为害，严重时叶子全被吃光像火烧一样。自花前到5月是第1次害芽害叶期，6月陆续在叶苞内结茧化蛹，6—7月羽化为蛾，在叶背交尾产卵，7月间孵出幼虫。初孵化的幼虫先在卵堆附近为害叶片，叶片呈透明的网状黑斑，稍后即分散为害，靠近叶片的果实往往也被害成斑点状。7—8月是第2次害叶、害果期，此时幼虫没有吐丝、卷叶习性，往往群集为害叶

梨叶斑蛾幼虫背面、侧面（李德家 摄）

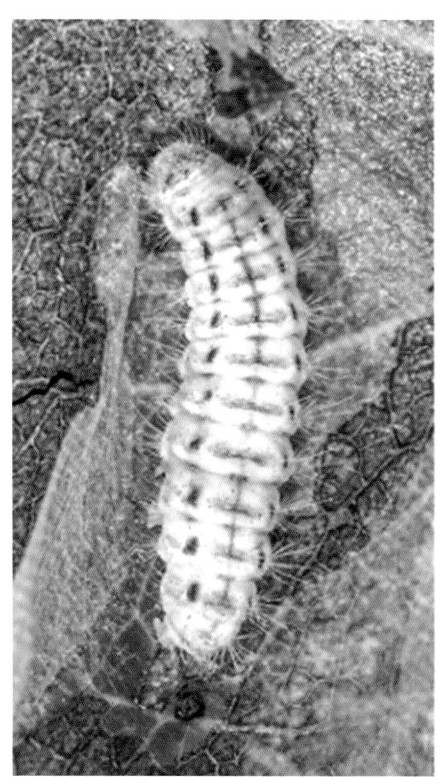

梨叶斑蛾老熟幼虫（李德家 摄）

梨叶斑蛾为害状（李德家 摄）

片或果肉，此后2、3龄幼虫陆续移向树皮缝中潜伏越冬。

分布：西北、东北、华北、华中等各地仁果类栽植区均有发生。

144 枸杞绢蛾 *Scythris* sp.

分类地位：鳞翅目，绢蛾科。

别名：羊毛蜜。

寄主植物：枸杞（野生的及栽培的品种）。

形态特征：成虫，为黑褐色至灰褐色的小蛾子，体长7 mm，翅展14 mm。触角丝状，黑褐色，长达腹端。下唇须颇长，弯向头顶；基部和内侧黄褐色，外侧黑褐色；头顶鳞片平整，顺覆向后。翅狭尖，缘毛长；前翅面有2~3条皱纹，在前皱纹上，常排有1条黑褐色鳞片，下方有数个边际不甚明显的暗色晕斑，翅端常散布深色鳞片；翅端缘毛颇长，在前缘为黄白色，后缘为灰褐色，因雌雄不同及个体的差异，翅色斑纹显有变化，一般雌虫的翅色较雄虫为浅；后翅较前翅更为狭尖，黑褐色，缘毛淡褐色。前后翅反面黑褐色。腹部灰褐色，各节后缘黄白色。足灰褐色，中足胫节有端距1对；后足胫节外侧有灰褐色长毛，并有中距和端距各1对；跗节端部2节黑褐色。卵，宽长圆形，黄白色。幼虫，淡灰黄色，长10 mm。头部颜面淡色，两颊黑色。前盾片的中区淡色，两侧黑色。胸足黑色。体背有10条黑褐色细纵纹，有时亚背线及气门上线的纵纹合并呈粗纵纹；体背有稀毛，各毛基黑褐色。气门淡色，其上方有1根较长的毛，毛基周围环绕1黑色骨化环，以第7节最大而明显。臀板上有2个暗褐色三角形斑，生有8根长毛。蛹，赤褐色，长5~6 mm。尾端钝圆，有微小刺钩多个。翅端达腹部第7节。触角达腹部第5节。腹部背面有2条黑色纵纹。体表有细坑条纹。茧，长圆形，白色，为松软的丝质茧，结于丝网的枯叶中，紧包蛹体。

生物学特性：1年发生3~4代，以蛹在枯叶上的丝茧中越冬。4月下旬越冬代成虫大部羽化，幼虫在整个生长季节都在为害，以7—8月最为严重，可使全株叶片枯落。害期发生的世代不太整齐，常有各期虫态同时存在，于9月下旬开始化蛹越冬，一直延续到10月中下旬，由于世代交错，在10月之后还

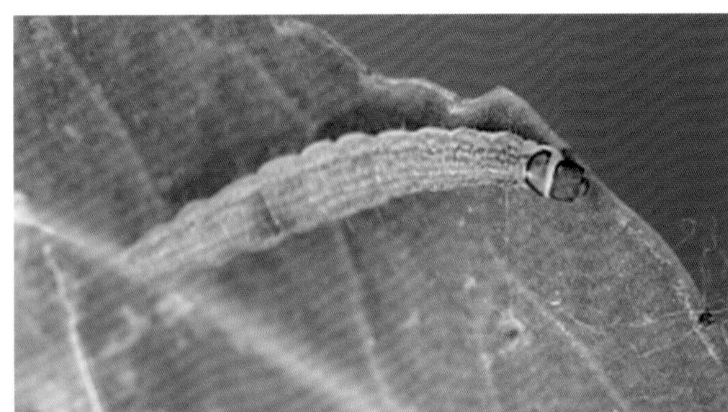

枸杞绢蛾幼虫（李德家　摄）

枸杞绢蛾为害状（李德家　摄）

有相当一批幼虫不能化蛹，均于冬前自然死亡。幼虫活泼，能前走后退，受扰后，左右扭动弹跳，吐丝下坠。幼虫蛀食叶肉成空皮，使叶片干枯，并吐丝如毛，粘连枯叶于枝干上，好像贴枝为害的蜜虫（蚜虫），宁夏群众称为“羊毛蜜”。

分布：宁夏、青海、内蒙古等枸杞主产区。

145 枸杞卷梢蛾
Phthorimaea sp.

分类地位：鳞翅目，麦蛾科。

寄主植物：枸杞（野生及栽培品种）。

枸杞卷梢蛾幼虫（李德家 摄）

形态特征：成虫，为紫褐色的小蛾子，体长 6 mm（至翅端）。触角丝状，长及腹端，黑白相间，分节明显。头顶鳞片的中部黑褐色，由外向内覆盖。复眼黑色。唇须颇长，向前弯向上方，超过头顶，第 1 节短小，淡灰色；第 2 节粗壮，其上方和内侧淡褐色，下方有 2 纵列灰褐色大鳞片，深淡相间，向前方张开成 1 条纵沟；第 3 节瘦尖，下段的上侧和内侧白色，余为黑色。前翅狭长，紫褐色，有光泽，翅面散布大小不同的黑褐色晕斑，翅端颜色较深，深色鳞片较多，缘毛颇长，深灰色；后翅更为狭尖，灰褐色，缘毛颇长，灰色。腹部背面灰褐色，腹侧布有黑色鳞片，腹面黄白色。足黄白色，外侧及跗节密布黑色颜片，前足细小，无距，中足次之，有端距 1 对，后足粗长，胫节后方有密而长的鳞毛，并有中距和端距各 1 对，外距短，内距长，上有黑色鳞片。幼虫，体长 9 mm，灰黄色。头黑褐色。前胸和中胸紫褐色。前盾板黑色，有淡色中线。后胸的后缘环绕 1 条紫褐色带，背线、亚背线、气门上线、气门下线紫褐色，臀板灰褐色，由中间淡色分为两半。蛹，赤褐色，长 4 mm，翅芽及触角长达腹部第 5 节，体侧密生微粒，背面有微小点刻，

枸杞卷梢蛾为害状（李德家 摄）

腹端刺钩与蛀果蛾同。茧，长圆形。白色丝质，结于被害处。

生物学特性：1 年发生 3~4 代，以老熟幼虫在枝条上的枯叶中越冬。次年 5 月间出现成虫，6 月上旬第 1 代幼虫卷梢为害，中下旬出现第 2 代成虫，7 月下旬出现第 3 代成虫，以后还可繁殖第 4 代。幼虫缀卷嫩梢，啃食新叶和生长点，并蛀食花器和幼蕾、性情活泼，一经触动即翻转弹跳吐丝下坠。

分布：宁夏、青海、内蒙古等枸杞主产区。

146 枸杞鞘蛾 *Coleophora* sp.

分类地位：鳞翅目，鞘蛾科。

寄主植物：枸杞（主要发生在野生枸杞）。

形态特征：成虫，白色小蛾，长 6 mm。复眼绿褐色。触角丝状，颇长，密列褐色至黑色环纹，基节下方簇生白色及灰色长鳞片。下唇须长，超过触角基部，外侧黑褐色，内侧白色。口喙黄色，约与下唇须等长，基部疏生白色长鳞。前翅狭尖，基部前缘黑色，端部及外缘密生灰色及白色长毛，翅面稀布黑褐色鳞片，近外端中间有 1 小黑点。后翅白色尖细，缘毛颇长。各足背面密布黑色鳞片，后胫节较长，前后侧密生白色长毛和中、端距各 1 对，内距长于外距。幼虫黄白色，老熟时深黄色，长 6.5 mm，中部略粗。头、前盾板淡褐色至黑褐色、第 2 胸节背板有时也有“八”字形黑色硬化板，胸足 3 对，淡黄色，爪钩灰色，腹足退化、尾足 1 对，上生 1 列黑色齿钩各 12 个。后盾板黑色，中部有 1 对亮色毛点。蛹体细瘦，长 5.3 mm，黄褐色，近羽化时头、胸、复眼及翅芽端变黑褐色，胸背中有 1 纵脊，腹节有数根黄色背毛，翅芽、触角、后足均达或略超腹部末端。腹端圆钝，两侧各有 1 臀棘。鞘灰褐色，鱼形，丝质，颇坚韧，老熟鞘长 8.5 mm，鞘口蹄形，背面中央有 1 纵脊。腹面节间处分为 2 翅，末 2 节背腹面为一开合缝。按龄期，虫鞘有 2~8 节，一般为 5 节。鞘面散布黑点为 *Phoma* 茎点霉属真菌分生孢子壳。

生物学特性：代数不详。以各龄幼虫在虫鞘中越冬，虫龄颇不整齐，虫鞘节数有 2、3、4、5、8 节，

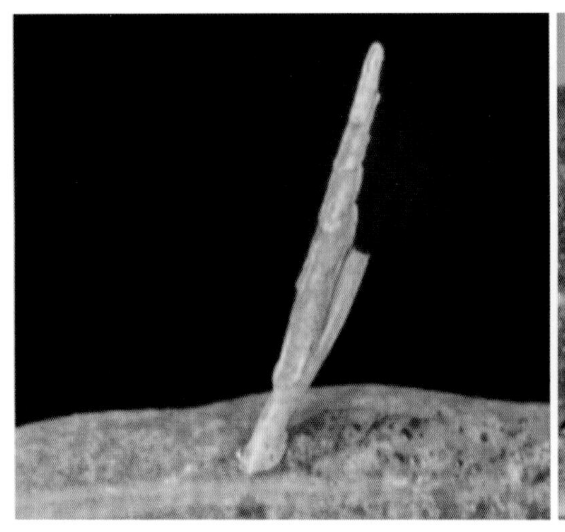

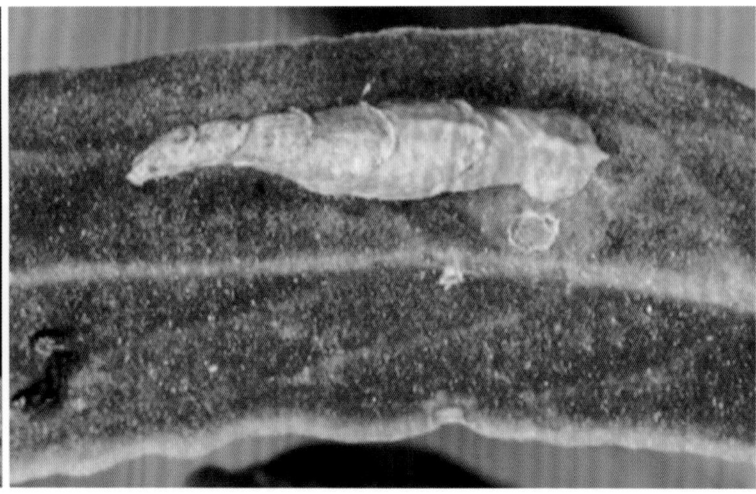

枸杞鞘蛾幼虫及其为害状（李德家　摄）

以2~3节为多。固着于芽腋或枝杈等处，老熟幼虫4月中旬开始化蛹，5月上旬成虫羽化，6月中旬至7月上旬为幼虫严重危害期。幼虫负鞘固着于叶上潜食叶肉，形成黄褐色枯斑。虫鞘白天多栖止于枝条下方。1987年仅发现于田边野生枸杞上，为害严重的植株叶片全部被害，叶面被食，枯斑多达数个至十余个，有的叶片卷曲枯干。幼虫在鞘中，头胸部可自由伸出缩入，头胸足可伸出负鞘爬行，并可固着叶面潜食叶肉，粪便从鞘端开合缝排出；老熟时，鞘口以丝固定于枝条上，幼虫反转头朝鞘端化蛹其中；羽化时成虫由开合缝处爬出。世代重叠，6—7月各期虫态混生危害。

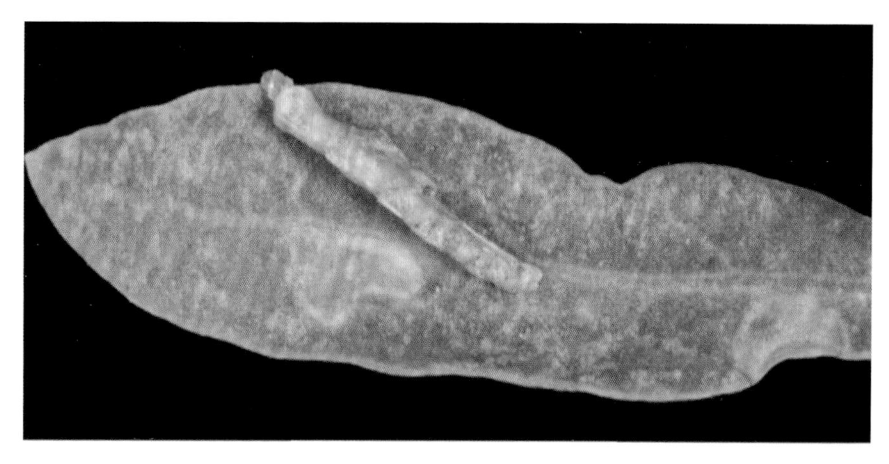

枸杞鞘蛾幼虫及其为害状（李德家　摄）

分布：宁夏（惠农区、银川、中宁）。

147 松线小卷蛾
Zeiraphera griseana（Hübner，1796—1799）

分类地位：鳞翅目，鞘蛾科。

异名：*Tortrix griseana* Hübner，*Sphaleroptera diniana* Guenée。

别名：落叶松灰卷叶蛾、灰线小卷蛾。

松线小卷蛾成虫（李德家　摄）

松线小卷蛾卵（李德家　摄）

松线小卷蛾幼虫（李德家　摄）

松线小卷蛾蛹（李德家　摄）

松线小卷蛾为害状（李德家　摄）

寄主植物：落叶松、油松、云杉、冷杉。

形态特征：成虫，翅展 16~24 mm。下唇须前伸，第 2 节末端膨大；末节小，下垂。前翅灰白色；基斑黑褐色，占 1/3 多，斑外缘中央突出，基斑和中带之间银灰色，中带由前缘中部前方延伸至臀角，上下略宽，中间前后突出，顶角银灰色，端纹明显；后翅灰褐色，缘毛黄褐色。卵，扁椭圆形，淡黄色。幼虫，体长 12~17 mm。暗绿色，头部、前胸背板黑褐色，肛上板褐色，毛片黑色。蛹，体长 9~11 mm。初期杏黄色，后变为棕色。蛹末端略平，有短臀棘 9~11 根。

生物学特性：1 年 1 代。以卵越冬。翌年 5 月下旬开始孵化，初孵幼虫首先钻入刚绽放的幼嫩叶簇内，吐丝将新叶黏缀成圆筒状虫巢，潜伏其中蛀食，取食时伸出，遇惊扰时缩入筒内，一直到 3 龄幼虫。4 龄后，幼虫将头探出巢外，先将巢口的叶尖吃掉或咬断，然后钻出巢外在枝条上自由活动和取食。待筒巢不能隐身时，再另筑新巢。若枝条上针叶被食光后，则吐丝下垂，随风飘至其他树上继续为害。幼虫老熟时不再筑巢，而是在枝条上吐丝结网，暴食针叶，将断叶碎渣和虫粪黏结在枝梢上，致使林中丝网纵横，树枝上虫粪累累。到为害后期，被害林木的针叶被大部分取食和咬断掉落，变成光杆秃梢。6 月下旬幼虫下树在落叶层下结薄茧化蛹，7 月下旬羽化成虫。该虫主要为害松树的针叶，在我国西北林区周期性发生。6—7 月，该幼虫常暴食针叶，将大片松林，尤其是落叶松林针叶整株叶片食光，形似火烧。

分布：宁夏（六盘山）、青海、甘肃、新疆、河北、吉林等地。

148 苹果蠹蛾
Cydia pomonella（Linnaeus，1758）

分类地位：鳞翅目，卷蛾科。

异名：*Phalaena pomonella* Linnaeus，1758。

寄主植物：苹果、花红、海棠、梨、榅桲、山楂、李、杏、桃、胡桃（核桃）、石榴，栗属、榕属、花楸属等经济林树种。

形态特征：成虫，体长 8 mm，翅展 15~22 mm，体灰褐色。前翅臀角处有深褐色椭圆形大斑，内有 3 条青铜色条纹，其间显出 4~5 条褐色横纹，翅基部颜色为浅灰色，中部颜色最浅，杂有波状纹。后翅黄褐色，前缘呈弧形突出。卵，极扁平近圆形，长 1.1~1.2 mm，宽 0.9~1.0 mm，中部略隆起，表面无明显花纹。初产时像一极薄的蜡滴，半透明，随着胚胎发育，中央部分呈黄色，并显出 1 圈断续的红色斑点，后连成整圈，孵化前能透见幼虫。初龄幼虫黄白色，老熟幼虫体长 14~18 mm，头黄褐色，

苹果蠹蛾成虫、蛹、幼虫（雷银山 摄）

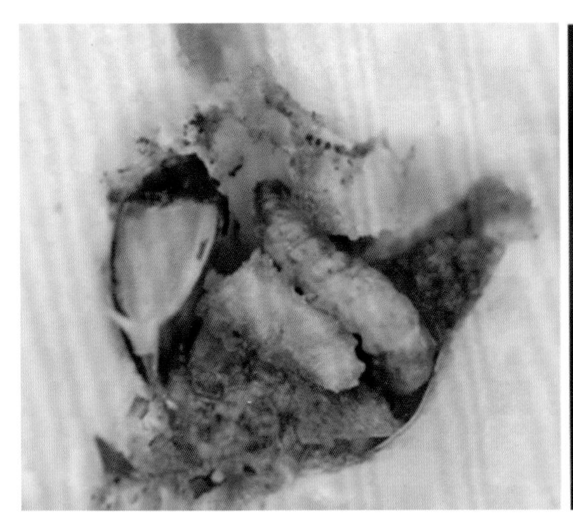

苹果蠹蛾幼虫及为害状（雷银山　摄）

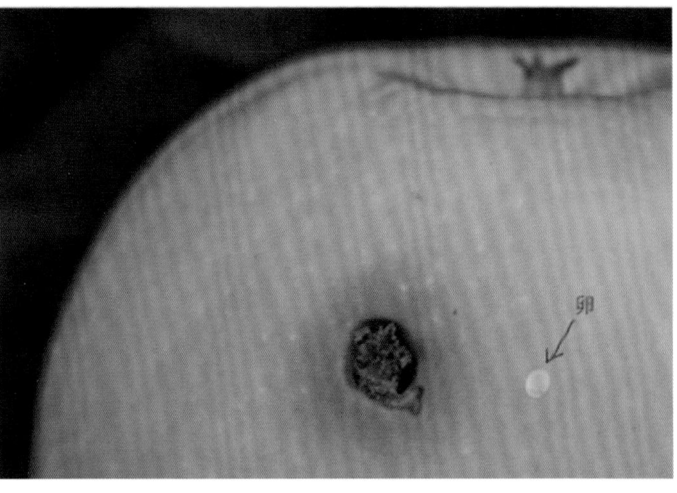

苹果蠹蛾卵及侵入孔（雷银山　摄）

体多为淡红色，头部黄褐色。前胸盾片淡黄色，并有褐色斑点，腹足趾钩为单序缺环，臀板色浅，无臀栉。蛹，体淡黄褐色，长 7~10 mm，复眼黑色，后足及翅均超过第 3 腹节而达第 4 腹节前端。第 2~7 腹节背面各节的前后缘各有 1 排刺，前排粗大，后排细小。第 8~10 腹节背面仅有 1 排刺，第 10 节的刺为 7~8 根。雌蛹生殖腔在腹面第 8 节，而雄蛹在第 9 节。

生物学特性：1 年发生 2 代和 1 个不完整的第 3 代，发生世代很不整齐。以老熟幼虫在树干粗皮裂缝翘皮下、树洞中及主枝分叉处缝隙中结茧越冬。当早春气温超过 9℃，即 4 月中旬越冬幼虫陆续化蛹，4 月下旬至 5 月上旬为成虫羽化高峰期，5 月中下旬和 7 月中下旬分别为 1、2 代幼虫发生盛期，也是蛀果的两个高峰期，6 月上旬及 8 月上旬为幼虫脱果化蛹盛期，蛹期 15 天左右；从 5 月上中旬至 9 月上旬都能见到成虫。成虫羽化后 1~2 天进行交尾产卵。交尾绝大多数在下午黄昏以前，个别在清晨进行。卵多产在叶片的正面和背面，部分也可产在果实和枝条上，尤以上层的叶片和果实着卵量最多，中层次之，下层最少。卵在果实上则以果面为主，也可产在萼洼及果柄上。在方位上，卵多产在阳面上，故生长稀疏或树冠四周空旷的果树上产卵较多，树龄 30 年的较 15~20 年的树上卵量多。第 1 代卵产在晚熟品种上的较中熟品种的多。雌蛾一生产卵少则 1~3 粒，多则 84~141 粒，平均 32.6~43.0 粒。成虫寿命最短 1~2 天，最长 10~13 天，平均 5 天。是世界上仁果类果树的毁灭性蛀果害虫。该虫以幼虫蛀食苹果、梨、杏等的果实，造成大量虫害果，并导致果实成熟前脱落和腐烂，蛀果率普遍在 50% 以上，严重的可达 70%~100%，严重影响了国内外水果的生产和销售。

分布：甘肃、新疆、宁夏、内蒙古等地。

149 梨小食心虫
Grapholita molesta（Busck，1916）

分类地位：鳞翅目，卷蛾科。

别名：梨小蛀果蛾、东方蛀果蛾、桃折梢虫，简称“梨小”。

寄主植物：梨、苹果、山楂、桃、李、杏、樱桃、柿、猕猴桃等。

形态特征：成虫，体长 4.6~6.0 mm，翅展 10.6~15 mm。雌雄相似，差异极小。全体灰褐色，无光泽，前翅灰褐色，密布白色鳞片，前缘有 10 组白色斜纹，中央近外缘 1/3 处有一明显白点，翅面散生灰白色鳞片，近外缘约有 10 个小黑斑。外缘略倾斜，静止时两翅合拢，成为钝角。后翅浅茶褐色，两翅合拢，外缘合成钝角。足灰褐色，各足跗节末灰白色。腹部灰褐色。

生物学特性：1 年 3~4 代，以老熟幼虫在树皮下或地面上各种缝隙内吐丝作茧越冬。梨树开花后开始羽化。第 1 代幼虫一般为害桃梢，第 2、3 代为害李、梨等果实。幼虫蛀食果心，老熟脱果后仍在树皮缝隙内作茧化蛹。梨果小时，由于果实较硬，幼虫很难咬入成活，故不受害，7 月以后，才逐渐被害。成虫有趋糖蜜性，多于夜间交尾产卵，昼间静伏枝上。为害梨的时期在 8—9 月，甚至采收后仍可在果内为害直至 10 月。故越冬场所，除树缝及土内外，还有贮藏室及包装物等。幼虫食害芽、蕾、花、叶和果实。取食叶部时从新梢第 2~3 片叶子蛀入梢中，被害梢枯萎下垂，取食果实时果面蛀孔处出现变黑腐烂形成黑疤，果内有大量虫粪。该虫严重影响果品和植株生长。

分布：广泛分布于我国南北果区。

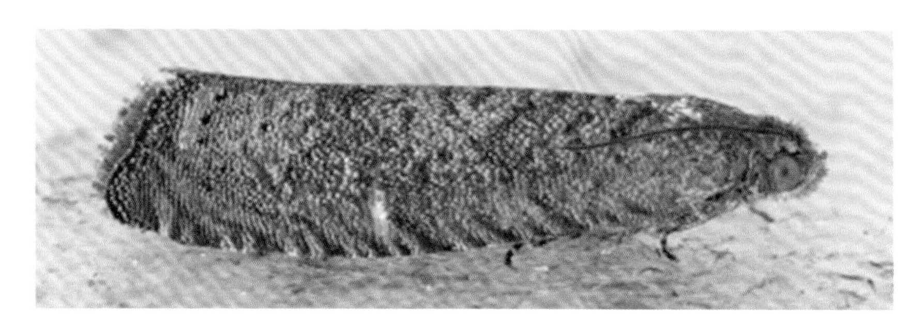

梨小食心虫成虫（李德家　摄）

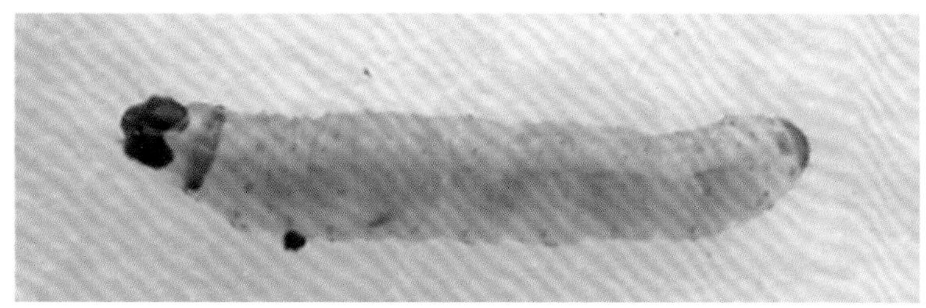

梨小食心虫幼虫（雷银山　摄）

梨小食心虫结茧老熟幼虫（雷银山　摄）

梨小食心虫为害状（李德家　摄）

150 白杨透翅蛾
Paranthrene tabaniformis（Rottemburg，1775）

分类地位：鳞翅目，透翅蛾科。

别名：白杨准透翅蛾、杨树透翅蛾。

寄主植物：杨属植物，以银白杨、毛白杨受害最重。

形态特征：成虫，体长 11~20 mm，翅展 22~38 mm。头半球形，下唇须基部黑色密布黄色绒毛，头和胸部之间有橙色鳞片围绕，头顶有 1 束黄色毛簇。胸部背面有青黑色且有光泽的鳞片覆盖。中、后胸肩板各有 2 簇橙黄色鳞片。前翅窄长，褐黑色，中室与后缘略透明，后翅全部透明。腹部青黑色，有 5 条橙黄色环带。雌蛾腹末有黄褐色鳞毛 1 束，两边各有 1 簇橙黄色鳞毛。卵，椭圆形，黑色，有灰白色不规则的多角形刻纹。长径 0.62~0.95 mm，短径 0.53~0.63 mm。幼虫，体长 30~33 mm。初龄幼虫淡红色，老熟时黄白色。臀节略骨化，背面有 2 个深褐色刺，略向背上方勾起。蛹，体长 12~23 mm，纺锤形，褐色。腹部第 2 节至第 7 节背面各有横列的刺 2 排，第 9、10 节具刺 1 排。腹末具臀棘。

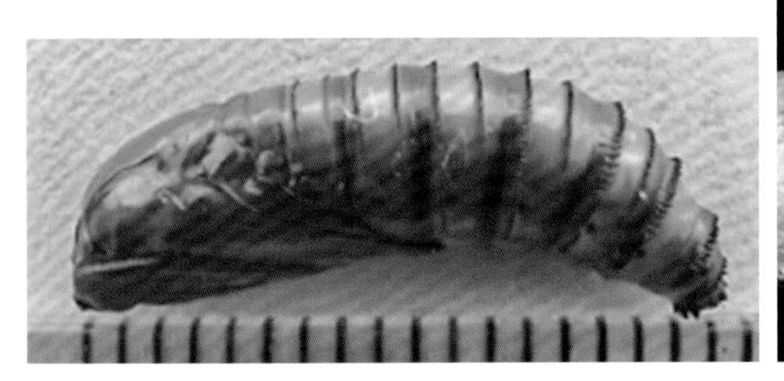

白杨透翅蛾蛹（雷银山　摄）

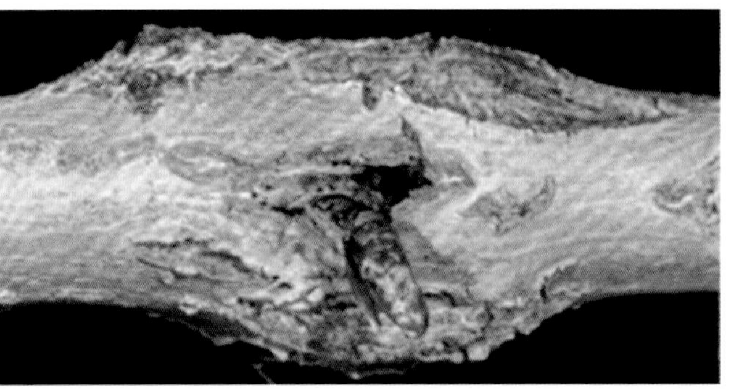

白杨透翅蛾羽化孔（李德家　摄）

白杨透翅蛾雄成虫（雷银山　摄）

白杨透翅蛾雌成虫（雷银山　摄）

生物学特性： 1 年发生 1 代，以幼虫在枝干虫道内越冬。翌年 4 月越冬幼虫恢复取食，5 月底 6 月初，幼虫开始化蛹，6 月初成虫开始羽化，6 月底 7 月初为羽化盛期。成虫羽化时，蛹体穿破堵塞的木屑将身体的 2/3 伸出羽化孔，遗留下的蛹壳经久不掉，极易识别。成虫一般在 8：00—15：00 羽化，多在林缘或苗木稀疏的地方活动，交尾、产卵。夜晚静止于枝叶上不动。成虫羽化后，当天即可产卵。卵多产于 1~2 年生幼树叶柄基部、有绒毛的枝干上、旧的虫孔内、受机械损害的伤痕处及树干缝隙内。产卵位置同枝干是否粗糙，及绒毛的有无、多寡有很大关系。卵期一般 10 天左右。幼虫孵化后有的直接侵入树皮下，有的迁移到幼嫩叶腋上，从伤口处或旧的虫孔内蛀入。幼虫蛀入树干后，在正常情况下很少转移，只有当被害处枯萎，折断而不能生存时，才选择适宜部位侵入。在枝干内开凿虫道的长度为 20~100 mm，幼虫将虫道内粪便和木屑清出孔外后，常吐丝将排粪孔缀封。越冬前，幼虫在虫道末端吐少量丝缕作薄茧越冬，次年继续钻蛀危害。化蛹前老熟幼虫吐丝缀木屑封闭羽化孔，并将蛹室下部用木屑堵死。银白杨和毛白杨受害最严重。枝梢受幼虫为害后枯萎下垂，抑制顶芽生长，徒生侧枝，形成秃梢，尤其是苗木主干被害形成虫瘿，易遭风折，损失更大，并可随苗木传播到新区。

分布： 西北地区，辽宁、内蒙古、河北、北京、河南、山西、山东、四川、江苏、安徽、上海、浙江等地。

151 杨干透翅蛾
Sphecia siningensis Hsu，1981

分类地位： 鳞翅目，透翅蛾科。

异名： *Sesia siningensis* Hsu。

寄主植物： 杨属植物，以合作杨、箭杆杨、欧美杨、新疆杨、河北杨受害最重。

形态特征： 成虫，体型大，黄色，外观似胡蜂。前翅狭长，但比白杨透翅蛾的稍宽大；后翅扇形，缘毛深褐色，前后翅均透明。腹部具 5 条黄褐相间的横环带。雌体长 25~30 mm，翅展 45~50 mm。触角红褐色，棍棒状，端部稍弯向后方，腹部肥大，末端尖向下弯曲，产卵器淡黄色，稍伸出，雄体长 20~25 mm，翅展 40~45 mm。触角红褐色，栉齿状，较平直。腹部瘦小，末端长有 1 束褐色密集毛丛。卵，长圆形，褐色，长 1.2 mm，宽 0.7 mm。幼虫，体圆筒形。初孵幼虫头黑色，体灰白色。老熟幼虫后头深紫色，体长 40~45 mm，黄白色。体表具稀疏黄褐细毛，趾钩二横带式，臀足退化，仅存留中列式趾钩，尾末背面具一深褐色细刺。蛹，褐色，纺锤形，长 25~35 mm，每节后缘及尾部有细刺。

生物学特性： 2 年 1 代，以当年幼虫在树皮下或木质部蛀道内越冬。翌年 4 月初开始蛀食危害，10 月上旬停止取食，进入越冬。经过 2~3 年为害后，7 月中旬开始化蛹（蛹期约 21 天），8 月上旬成虫开始羽化，羽化多集中于 9：00—10：00 时，占羽化量的 46%。羽化后蛹壳留在羽化孔处或附近。成虫飞翔力强。羽化当晚即交尾，交尾多集中于 18：30—19：30。次日中午开始产卵于干基或干基皮缝深处（卵期 9~17 天）；产卵量 311~791 粒，平均 509 粒。9 月初新 1 代幼虫孵化；蛀干为害至 9 月底越冬。幼虫孵出后多于卵壳附近爬行，选择适宜场所后，开始蛀食树皮，蛀入孔多位于树皮裂纹

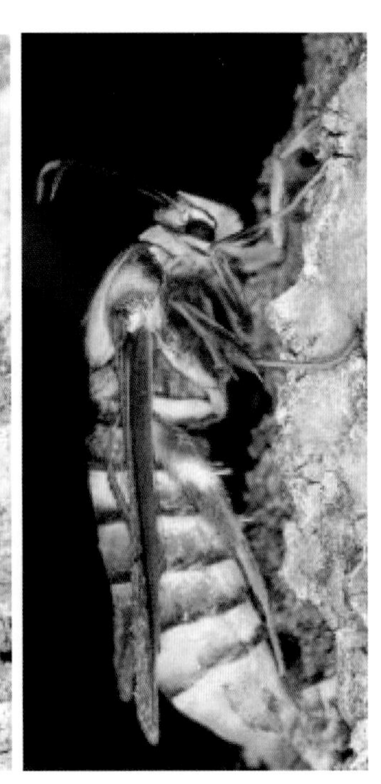

杨干透翅蛾雌成虫（李德家　摄）

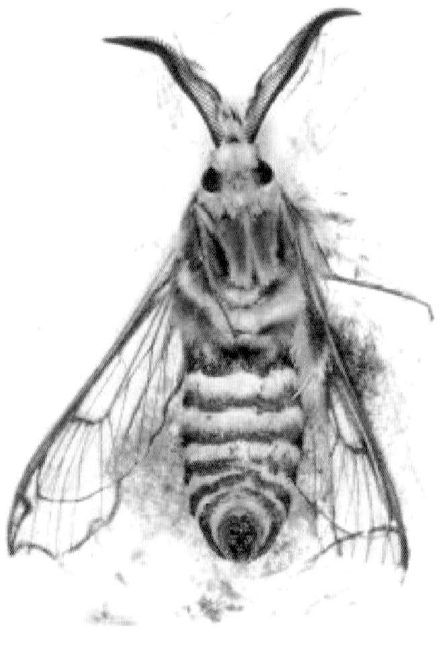

杨干透翅蛾雄成虫（李德家　摄）

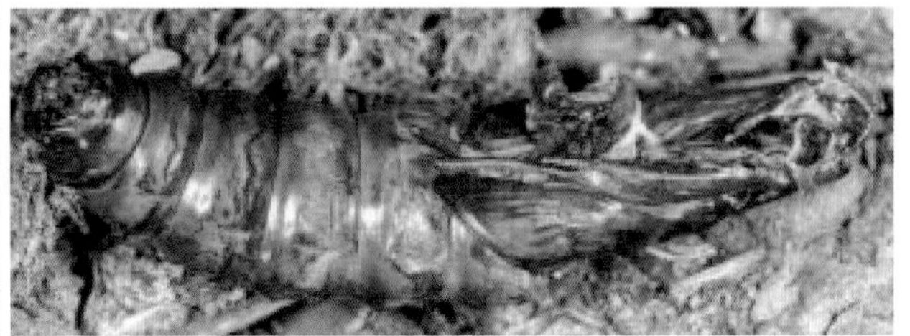

杨干透翅蛾羽化后的蛹壳（李德家　摄）

的幼嫩组织上。老熟幼虫化蛹前 3~4 天停食，于虫道顶端下方开 1 羽化孔，吐丝黏结木屑，做 1 圆筒形蛹室，化蛹其中。幼虫多为害 7 年生以上大树的干部和根部，破坏输导组织，使树木生长衰弱，以致整株枯死；亦可反复为害已有虫道和伤口的衰弱木，造成风倒、风折。

分布：宁夏、青海、甘肃、陕西、内蒙古、山西、山东、云南等地。

杨干透翅蛾幼虫背面、腹面、侧面（李德家 摄）

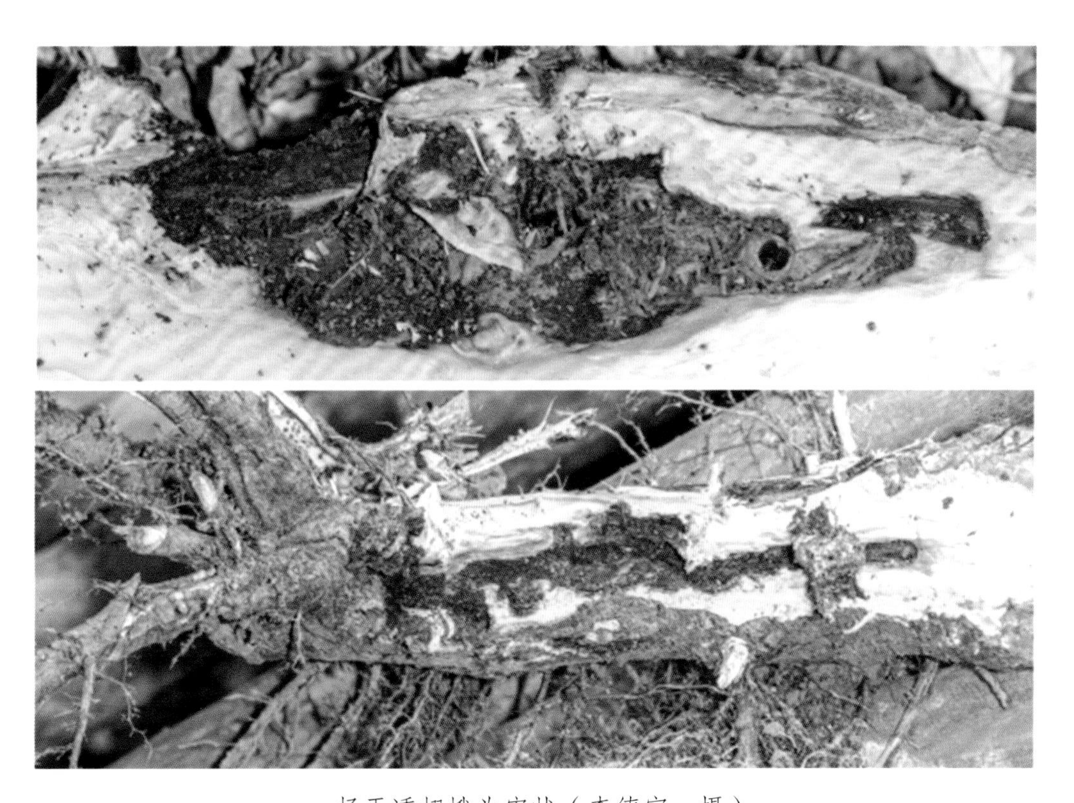

杨干透翅蛾为害状（李德家 摄）

152 美国白蛾
Hyphantria cunea（Drury，1773）

分类地位：鳞翅目，目夜蛾科。

异　名：*Cycnia cunea* Drury & Hübner，*Hyphantria cunea* Drury & Fitch，*Hyphantria cunea* Drury & Hampson，*Hyphantria textor* Harris，*Phalaena cunea* Drury，*Spilosoma cunea* Drury。

别名：秋幕毛虫、秋幕蛾。

美国白蛾蛹茧（李德家　摄）

寄主植物：五角枫、复叶槭、元宝枫、七叶树、臭椿、合欢、紫穗槐、白桦、白菜、构树、黄杨、凌霄、楸树、紫荆、海州常山、红瑞木、毛株、黄栌、山楂、南瓜、菊花、山药、柿树、君迁子、杜仲、卫矛、无花果、青桐、连翘、白蜡树、银杏、大豆、向日葵、洋姜、木槿、迎春、茉莉花、核桃楸、胡桃（核桃）、栾树、紫薇、金银花、金银木、玉兰、苹果属、桑、地锦、五叶地锦、泡桐、赤豆、绿豆、豆角、三球悬铃木、杨属、杏、红叶李、李属、桃、碧桃、樱桃、樱花、榆叶梅、枫杨、石榴、梨属、蒙古栎、火炬树、蓖麻、香花槐、刺槐、月季、黄刺枚、柳属、接骨木、槐树、龙爪槐、紫丁香、白丁香、蒙椴、香椿、榆树、葡萄、花椒、玉米、枣。

形态特征：成虫，雌虫体长 9.5~15.0 mm，翅展 30.0~42.0 mm；雄虫体长 9.0~13.5 mm，翅展 25.0~36.5 mm。雄蛾触角腹面黑褐色，双栉齿状；雌蛾触角锯齿状。体白色，喙不发达，短而细，下唇须小，侧面和端部黑褐色。翅底色纯白，雄蛾前翅从无到有分布着浓密的褐色斑，雌蛾前翅常无斑，越冬代明显多于越夏代。前翅 R_2 至 R_5 脉共柄，前、后翅 M_2、M_3 脉共柄。前足基节、腿节橘黄色，胫节及跗节大部黑色。卵，近球形，直径 0.50~0.53 mm，表面具有许多规则的小刻点，初产的卵淡绿色或黄绿色，有光泽，后变成灰绿色，近孵化时呈灰褐色，顶部呈黑褐色。卵块大小为 2~3 cm，表面覆盖有雌蛾腹部脱落的毛和鳞片，呈白色。幼虫，老熟幼虫头部黑色，有光泽，头宽 2.4~2.7 mm，体长 22.0~37.0 mm，头宽大于头高；体细长，圆筒形，背部有 1 条黑色宽纵带，各体节毛瘤发达，毛瘤上着生白色或灰白色混杂黑色及褐色长刚毛的毛丛；体侧毛瘤橘黄色；气门白色，长椭圆形，边缘黑褐色，腹面黄褐色或浅灰色。1 龄幼虫头宽约 0.3 mm，体长 1.8~2.8 mm；头黑色具光泽，体黄绿色，刚毛基部的硬皮板褐色。2 龄幼虫头宽 0.5~0.6 mm，体长 2.8~4.2 mm；色泽与 1 龄幼虫大体相同；背部毛瘤黑色，各毛瘤上生 1 根粗而长的黑刚毛，周围具短而细的白毛丛，腹部趾钩始现。3 龄幼虫头宽 0.8~0.9 mm，体长 4.0~8.5 mm；头部黑色有光泽；胴部淡黄色，胸部背面具 2 行大的毛瘤，腹部背面具 2 行黑毛瘤，各毛瘤突变得显著发达；背面的 D1 和 D2 黑色，D2 生有黑色长刚毛 1 根和 3~4 根短的黑色及白色的短毛；腹足趾钩单序异型中带。4 龄以上幼虫同老熟幼虫。蛹，体长 9.0~12.0 mm，宽 3.3~4.5 mm。初为淡黄色，后变橙色、褐色、暗红褐色，中胸背部稍凹，前翅侧方稍缢。臀棘由 8~15 个细刺组成，每刺端部膨大，末端凹入，长度几乎相等。茧，灰白色，薄、松、丝质混以幼虫体毛，呈椭圆形。

生物学特性：属外来入侵种。1979 年在我国辽宁丹东首次被发现。在我国大部分地区 1 年 2 代，以蛹越冬。越冬代成虫为 5—7 月，越夏代成虫为 7 月下旬至 8 月初。越冬代成虫高峰一般出现在 5 月上旬，第 1 代成虫高峰出现在 7 月上中旬，第 2 代成虫高峰出现在 8 月下旬至 9 月上旬。雄蛾比雌蛾羽化早 2~3 天，并多在傍晚和黎明活动、交尾，白天静伏于寄主叶背和草丛中。交尾结束后 1~2 小时，在寄主的叶背上产卵，卵排列呈块状，其上覆盖有白色鳞毛，历时 2~4 天，分 2~3 次完成，大部分卵粒于第 1 次产下，且孵化率高，一般均在 96% 以上，而且较整齐。越冬代成虫多在寄主树冠的中下部叶背处产卵；越夏代成虫多在树冠中、上部产卵。雌虫产卵期间和产卵完毕后，始终静伏于卵块上，

美国白蛾雄成虫（李德家　摄）

美国白蛾雌成虫（李德家　摄）

美国白蛾蛹（李德家　摄）

美国白蛾幼虫（李德家　摄）

遇惊扰也不飞走，直至死亡。成虫飞翔能力不强，有一定趋光性。越冬代较整齐，第 1、第 2 代世代重叠严重。初孵幼虫有取食卵壳的习性，并在卵壳周围吐丝拉网，1~3 龄幼虫群集取食寄主叶背的叶肉组织，留下叶脉和上表皮，使被害叶片呈白膜状。1~4 龄幼虫不断吐丝将被害叶片缀合成网幕，网幕随龄期增大而扩展，有的长达 1~2 m。5 龄后开始抛弃网幕分散取食，食量大增，进入暴食期，仅留叶片主脉和叶柄。末龄幼虫取食量占整个幼虫期的 50%。幼虫耐饥性强，5 龄以上幼虫耐饥力达 8~12 天。老熟幼虫沿树干爬下，多选择在树冠下的石头及瓦块下、地表枯枝落叶层中、树皮缝中、树洞中、屋檐缝隙中化蛹。

分布：河北、河南、北京、天津、辽宁、江苏、山东、陕西、上海、浙江等地。（宁夏检疫查获）

153 灰斑古毒蛾
Orgyia antiquoides（Hübner，1822）

分类地位：鳞翅目，毒蛾科。

异名：*Orgyia ericae* Germar，1825；*Bombyx antiquoides* Hübner，1822。

别名：沙枣毒蛾、花棒毒蛾。

寄主植物：杨、柳、松、榆树、桦、栎、花棒、踏朗、杨柴、山毛榉、沙枣、苹果、梨、李、山楂、柠条、沙拐枣、沙米、梭梭、杨梅、鼠李、柽柳、玫瑰、海棠、丰花月季、杜鹃、酸枣、大豆、沙冬青、沙棘等。

形态特征：成虫，雌雄异型，雌虫翅退化，体长 14.0~16.3 mm，淡黄色，被环状白绒毛。雄虫体长 8~10 mm，翅展 21~28 mm，黄褐色，触角长双栉齿状；前翅赭褐色，前缘有 1 个近三角形紫灰色斑，横脉纹赭褐色，新月形，外缘有 1 个清晰白斑，缘毛浅黄色；后翅深赭褐色，翅基部有密集的长毛，缘毛淡黄色。卵，直径约 1 mm，扁圆形，白色。幼虫，老熟幼虫体长 24.4 mm，幼虫黄绿色，背线黑色；前胸两侧各有 1 向前伸的由黑色羽状毛组成的长毛束；第 1 至第 4 腹节背面各有 1 浅白黄色毛刷；第 8 腹节背面有 1 由黑色羽毛组成的长毛束；头部和足黑色；瘤枯黄色，上生浅灰色长毛；翻缩腺枯黄色。蛹，雌蛹体长 13.9 mm，雄蛹 11 mm。雌性黄褐色，雄性黑褐色，蛹背被 3 撮白色短

灰斑古毒蛾雌成虫、雄成虫、蛹（左雌右雄）（李德家　摄）

灰斑古毒蛾成虫交尾状（李德家　摄）

灰斑古毒蛾茧内初孵幼虫（李德家　摄）

灰斑古毒蛾蛹茧（李德家　摄）

灰斑古毒蛾茧内雌成虫及卵（李德家　摄）

灰斑古毒蛾幼虫（李德家　摄）

绒毛。茧，长 9~15 mm，灰白色或淡灰黄色，附少量体毛和稀疏缀叶丝。

生物学特性： 1 年 2 代。以卵在茧内越冬。越冬卵于翌年 5 月中旬至 6 月上旬孵化。刚孵化的幼虫在茧内停留 5~7 天，之后从茧一端的交尾孔钻出，取食茧附近的幼果、嫩叶，或吐丝下垂随风飘移，分散取食。6 月上旬至 7 月下旬，越冬代幼虫在枝干处结茧化蛹。6 月下旬、7 月上旬越冬代成虫羽化、交尾、产卵，雄虫的羽化比雌虫早 1 周左右。7 月中下旬，第 1 代幼虫出现，8 月中下旬化蛹，8 月下旬至 9 月中下旬第 1 代成虫羽化，交尾后产卵越冬。卵期 8~14 天（越冬卵 8 个月左右）；幼虫期

灰斑古毒蛾幼虫（李德家 摄）

灰斑古毒蛾幼虫为害状（李德家 摄）

18~42 天不等，30 天左右，蜕皮 4~5 次；蛹期 11~14 天；成虫寿命雄虫 1~3 天，雌虫 4~11 天。雄蛾白天活动，寻找雌茧，在雌蛾茧外通过交尾孔与茧内雌蛾交尾。雌蛾一生都在茧内，翅退化，失去飞行能力。雌蛾的性引诱力很强，能在茧内引诱雄蛾前来交尾。交尾后，雌蛾在茧内产卵，之后在茧内干瘪而死。每只雌蛾产卵 104~415 粒，多为 250 粒左右。第 1 代幼虫孵化较整齐，第 2 代幼虫孵化不整齐。幼虫畏强光和高温，一般在早晚和天气凉爽时取食。初龄幼虫喜食嫩枝叶和花朵。为害未成熟果荚和种子，发生严重时可将被害树木叶片、花吃光。当气温达到 34 ℃以上时，幼虫常潜伏于幼果、幼叶的背面。1~2 龄幼虫有吐丝下垂飘荡、借风转移的习性，5~6 龄幼虫有受惊后头向腹部卷曲、落地的习性。

分布：宁夏（银川、石嘴山、吴忠、中卫），北京，河北（邢台、唐山），辽宁，吉林，黑龙江，山东，陕西（太白山），甘肃（康县），青海（西宁）等地。

154 舞毒蛾
Lymantria dispar（Linnaeus，1758）

分类地位：鳞翅目，毒蛾科。

别名：秋千毛虫、柿毛虫、松针黄毒蛾。

寄主植物：寄主多达500余种植物，以杨、柳、榆树、桦、栎、槭、椴、云杉、落叶松及苹果、桃、杏、梨、李等蔷薇科果树为主。

形态特征：成虫，雌、雄异型。雄蛾体长16~21 mm，翅展37~54 mm。头部、复眼黑色，下唇须向

舞毒蛾雌成虫（雷银山、李德家　摄）

舞毒蛾雄成虫（李德家　摄）

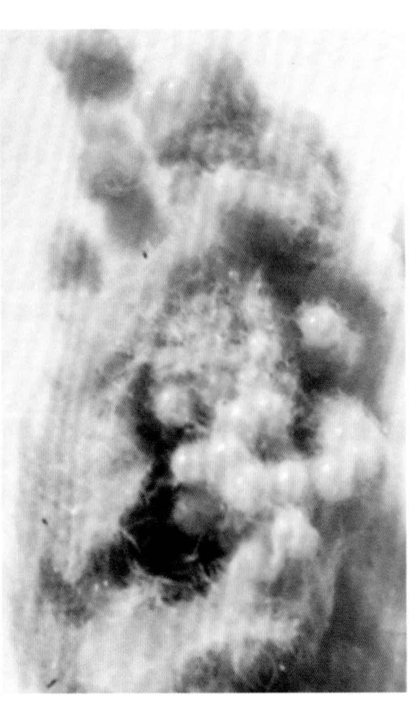

舞毒蛾卵（杨凌　摄）

舞毒蛾幼虫背面、侧面、头前面（李德家 摄）

前伸，第 2 节长，第 3 节短。后足胫节有 2 对距。前翅灰褐色或褐色，有深色锯齿状横线，中室中央有 1 个黑褐色点，横脉上有一弯曲形黑褐色纹。前后翅反面黄褐色。雌蛾体长 22~30 mm，翅展 58~80 mm。前翅黄白色，中室横脉明显具有 1 个“<”形黑褐色斑纹，其他斑纹与雄蛾近似。前后翅外缘每两脉间有 1 个黑褐色斑点。雌蛾腹部肥大，末端着生黄褐色毛丛。卵，圆形，两侧稍扁，直径 1.3 mm；初期杏黄色，以后转为褐色。卵粒密集成一卵块，上被黄褐色绒毛。幼虫，1 龄幼虫头宽 0.5 mm，体黑褐色，刚毛长。刚毛中间具有呈泡状扩大的毛，称为“风帆”，是减轻体重易被风吹扩散的构造。2 龄幼虫头宽 1 mm，黑色，体黑褐色，胸、腹部显现出 2 块黄色斑纹。3 龄幼虫头宽 1.8 mm，黑灰色，胸、腹部花纹增多。4 龄幼虫头宽 3 mm，褐色，头面出现明显 2 条

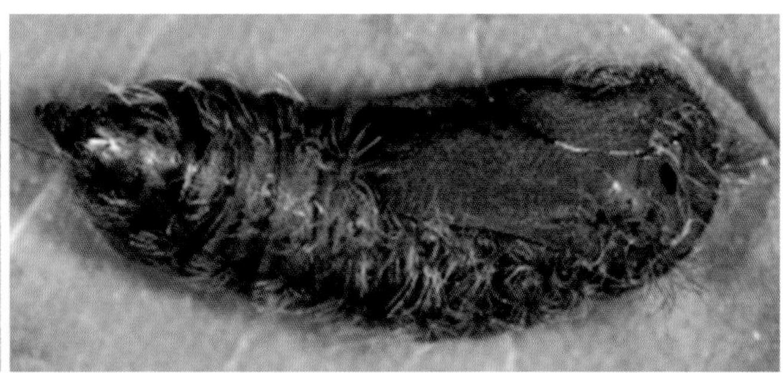

舞毒蛾蛹背面、侧面（李德家　摄）

舞毒蛾蛹腹面、头前面（李德家　摄）

黑斑纹。5 龄幼虫头宽 4.4 mm，黄褐色，虫体花纹与 4 龄近似。6、7 龄幼虫头宽 5.3 ~ 6.0 mm，头部淡褐色散生黑点，“八”字形黑色斑纹宽大。背线灰黄色，亚背线、气门上线及气门下线部位各体节均有毛瘤，共排成 6 纵列，背面 2 列毛瘤色泽鲜艳，前 5 对为蓝色，后 7 对为红色。蛹，体长 19~34 mm，雌蛹大，雄蛹小。体色红褐或黑褐，被有锈黄色毛丛。

生物学特性：1 年发生 1 代，以完成胚胎发育的幼虫在卵内越冬。翌年 4 月下旬或 5 月上旬幼虫孵化。孵化的早晚同卵块所在地点的温暖程度有关，于石砾堆里中的卵块孵化较晚。幼虫孵化后群集在原卵块上，气温转暖时上树取食幼芽，以后蚕食叶片。1 龄幼虫能借助风力及自体上的“风帆”飘移很远。2 龄以后日间潜伏在落叶及树上的枯叶内或树皮缝里，黄昏后出来为害。幼龄幼虫受惊扰后吐丝下垂，随风在林中扩散。后期幼虫食叶量大，有较强的爬行转移危害能力，能吃光老、嫩树叶。幼虫爬行速度快。幼虫历期 1.5 个月，雄幼虫 5 龄，雌幼虫 6 龄，若食物不良，可出现 7 龄幼虫。6 月中旬幼虫老熟，于枝、叶间，树干裂缝处、石块下、树洞里吐丝缠固其身化蛹。6 月下旬至 7 月上旬化蛹最多。蛹期 12~17 天。成虫自 6 月底开始羽化，7 月中下旬为盛期。雌蛾羽化后对雄蛾引诱力强，雄蛾善飞翔，日间常在林中成群飞舞，故称“舞毒蛾”。交尾后雌蛾产卵在树干或主枝上、树洞中、石块下、屋檐下等处。每雌一生产卵 400~1 500 粒，雌、雄蛾均有趋光性。

分布：宁夏、内蒙古、陕西、甘肃、青海、新疆、黑龙江、吉林、辽宁、河北、山西、山东、河南、湖北、四川、贵州、江苏、台湾等地。

155 侧柏毒蛾
Parocneria furva（Leech，1889）

分类地位：鳞翅目，毒蛾科。

别名：柏毒蛾。

寄主植物：主要为害侧柏、黄柏、桧柏。

形态特征：成虫，体长约 20 mm，翅展约 30 mm；体灰褐色。雌蛾触角短栉齿状，灰白色；前翅浅灰色，鳞片薄，略透明，翅面有不显著的齿状波纹，近中室处有 1 个暗色斑点，外缘较暗，有若干黑斑。雄蛾触角羽毛状，雄蛾体色较雌蛾深，前翅花纹模糊，但在 Cu2 脉下方近中室处的暗色斑点较显著。卵，扁圆形，直径 0.7~0.8 mm。初产时绿色，有光泽，渐变为黄褐色，孵化前为黑褐色。幼虫，老熟幼虫体长 20~30 mm。体绿灰色或灰褐色，腹面黄褐色；头部灰黑色或黄褐色，有茶色斑点；体各节具有棕白色毛瘤，上着生黄褐色和黑色刚毛，背线黑绿色，第 3、7、8、11 节背面发白，亚背线从第 4 至第 11 节为 1 条黑绿色斑纹，亚背线与气门线有白色斑纹；腹部第 6、7 节背面各有 1 个橘红色翻缩腺。蛹，长 10~14 mm，青绿色，羽化前呈黄褐色，每一腹节有 8 个白斑，上生少数白色细毛，气门黑色；臀棘钩状，暗红褐色。

侧柏毒蛾雌（左）雄成虫（李德家 摄）

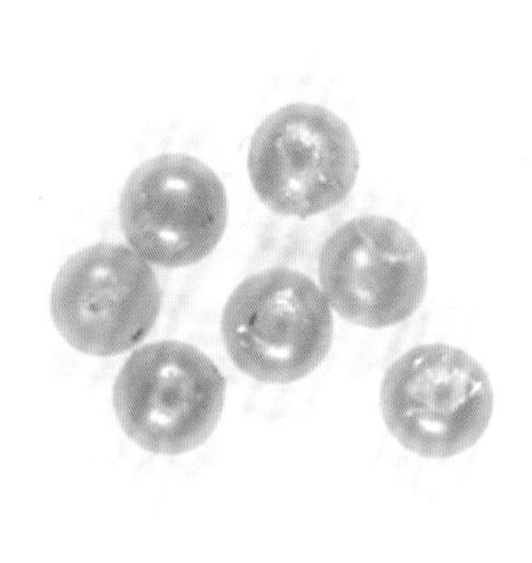

侧柏毒蛾卵（李德家 摄）

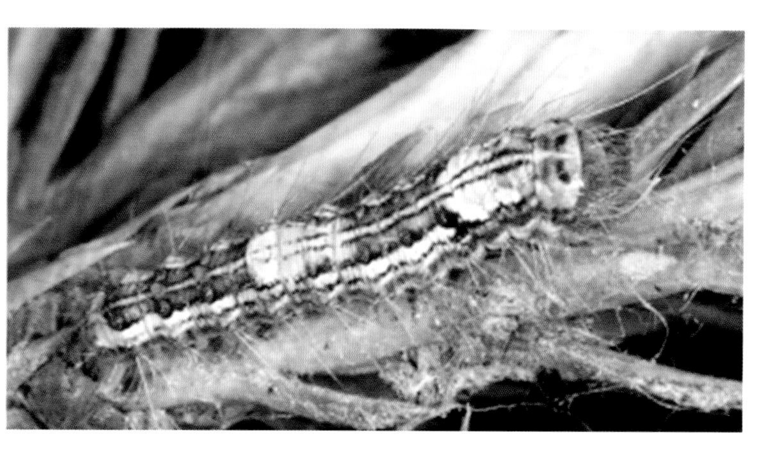

侧柏毒蛾幼虫（李德家 摄）

侧柏毒蛾蛹（李德家　摄）

生物学特性： 1 年发生 1~2 代，以幼虫和卵在柏树皮缝和叶上越冬。翌年 4 月上旬至 4 月中旬（柏树刚发出新芽）为幼虫活动和孵化盛期，5 月下旬化蛹，蛹期约 8 天，6 月中旬成虫羽化。7—8 月第 2 代幼虫为害最烈，9 月下旬第 2 代成虫羽化、产卵和幼虫孵化，开始越冬。

分布： 西北、东北、华北、华中、华南、西南均有分布。

156 榆木蠹蛾 *Holcocerus vicarius*（Walker，1865）

分类地位： 鳞翅目，木蠹蛾科。

别名： 榆蠹蛾、柳干木蠹蛾、柳木蠹蛾、柳乌蠹蛾、大褐木蠹蛾。

寄主植物： 主要为害白榆，此外还为害柳、杨、沙枣、槐、丁香、苹果、白蜡、山楂、杏、沙果、枸杞、栎、金银花、花椒等。

形态特征： 成虫，体粗大，灰褐色，雌虫体长 25~40 mm，翅展 68~87 mm；雄虫体长 23~34 mm，翅展 52~68 mm。雌、雄触角均为线状，雄成虫触角鞭节 71 节，先端 3 节短细，尤以第 3 节最短；雌成虫鞭节 73~76 节，先端 2 节短细。下唇须紧贴额面，伸达触角基部。头顶毛丛，领片和肩片暗褐灰色，中胸背板前缘及后半部毛丛均为鲜明白色，小盾片丛毛灰褐色，其前缘为 1 条黑色横带。前翅灰褐色，翅面密布许多黑褐色条纹，亚外缘线黑色、明显，外横线以内中室至前缘处呈黑褐色大斑，是为该种明显特征。后翅浅灰色，翅面无明显条纹，其反面条纹褐色，中部褐色圆斑明显。雌成虫翅缰由 11~17 根硬鬃组成。中足胫节 1 对距，后足胫节 2 对距，中距位于端部 1/4 处，后足基跗节膨大，中垫退化。卵，卵圆形，长1.52~1.72 mm，初产灰白色，渐变为褐色至深褐色，表面布满纵脊行纹，行间有横隔。幼虫，扁筒形。初孵幼虫体长 3 mm 左右，老龄幼虫体长 63~94 mm。胸、腹部背面鲜红色，腹面色稍淡。头部黑色，前胸背板骨化，褐色，上有 1 个浅色“B”形斑痕；

榆木蠹蛾成虫（李德家　摄）

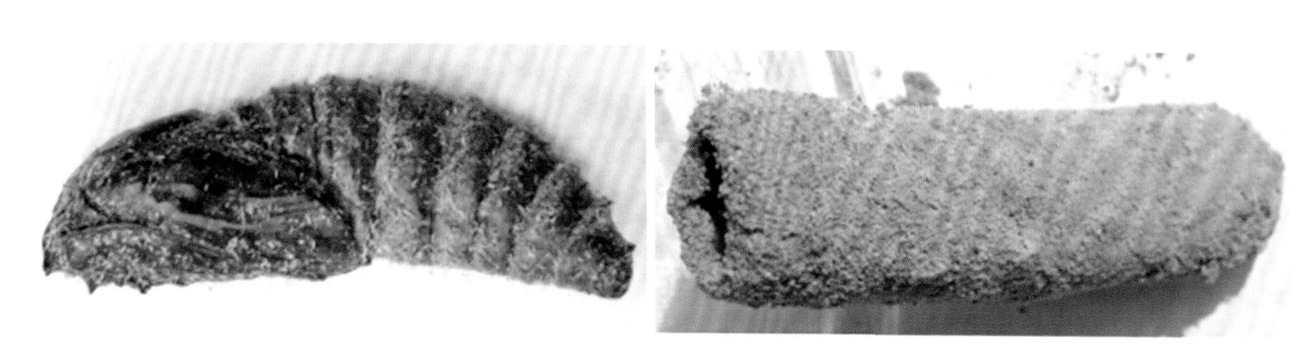

榆木蠹蛾蛹、蛹茧（李德家　摄）

榆木蠹蛾幼虫（李德家　摄）

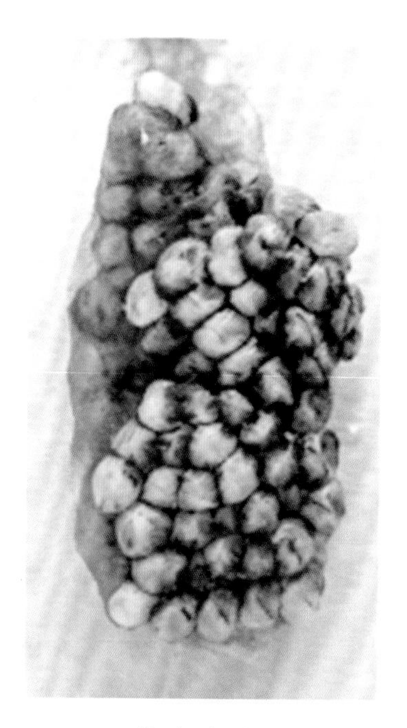

榆木蠹蛾卵
（李德家　摄）

榆木蠹蛾为害状（李德家　摄）

幼龄幼虫该斑痕黑褐色，5 龄以后变浅。斑痕前方有一长方形浅色斑纹；后胸背板有两枚圆形斑纹。腹足深橘红色，趾钩三序环状，趾钩数为 82~95 个；臀足趾钩双序横带，趾钩数 19~23 个。此虫体色从幼龄到老龄均为鲜红色。蛹，棕黑色，略向腹面弯曲。蛹长 29~48 mm。雌蛹腹部背面第 1 至第 6 节，雄蛹第 1 至第 7 节，每节有 2 行刺列，前行刺列粗大，刺列长过气门，后行刺列长不达气门。臀部有 3 对齿突，腹面 1 对显著粗大。茧，长椭圆形，略弯曲，系老熟幼虫所吐丝质与土壤缀成，内壁光滑，灰白色，质地坚韧。

生物学特性：该虫多数 2 年 1 代，少数 3 年 1 代或 1 年 1 代。林内 4 月下旬开始化蛹，成虫出现于 5 月中旬至 8 月中旬，9 月中旬尚可见个别成虫。成虫羽化脱蛹时蛹壳遗留在土表，极易发现。羽化后当夜即可交尾产卵。卵产于树皮裂缝处，成堆或成块，每雌产卵 134~940 粒。卵期 13~15 天。成虫趋光性强。6 月中下旬为幼虫孵化盛期，初孵幼虫多群集取食蛹壳及树皮，2~3 龄时分散寻觅伤口及树皮裂缝侵入，在韧皮部及边材为害，发育至 5 龄时，沿树干爬行到根部为害。此后不再转移，故在土层上下的根颈部内往往危害呈蜂窝状。当年孵化的幼虫称当年群幼虫或 1 年群幼虫，前 1 年孵化的称为两年群幼虫。当年群幼虫于 10 月份在根颈内越冬，2 年群末龄幼虫于 10 月中下旬由虫道中爬出寻觅松软土壤，在土壤内 3~11 cm 深处做土茧越冬。次年 4 月上旬，气温达到 10℃以上时，幼虫再由越冬茧中爬到土中作茧化蛹。少数未达末龄的 2 年群幼虫仍在根颈内进行第 2 次越冬，次年 4 月开始取食一段时间，到达末龄时爬入土中作茧化蛹。预蛹期 9~15 天，蛹期 26~61 天。8 龄以上的中龄幼虫禁食寿命仍可达 113~447 天，为其他蛾类幼虫所罕见。老熟幼虫化蛹前，胴部原有鲜红色素褪去，成为黄白色。

分布：西北、东北、华北、西南地区，河南、山东、安徽、江苏、上海、山西等地。

157 丝绵木金星尺蛾
Abraxas suspecta Warren，1894

分类地位：鳞翅目，尺蛾科。

寄主植物：丝绵木、杏、白桦等。

形态特征：成虫体长 12~15 mm，翅展 30~45 mm。雌蛾较大，体色金黄，肩片有 2 个黑点，胸部背面有 2 个大黑斑。腹部各节黑斑，背中 1，两侧 2，腹侧 1，腹面 2。翅白色，具灰黑色斑组成的横线 3 条，翅基斑和后缘近外侧大斑为黑黄褐色，颇显著。此斑在背面仍为黑色。卵为椭圆形，高 0.8 mm，宽 0.6 mm，黄色，卵面有六角形网纹，卵顶 10 瓣花纹，数十至百余粒成块，排列整齐。幼虫体长 33 mm，黑色，头部黑色、中缝黄色，前盾板黄色，有 4 黑点横列，前气门处为黑色斑，体背有 6 条白色背线，气孔线较宽，下线窄细。腹面中线最宽。胸足黑色，腹足、尾足各 1 对，黑色，内侧黄褐色，臀板黑色，基部两侧各有 1 不整形白斑。端部有 1 突起。蛹为黑褐色，长 12~15 mm，腹节具刻点，以基部刻点较密，腹端有 1 臀棘。

生物学特性：1 年 3~4 代，以蛹在树下土中越冬。5 月中下旬羽化交配产卵。卵成块产于叶背。6 月上旬为第 1 代幼虫孵化盛期，7 月下旬至 8 月为第 2 代，8 月中旬以后为第 3 代，9 月上旬开始化蛹越冬。

丝棉木金星尺蠖为害状（李德家　摄）

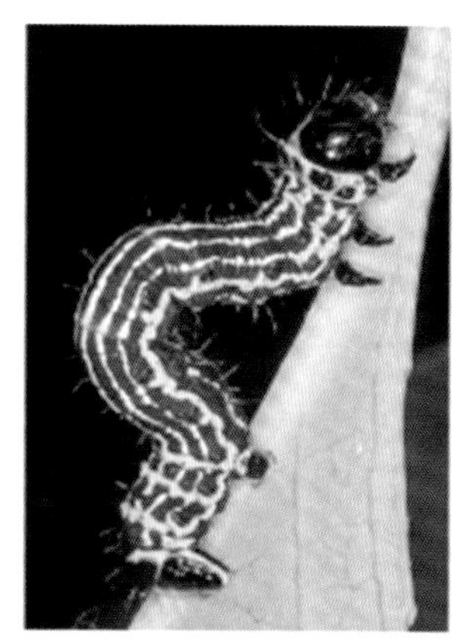

丝棉木金星尺蠖幼虫、卵（李德家、李立国　摄）

丝棉木金星尺蠖成虫（李德家　摄）

成虫白天多栖于树枝干上，下午至傍晚活动，有一定趋光性。初龄幼虫群居，后吐丝下坠随风分散为害。老熟后爬到树基土缝等处化蛹。此虫为害严重时可将树叶食光。

分布：宁夏（银川、石嘴山、吴忠、中卫），西北、华北、华东等地区。

158 春尺蠖 *Apocheima cinerarius*（Erschoff，1874）

分类地位：鳞翅目，尺蛾科。

别名：春尺蛾、沙枣尺蛾、桑尺蛾、榆尺蛾、杨尺蛾、柳尺蛾。

寄主植物：柠条、沙枣、杏、槭、云杉、榆属、杨属、枣属、柳属、槐属、苹果、梨属、丁香属等。

形态特征：成虫，雌蛾体长 7~19 mm，无翅，体灰褐色，复眼黑色，触角丝状，腹部各节背面有数目不等的成排黑刺，刺尖端圆钝，腹末端臀板有突起和黑刺列；雄蛾体长 10~15 mm，翅展 28~37 mm。触角羽毛状，前翅淡灰褐色至黑褐色，从前缘至后缘有 3 条褐色波状横纹，中间 1 条不明显。成虫体色因寄主不同而不同。以梨、沙果、柳等为食料者体色浅，以榆树、桑为食料者，体色灰黑。卵，椭圆形，长 0.8~1.0 mm，有珍珠光泽，卵壳上有整齐刻纹。初产时为灰白色或赭色，孵化前为深紫色。幼虫，体长 22~40 mm。老龄幼虫灰褐色，腹部第 2 节两侧各有 1 个瘤状突起，腹线均为白色。气门线一般为淡黄色。蛹，长 1.2~2.0 mm，灰黄褐色，末端有臀刺，刺端分叉。雌蛹有翅的痕迹。

生物学特性：1 年发生 1 代，以蛹在土层中越夏、越冬。翌年 2 月底、3 月初，当地表 3~5 cm 深处温度 0 ℃左右时成虫开始羽化出土。3 月上旬见卵，3 月底至 4 月上旬幼虫孵化，5 月上中旬老熟幼虫入土化蛹，化蛹盛期在 5 月上旬。蛹头部一般向上直立，个别平卧。蛹发育速度较快，至 7 月底即在蛹壳内发育为成虫，直到翌年春天才羽化出土。成虫一般多在 19：00 左右羽化。雄蛾具趋光性，多

春尺蠖雌成虫及卵（李德家　摄）

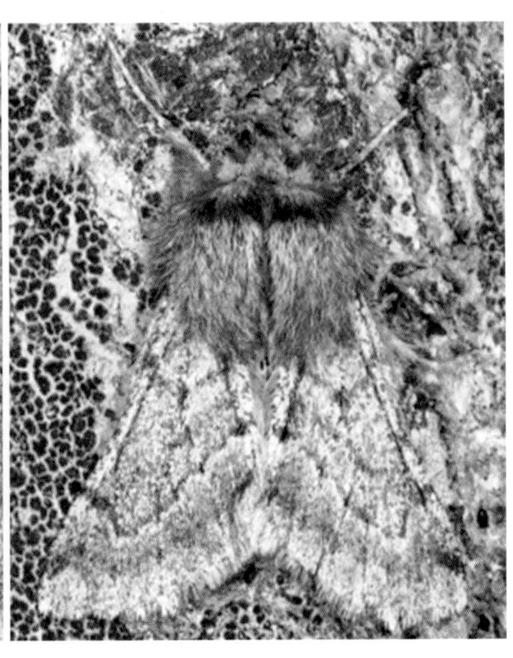

春尺蠖雄成虫（李德家　摄）

春尺蠖各龄幼虫（李德家 摄）

春尺蠖蛹（李德家 摄）

在夜间活动，白天静伏在枯枝落叶和杂草间，已上树的成虫则藏在开裂的树皮下、树干断枝处、裂缝中以及树枝交错的隐蔽处。成虫寿命与温度呈负相关。羽化较早（2月底、3月初）的成虫，当时气温低，寿命则长；羽化较晚（3月中下旬）的成虫，当时气温渐高，寿命则较短。雌蛾寿命一般比雄蛾长。雌蛾寿命最长28天。成虫羽化率高，室内观察为89 %，成虫白天有假死性，夜间不明显。雌蛾上树爬行速度快。成虫多在黄昏至23：00前交尾，交尾后即产卵，卵多产在树干1.5 m以下的树皮裂缝中和断枝皮下等处，10余粒至数十粒聚产成块。每雌平均产卵104粒。产卵期10天左右，以上半夜最集中。卵期13~30天，卵孵化率达80%。幼虫5龄，幼虫期18~32天，初孵幼虫取食幼芽及花蕾，大龄幼虫取食叶片，整株叶片吃光后又借助风力转移到邻近的树上为害。4~5龄幼虫耐饥力较强。幼虫静止时常以1对腹足和特别发达的臀足固定在树枝上，将头、胸部昂起，遇到意外惊动则立即吐丝下垂，悬于树冠之下，慢慢又以胸足绕丝上升。5月中旬前后，老熟幼虫陆续入土，结土茧化蛹，蛹以树冠下分布最多，尤其是树冠下低洼地段的蛹量。蛹入土深10~50 cm，在20~30 cm处较多。该虫发生地区春季温度变幅大，同一地区不同年份危害期可相差10天之久，而防治日期也只有10余天时间，因而准确预报发生期对防治特别重要。根据物候观察得知，桑、榆树芽明显膨大、杏花盛开时为卵开始孵化期；桑树芽处于脱苞至雀口期或桑花初露期时卵块孵化率达10%~20%；桑树展叶2~4片时卵块孵化率达50%，桑树展叶3~6片时卵块孵化率达90%。同一地区，由于树种、树龄及土质、小气候等不同，春尺蠖发育期也不同。

分布：宁夏、青海、新疆、甘肃、陕西、内蒙古、河北、天津、山东等地。

159 枣尺蠖

Sucra jujuba Chu，1979

分类地位：鳞翅目，天蛾科。

别名：枣步曲、苹果尺蠖。

寄主植物：枣、酸枣、苹果、梨、桃、花椒、杏、李、葡萄、杨、柳、榆树、刺槐等。

形态特征：成虫，雌雄异型，雄虫体长 12~13 mm，翅展约 35 mm。体翅灰褐色，深浅有差异。头具长毛，头顶混有鳞片。触角双栉状、棕色，背面覆有白鳞，栉齿上的微毛灰白色，密而长。喙极微弱，下唇须短而多长毛。胸部粗壮，密生长毛及毛鳞，前胸领片后缘有黑边，肩片被灰色长毛。前翅灰褐色，外横线和内横线黑色，两者之间色较淡，中横线不太明显，中室端部有黑纹，外横线在 M_3 处折有角状，前翅 Sc 与 R 分离。后翅中部有 1 条明显的黑色波纹状横线，其内外还各有 1 条，但不明显，中室端有黑纹。中足和后足只有 1 对端距。腹部背面棕褐色，密被刺毛和鳞片。雌虫体长 15 mm 左右，灰褐色，触角丝状，背面覆灰鳞而呈锯状。喙退化，下唇须被短毛。前后翅均退化。腹部背面密被刺毛和毛鳞。产卵器细长，管状，可缩入体内。卵，椭圆形，有光泽。长径 0.9~1.0 mm，短径 0.8 mm 左右。数十粒或百粒卵产在一起呈块状。初产时淡绿色，后渐变为淡褐色，近孵化时为暗黑色。幼虫，共 5 龄，老熟体长 37~40 mm，灰绿色或灰褐色，具 25 条灰白色纵条纹，头部淡黄褐色密布黑褐色斑点，胸足 3 对，腹足、臀足各 1 对，胴部有 6 个白环。初孵幼虫全体褐色，具 5 条白色横环纹，龄期平均 6 天；2 龄幼虫深绿色，体具 7 条白色纵纹，龄期平均 7 天；3 龄灰绿色，体具 13 条白色纵纹，龄期平均 5 天；4 龄灰褐色，体具 13 条黄色与灰白色相间的纵纹，龄期平均 5 天。蛹，体长 14~18 mm，纺锤形，紫褐色。腹末分 2 叉呈“Y”形，基部两侧各有一小突起。雌、雄可由腹面触角纹痕加以区别。

生物学特性：1 年发生 1 代，极少数个体 2 年发生 1 代，以蛹在树冠下浅土层裂缝、枯落物下、石块下、

枣尺蠖雌成虫（李德家　摄）

枣尺蠖雄成虫（李德家　摄）

枣尺蠖卵（李德家　摄）

翘皮下过冬或越夏。翌年 3 月下旬至 4 月上旬，当柳树发芽、榆树开花时，成虫开始羽化出土。4 月中旬至下旬，当苹果展叶、枣树萌芽之际，成虫羽化出土进入盛期。5 月上中旬，当杏花落、榆钱散之际为羽化末期，羽化出土期长达 50 多天。雌雄性比接近 2 ： 1。雌蛾无翅靠爬行上树，雄蛾可飞到树上或在地面找雌蛾交尾。成虫寿命 5~16 天。成虫交配后的第 2~3 天为产卵高峰期，卵成块产于枣树主干、主枝粗皮缝隙内，或产在树干基部石块、土缝下。卵块形状不规则，卵粒排列多为 1 层，亦有堆积 2~3 层者。田间每卵块最多有卵 344 粒，最少 14 粒，平均 197 粒。田间落卵初期在 4 月上旬，盛期在 4 月中下旬，末期在 5 月上中旬。当枣芽萌动露绿时，卵开始孵化，当枣树展叶、苹果落花时，田间卵孵化进入盛期，当枣树初花、苹果坐果时，卵的孵化进入末期。初孵幼虫出壳后迅速爬行，具有明显向上、向高处爬行，遇惊扰吐丝下垂，随风飘荡的习性。1~2 龄幼虫爬过的地方即留下虫丝，故嫩叶受丝缠绕难以生长。随着虫体和龄期的增加，食叶、食花量递增，1~3 龄幼虫危害轻，4~5 龄

枣尺蠖蛹（李德家　摄）

枣尺蠖幼虫（李德家　摄）

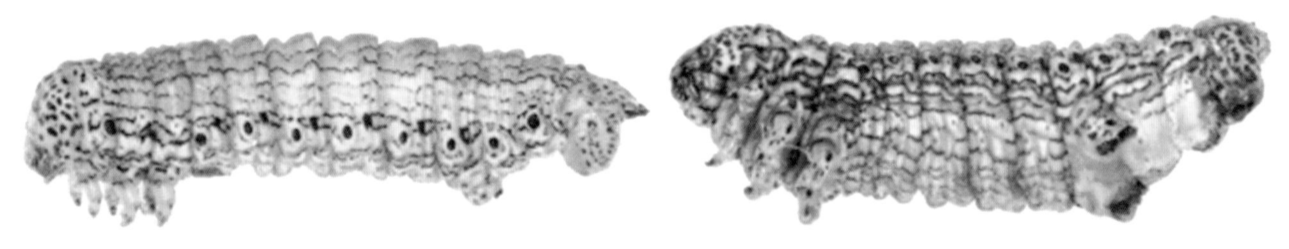

枣尺蠖预蛹（李德家　摄）

为暴食阶段，其食量占幼虫期总食量的 90% 以上。因此大田防治枣尺蠖时，一定要把幼虫消灭在 3 龄以前。幼虫有假死性，遇惊扰即吐丝下垂，幼虫期为 35 天左右。幼虫老熟后即入土或在其他隐蔽场所化蛹，以滞育蛹越夏、越冬。田间滞育解除时间为 1 月下旬，完成冬季滞育需经历田间冬季低温 3 个月以上。

分布：我国枣产区普遍发生，以北方枣产区受害最重。

160 国槐尺蠖
Semiothisa cinerearia Bremer & Grey，1853

分类地位：鳞翅目，尺蛾科。

别名：槐尺蛾、国槐尺蛾，幼虫俗称“吊死鬼”。

寄主植物：主要为害国槐、龙爪槐，食料少时也为害刺槐。

形态特征：成虫，雄虫体长 14~17 mm，翅展 30~43 mm。雌虫体长 12~15 mm，翅展 30~45 mm。雌雄相似，体灰黄褐色。触角丝状，长度约为前翅的 2/3。复眼圆形，其上有黑褐色斑点。口器发达，下唇须长卵形，突出于头部两侧。前翅亚基线及中横线深褐色，近前缘处均向外缘转急弯成一锐角。亚外缘线黑褐色，由紧密排列的 3 列黑褐色长形斑块组成，在 M_1 脉至 M_3 脉间消失，近前缘处呈单一

国槐尺蠖成虫（李德家 摄）

国槐尺蠖幼虫（李德家 摄）

褐色三角形斑块，其外侧近顶角处有 1 个长方形褐色斑块。顶角浅黄褐色，其下方有 1 个深色的三角形斑块。后翅亚基线不明显，中横线及亚外缘线均近弧状，深褐色，展翅时与前翅的中横线及亚外缘线相接。中室外缘有 1 个黑色斑点，外缘呈明显的锯齿状缺刻。足色与体色相同，但其上杂有黑色斑点。前足胫节短小，长度约为腿节的 1/2，无距，内侧有明显长毛；中足胫节与腿节长度相等，具 2 个端距，外侧端距长度为内侧的 1/2；后足胫节比腿节长 1/3，除端距外，近前端 1/3 处尚有二距，外侧者亦小于内侧者。雌雄成虫区别除雄虫腹小外，主要区别之处是雄虫后足胫节最宽处为腿节的 1.5 倍，其基部与腿节约等。雌虫后足胫节最宽处等于腿节，但其基部明显小于腿节。卵，钝椭圆形，长 0.58~0.67 mm，宽 0.42~0.48 mm，一端较平截。初产时绿色，后渐变为暗红色至灰黑色。卵壳白色透明，密布蜂窝状小凹陷。幼虫，卵变灰黑色时幼虫即开始孵化，初孵幼虫黄褐色，取食后变为绿色。幼虫两型，一型 2~5 龄直至老熟前均为绿色，另一型则 2~5 龄各节体侧有黑褐色条状或圆形斑

国槐尺蠖预蛹和蛹（李德家 摄）

块。末龄幼虫老熟时体长 20~40 mm，体背变为紫红色。蛹，雄蛹 16.3 mm×5.6 mm，雌蛹 16.5 mm×5.8 mm。初产时为浅绿色，渐变为紫色至褐色，臀棘具钩刺两枚，其长度约为臀棘全长的 1/2，雄蛹两钩刺平行，雌蛹两钩刺向外呈分叉状。

生物学特性：1 年 3~4 代，以蛹越冬。在北京 4、5 月间成虫陆续羽化。第 1 代幼虫始见于 5 月上旬。各代幼虫危害盛期分别在 5 月下旬、7 月中旬及 8 月下旬至 9 月上旬。化蛹盛期分别在 5 月下旬至 6 月上旬、7 月中下旬及 8 月下旬至 9 月上旬。10 月上旬仍有少量幼虫入土化蛹越冬。卵散产于叶片、叶柄和小枝上，以树冠南面最多，同一雌蛾产的卵孵化整齐，孵化率为 90% 以上。幼虫孵化后即开始取食，幼龄时食叶呈网状，3 龄后取食叶肉，仅留中脉。幼虫能吐丝下垂，随风扩散，并借助胸足和两对腹足做弓形运动。幼虫体背呈现紫红色时即已老熟，老熟幼虫丧失吐丝能力，移动靠爬行或直接掉于地面。一般于白天入土化蛹，化蛹以树冠东南向最多，常在树冠投影范围内。成虫多于傍晚羽化，随即交尾产卵。在自然界成虫取食珍珠梅等的花蜜补充营养。每雌平均产卵量为 420 粒。幼虫取食叶片，暴食性害虫，常将叶片食尽，到处乱爬，吐丝排粪，扰民、影响生态环境。

分布：西北、华北、华中地区，山东、浙江、江苏、江西、台湾等地广泛分布。

161 桑褶翅尺蠖
Zamacra excavata（Dyar，1905）

分类地位：鳞翅目，尺蛾科。

别名：桑刺尺蛾、褶翅尺蛾、核桃尺蛾。

寄主植物：杏、苹果、梨、山楂、樱桃、枣、桑、桃、胡桃（核桃）、榆树、水蜡、杨、槐、栾树、柳、

桑褶翅尺蠖成虫，左雌右雄（李德家 摄）

金银木、太平花、海棠、丁香等。

形态特征：成虫，雌蛾体长 14~15 mm，翅展 40~50 mm。体灰褐色。头部及胸部多毛。触角丝状。

桑褶翅尺蠖蛹茧（李德家 摄）

桑褶翅尺蠖蛹（李德家 摄）

桑褶翅尺蠖幼虫（李德家 摄）

翅面有赤色和白色斑纹。前翅内、外横线外侧各有 1 条不明显的褐色横线，后翅基部及端部灰褐色，近翅基部处为灰白色，中部有 1 条明显的灰褐色横线。静止时四翅皱叠竖起。后足胫节有距 2 对。尾部有 2 簇毛。雄蛾体长 12~14 mm，翅展 38 mm。全身体色较雌蛾略暗，触角羽毛状。腹部瘦，末端有成撮毛丛，其特征与雌蛾相似。卵，椭圆形，0.3 mm × 0.6 mm。初产时深灰色，光滑。4~5 天变为深褐色，带金属光泽。卵体中央凹陷，孵化前几天，由深红色变为灰黑色。幼虫，老熟幼虫体长 30~35 mm，黄绿色；头褐色，两侧色稍深；前胸侧面黄色，腹部第 1 至第 8 节背部有赭黄色刺突，第 2 至第 4 节上的明显长，第 5 腹节背部有褐绿色刺 1 对，腹部第 4 至第 8 节的亚背线浅绿色，气门黄色，围气门片黑色，腹部第 2 至第 5 节各节两侧各有淡绿色刺 1 个；胸足淡绿，端部深褐色；腹部绿色，端部褐色。蛹，椭圆形，红褐色。长 14~17 mm，末端有 2 个坚硬的刺。茧，灰褐色，表皮较粗糙。
生物学特性：1 年 1 代，以蛹在树干基部土下紧贴树皮的茧内越冬。翌年 3 月中旬开始羽化。下旬为羽化盛期。成虫出土后当夜即可交尾。交尾后于夜晚在枝梢光滑部位产卵。卵沿枝条排列成长块。每头雌蛾可产卵 700~1 100 粒，经 2 昼夜，分多次产完。成虫有假死性，受精后即坠地，雄蛾尤其明显；飞翔能力不强；寿命 7 天左右。卵经 20 天左右孵化，孵化率较高，平均为 89.4%。幼虫共 4 龄。孵化后半天即爬行觅食，取食幼芽和嫩叶。1~2 龄幼虫一般晚间活动，白天静伏；3~4 龄幼虫昼夜均可危害，且食量大增。当食料不足时吐丝下垂，随风转移到新的寄主上为害。幼虫于 5 月上旬老熟后吐丝坠地入土化蛹，一般在阴天或夜间下树，20：00—24：00 入土。幼虫多集中在树干基部附近深 3~15 cm 的表土内化蛹，茧多贴在树皮上。幼虫取食树叶，严重时将整树叶片吃光，造成树木衰弱，甚至枯死。
分布：西北、华北、华中等地区广泛分布。

162 黄褐天幕毛虫
Malacosoma neustria（Linnaeus，1758）

分类地位：鳞翅目，枯叶蛾科。
别名：天幕毛虫、顶针虫、黄褐枯叶蛾。
寄主植物：海棠、杨、柳、柞树、栎、落叶松、白桦、榆树、山楂、苹果、杏、梨、桃、李、樱桃、沙果、核桃、山楂等。
形态特征：成虫，雄蛾翅展 24~32 mm，雌蛾翅展 29~39 mm。雄蛾全体黄褐色；前翅中央有 2 条深褐色横线纹，两线间颜色较深，呈褐色宽带，宽带内外侧均衬以淡色斑纹；后翅中间呈不明显的褐色横纹。前、后翅缘毛褐色和灰白色相间。雌蛾体翅呈褐色，腹部色较深；前翅中间的褐色宽带内、外侧呈淡黄褐色横线纹；后翅淡褐色，斑纹不明显。卵，椭圆形，灰白色，顶部中间凹下，产于小枝上，呈指环状。幼虫，老熟幼虫体长 55 mm，体侧有鲜艳的蓝灰色、黄色或黑色带。体背面有明显的白色带，两边有橙黄色横线；气门黑色；体背各节具黑色长毛，侧面生淡褐色长毛，腹面毛短；头部蓝灰色，有深色斑点。

天幕毛虫卵（李德家 摄）

天幕毛虫幼虫侧面、背面（郭剑兵 摄）

生物学特性：北方 1 年 1 代。以卵在果树枝梢上越冬。第 2 年春，当树木吐芽时孵化。幼龄幼虫群集在卵块附近小枝上为害嫩叶，以后向树杈移动，吐丝结网，夜晚取食，白天群集潜伏于网巢内。幼虫脱皮于丝网上，近老熟时开始分散活动，白天往往群集于树干下部或树杈处静伏，晚上爬到树冠上取食。此时幼虫食量大增，易暴食成灾。各虫态发生期因经纬度和海拔高度不同而异。翌年 4 月中旬孵化，5 月中旬幼虫老熟，下旬结茧化蛹，蛹期半个月，6 月份羽化产卵。每雌产卵 200~400 粒，块状。幼龄幼虫群集在卵块附近小枝上取食嫩叶，在枝丫处吐丝结网，网呈天幕状，以此得名。大发生时，将整片林木树叶吃光，在西北尤其能将大面积的杏、杨树等叶片吃光，严重影响树木生长和杏产量。

分布：西北、东北、华北地区，山东、江苏、安徽、河南、湖北、江西、湖南、四川、山西等地。

163 丁香天蛾
Psilogramma increta（Walker，1865）

分类地位：鳞翅目，天蛾科。

别名：丁香霜天蛾。

寄主植物：丁香、梧桐、女贞、白蜡、水蜡等。

形态特征：成虫翅展 10.8~12.6 mm，体长 32~38 mm，胸背棕黑色，肩板两侧有纵黑线，前翅前缘有 3 条褐色斜形条纹，中端部有黑色条状斑 1 对，黑斑内侧前方有白点，下方有黄色斑；顶角处有 1 黑色 “C” 形斑；外缘黑白短斑相间。胸、腹部腹面白色。喙较身体长。卵球形，直径约 2 mm 初产绿色，近孵化时淡黄色，并有红色条带。初孵幼虫淡黄色，0.9 mm 左右。老熟幼虫体长 9~11 cm。

体色 2 型，1 种绿色，腹部每侧各有 7 条白色斜纹，尾角绿色，上有短刺；1 种杂色，体色绿色为主，上有褐色斑块，尾角褐色，上有短刺。蛹体长 55~62 mm，蛹体红褐色，喙发达象鼻状。

生物学特性：1 年 1 代，以蛹在土中 3~8 cm 处做土室化蛹越冬。5 月上旬成虫开始羽化，此时树木刚刚展叶。产卵盛期在 7 月上旬，7 月中旬孵化盛期，幼虫于 9 月下旬老熟入土化蛹。卵散产于寄主叶背或叶柄上。化蛹前体色由绿转红，停止取食，躁动，体变软，在土中褪 1 次皮后在土室内化蛹，土室长 8 cm 左右，宽 4 cm 左右。幼虫孵化后，先取食卵壳后食叶片，取食叶片后体色转绿，食量大，老熟幼虫会将整个叶片甚至叶柄食尽。

分布：宁夏、北京、浙江、江苏、江西、湖南、海南、台湾、黑龙江等地。

丁香天蛾成虫（李德家　摄）

丁香天蛾蛹（李德家　摄）

丁香天蛾老龄幼虫为害状（李德家　摄）

丁香天蛾老熟幼虫（李德家 摄）

164 甘薯天蛾

Herse convolvuli（Linnaeus，1758）

分类地位：鳞翅目，天蛾科。

别名：白薯天蛾，红薯天蛾、旋花天蛾、虾壳天蛾。

寄主植物：甘薯、牵牛花、旋花、扁豆、赤小豆、蕹菜等。

甘薯天蛾成虫（李德家 摄）

形态特征：成虫，体长 40~50 mm，翅展 90~120 mm；体翅暗灰色；肩板有黑色纵线；腹部背面灰色，两侧各节有白、红、黑 3 条横线；前翅内横线、中横线及外横线各为2条深棕色的尖锯齿状带，顶角有黑色斜纹；后翅有 4 条暗褐色横带，缘毛白色及暗褐色相杂。卵，球形，直径 1.5 mm 左右，淡黄绿色。老熟幼虫体长 50~70 mm，体色有两种，一种体背土黄色，侧面黄绿色，杂有粗大黑斑，体侧有灰白色斜纹，气孔红色，外有黑轮，另一种体淡绿色，头淡黄色，斜纹白色，尾角杏黄色。蛹，长约 56 mm，朱红色至暗红色，口器吻状，延伸卷曲呈长椭圆形环，与体相接。翅达第 4 腹节末。

生物学特性：在北方 1 年发生 1 或 2 代，在华南年发生 3 代；以老熟幼虫在土表下 5~10 cm 处做室化蛹越冬。有趋光性，卵散产于叶背。初孵幼虫潜入未展开的嫩叶内食害，有的吐丝把薯叶卷成小虫苞匿居其中啃食，受害叶留下表皮，严重的无法展开即枯死，轻者叶皱缩或叶脉基部遗留食痕，也有的食成缺刻或孔洞，影响作物生长发育。高龄幼虫食量大，严重时可把叶食光，仅留老茎。

分布：西北、华北、东南、华南地区，台湾等地。

165 杨二尾舟蛾
Cerura menciana Moore，1877

分类地位：鳞翅目，舟蛾科。

别名：杨双尾天社蛾。

寄主植物：杨、柳。

形态特征：成虫，体长 28～30 mm，翅展 75～80 mm。下唇须黑色。头和胸部灰白微带紫褐色，胸背有 2 列黑点，每列 3 个，翅基片有 2 个黑点。腹背黑色，第 1 至第 6 节中央有 1 条灰白色纵带，两侧每节各具 1 个黑点，末端 2 节灰白色，两侧黑色，中央有 4 条黑纵线。前翅灰白微带紫褐色，翅脉

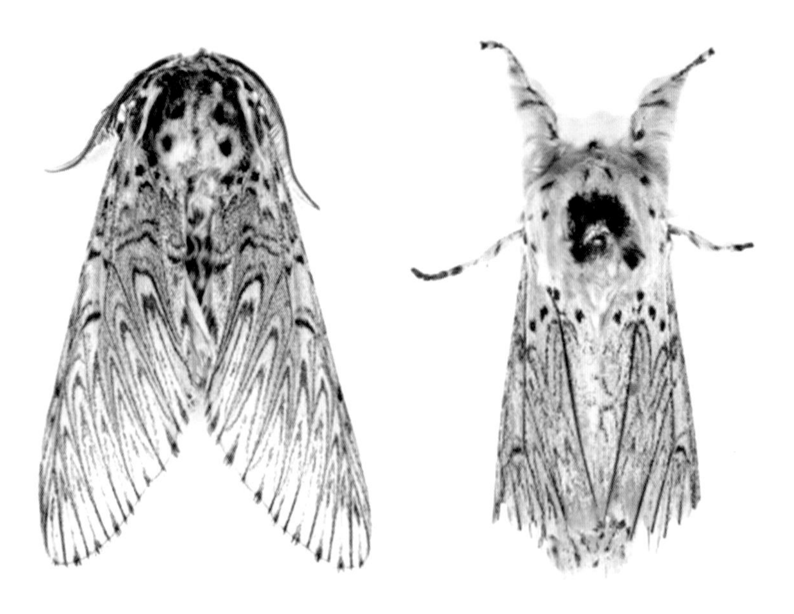

杨二尾舟蛾雄成虫（李德家　摄）

杨二尾舟蛾蛹背、侧、腹面（李德家　摄）

杨二尾舟蛾幼虫（张永明　摄）

黑褐色，所有斑纹黑色，基部有 3 黑点鼎立，亚基线由 1 列黑点组成；内横线 3 条，最外 1 条在中室下缘以前断裂呈 4 黑点，下段与其余 2 条平行，蛇形；内面 2 条在中室上缘前呈弧形开口于前缘，在中室内呈环形，以下双道，前端闭口，横脉纹月牙形，中横线和外横线（双道）深锯齿形，外缘线由脉间黑点组成，其中 4~8 脉上的点向内延长。后翅灰白微带紫色，翅脉黑褐色，横脉纹黑色。卵，馒头状，直径 3 mm。赤褐色。中央有 1 个黑点，边缘色淡。幼虫，老熟幼虫体长 50 mm，宽 6 mm。头褐色，两颊具黑斑；体叶绿色；第 1 胸节背面前缘白色，后面有 1 个紫红色三角形斑，尖端向后伸过峰突，以后呈纺锤形宽带伸至腹背末端；第 4 腹节靠近后缘有 1 白色条纹，纹前具褐边；体末端有两个可以向外翻缩的长尾角，褐色。蛹，赤褐色，宽 12 mm，长 25 mm。尾端钝圆，有颗粒突起。茧长 37 mm，宽 22 mm，灰黑色，椭圆形，极坚实，上端有 1 个胶体密封羽化孔。

生物学特性：在宁夏和辽宁 1 年 2 代，在西安 1 年 3 代，以蛹在茧内越冬。宁夏越冬代成虫 4 月下旬出现，5 月下旬幼虫孵化，6 月下旬至 7 月上旬幼虫盛发，7 月上、中旬幼虫老熟结茧，7 月中下旬第 1 代成虫出现，8 月上中旬第 2 代幼虫发生，8 月中下旬是危害盛期，9 月幼虫老熟结茧越冬。成虫一生交尾 1 次，交尾后当夜产卵，多产于叶片上，1 叶有卵 1~2 粒。每雌一生可产卵 132~403 粒，以第 3（2）代卵最多，第 1 代卵最少。成虫有趋光性，第 1 代成虫寿命 5~10 天，越冬代成虫寿命 8~21 天。初孵幼虫在卵附近叶片上爬动，并吐丝于叶面上，孵出 3 小时左右开始取食，幼虫 5 龄食叶量最大，常将树叶吃光。老熟幼虫爬上枝干，用咬破的枝干碎屑做茧，越冬代常在树干基部或树皮裂缝内结茧，越冬代蛹期 7 个多月，其他代 10 天左右。其他代老熟幼虫常在枝干分叉处结茧。茧色同树皮，质地坚硬，紧贴树皮。

分布：我国除新疆、贵州、云南、广西、湖南、安徽未见报道外，其他地区广泛分布。

166 柳裳夜蛾
Catocala nupta Linnaeus，1767

分类地位：鳞翅目，夜蛾科。

别名：红裳夜蛾。

寄主植物：杨、柳、枣等。

形态特征：成虫，体长 30 mm，翅展 72 mm，为大型蛾类。体灰黑色，腹面淡灰色或白色。前翅黑灰色带褐色，各线暗褐色，外线不规则锯齿形，在 M1 处齿尖而长，亚端线双线，线间灰色端线为一系列长黑点，肾状纹黑灰色黑边，中央有 1 黑纹，后翅黄色，中部和外缘各有 1 黑带。幼虫，体长 60 mm 左右，有灰褐色或赤褐色等变化。背上有黑色花纹，亚背线、气门线褐色，第 5 腹节有 1 黄色横纹，第 8 腹节背面有黄色隆起，并略带红色，腹面白色，各节中央有 1 大黑纹，两侧密生白色短毛。蛹，赤褐色，表面有白粉，尾端刺钩 3 对。

生物学特性：在东北和新疆伊宁 1 年发生 1 代，以幼虫在树皮及落叶层下越冬。翌年 4—5 月幼虫开始取食叶片，6 月中旬至 7 月上旬在树干上以丝做茧化蛹，7 月中下旬成虫羽化。成虫白天栖息树皮上，偶见在林间飞翔，由于前翅具有保护色且与树皮颜色相似，不易被发现；夜间趋光性强。幼虫孵化后白天静伏于枝条或树干上，夜间取食，性情警觉，稍有惊扰即扭转弹跳。幼虫取食叶片，严重时常将整树叶片吃光。10 月幼虫进入越冬状态。

分布：宁夏、辽宁、吉林、黑龙江、河北、北京、新疆等地。

柳裳夜蛾成虫（李德家　摄）

柳裳夜蛾成虫（李德家　摄）

五、膜翅目
HYMENOPTERA

167 柳虫瘿叶蜂
Pontania pustulator Forsius，1923

分类地位：膜翅目，叶蜂科。

别名：柳叶瘿蜂、柳瘿叶蜂。

寄主植物：柳树。

为害特点：在叶基形成黄绿色或紫色球形叶瘿，影响柳树的观赏和生长。

形态特征：成虫，雌虫体长 5 mm，翅展 14 mm。头部土黄色，中间有黑色纵带。前胸背板土黄色；中胸背板中央有 1 椭圆形黑斑，两侧各有 2 个近菱形黑斑；后胸盾片黑色。腹部黑色，6、7 节背面后缘及 8、9 节为土黄色。卵，长椭圆形，青白色，长 0.6 mm 左右。幼虫，体弯曲，头部黑色，初孵幼

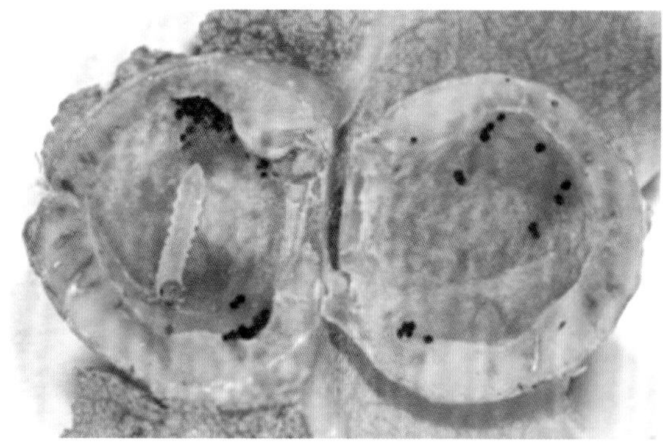

柳虫瘿叶蜂幼虫为害状（李德家　摄）

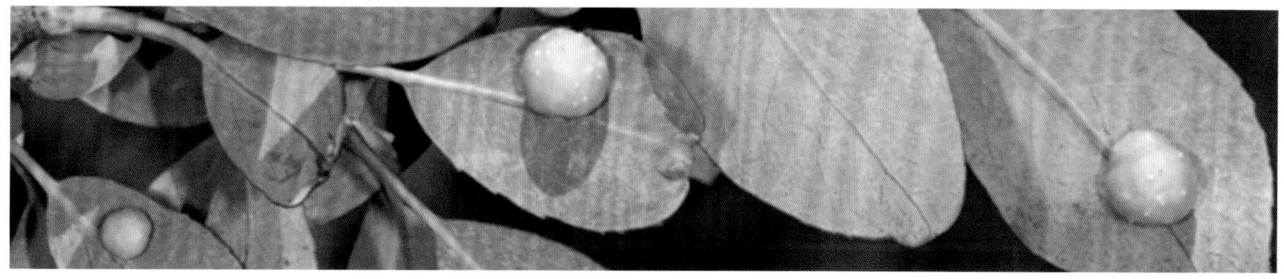

柳虫瘿叶蜂为害状（李德家　摄）

虫体乳白色，体长约为 0.7 mm；老熟幼虫体灰白色，体长约 13 mm，胸足 3 对，腹足 8 对。蛹，棕褐色，长约 7.5 mm，宽约 2 mm。茧，长椭圆形，灰褐色，丝质。

生物学特性：1 年 1 代，以老熟幼虫钻入土中 2.0~4.0 cm 处结茧越冬。翌年 4 月上中旬羽化，成虫在柳叶边缘组织内产卵。幼虫孵化后，啃食叶肉，使叶的上、下表皮逐渐肿起，幼虫即在其中继续取食；4 月中下旬，叶边出现红褐色小虫瘿，随着取食生长，虫瘿增大加厚，向下凸起，呈椭圆形或肾形，长大后长度可达 12 mm，宽 6 mm 左右，最后呈紫褐色。幼虫在瘿内为害至 10 月下旬，虫瘿内有较多的颗粒状粪便，虫瘿壁开始出现孔洞，幼虫破洞而出，随叶落地，爬出虫瘿，潜入土中结茧越冬。柳厚壁叶蜂幼虫从卵孵化到老熟状态一直生活于虫瘿内，虫瘿使幼虫免于天敌的捕杀，又能为幼虫提供营养，还能使幼虫生活于湿度较高的环境里，是幼虫的天然保护屏障，防治难度大。

分布：宁夏、陕西、甘肃、内蒙古、新疆、辽宁、河北、山东、河南、山西等地。

168 落叶松叶蜂
Pristiphora erichsonii（Hartig，1837）

分类地位：膜翅目，叶蜂科。

别名：落叶松红腹锉叶蜂、落叶松红腹叶蜂、红环槌缘叶蜂。

寄主植物：落叶松。

落叶松红腹叶蜂成虫产卵状（李德家　摄）

落叶松红腹叶蜂卵（李德家　摄）

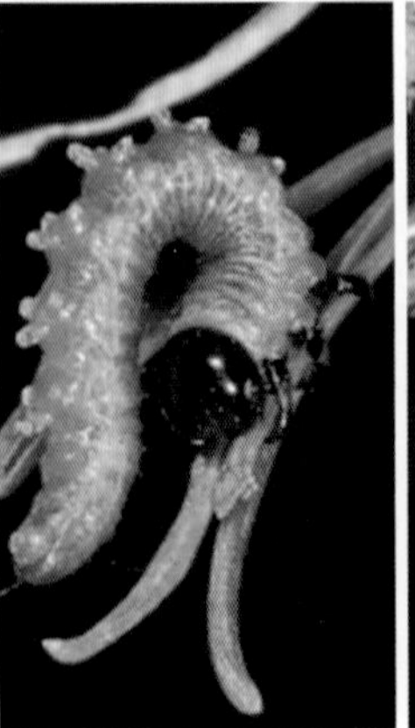

落叶松红腹叶蜂幼虫为害状（李德家　摄）

落叶松红腹叶蜂老熟幼虫落地即将化蛹（李德家　摄）

落叶松红腹叶蜂蛹茧被小蜂寄生状（李德家　摄）

形态特征：成虫，雌虫体长 8.5~10 mm。体黑色，有光泽。头黑色，触角茶褐色，唇基黑色，上唇黄色。前胸背板两侧黄褐色；中胸、后胸黑色。翅淡黄色，透明，翅痣黑色，C 脉黄色，翅基片黄色。腹部第 2 至第 5 背板、第 6 背板前缘均为橘红色，第 1、第 6 背板大部分和第 7 至第 9 节背板黑色，第 2 至第 7 腹斑中央橘红色；足黄色，前足、中足基节，中足胫节端部，后足基节基部、腿节端部、胫节端部、跗节，均为黑色；爪褐色。头部刻点细匀。锯鞘黑褐色，唇基平截，尾须和锯鞘约等长。雄虫体长 8 mm，黑色；触角黄褐色；腹部第 2 背板两侧、第 3 至第 5 及第 6 节背板中央均为橘红色。卵，长卵形，长约 1.3 mm，宽约 0.4 mm。初产时淡黄色，半透明；孵化前暗色。幼虫，老熟幼虫体长 12~16 mm，黑褐色，胸部和腹部背面墨绿色，腹面灰白色。胸足黑褐色。茧、蛹，茧初为白色，3~5 天后变为橘黄色，最后为暗褐色。蛹体长 9~10 mm，初化蛹淡青色，透明，后变为黑褐色。

生物学特性：在宁夏 1 年发生 1 代，以老熟幼虫结茧于树冠下及其周围枯枝落叶层或土壤中越冬。翌年 4 月下旬开始化蛹、5 月中旬为化蛹盛期，蛹期 7~10 天，5 月下旬为羽化高峰期，成虫喜在阳光下活动，羽化后即可产卵。6 月中下旬为幼虫危害盛期，幼虫主要为害 10~30 年生落叶松，1~4 龄幼虫群集危害，先取食产卵枝附近的针叶，逐步向枝条基部扩散，5 龄幼虫分散危害。6 月下旬老熟幼虫开始下树结茧，7 月上旬为结茧盛期，7 月下旬为结茧末期。越冬时间长达 10 个月。成虫无趋光性，营孤雌生殖，无须补充营养，雌虫一生产卵 20~110 粒。刚羽化的雌成虫先爬行约 1 小时，然后飞翔活动。海拔低的林地叶蜂生长发育较快，出现较早，反之则较慢而迟，部分地区蛹期可达 40 天。林分连续几年受此虫害后，生长衰弱，发芽吐绿比未受害的林分晚 15~20 天。在成虫产卵高峰期，由于新梢长度不够，则成虫很少在新梢上产卵。幼虫取食针叶，大发生时可将成片落叶松林针叶食光。在干旱地区落叶松林连续受害可导致树木死亡。对幼树危害极大，可使新梢弯曲，枝条枯死，树冠变小，难以成林郁闭。

分布：宁夏（固原市六盘山自然保护区、中卫市海原县），东北、西北地区，河北、北京、山西等地。

169 白蜡外齿茎蜂
Stenocephus fraxini Wei，2015

分类地位：膜翅目，茎蜂科。

别名：白蜡哈氏茎蜂。

寄主植物：木犀科白蜡树属植物。

形态特征：成虫，雌虫体长约 12 mm、头宽约 1.8 mm，雄虫体长约 10 mm、头宽约 1.61 mm。雌虫，体黑色，颜面大部、上颚和口须大部、后眶中部点斑、前胸背板后缘、小盾片大部、腹部 2~7 节背板后缘和侧缘狭边、腹板后缘、锯鞘基大部黄白色，腹部 2~3 节色泽稍淡；足黑褐色，前足股节大部、中足股节端部、前中足胫跗节、后足胫节基部 1/4 浅褐

白蜡外齿茎蜂雌成虫（李德家　摄）

白蜡外齿茎蜂雄成虫（李德家　摄）

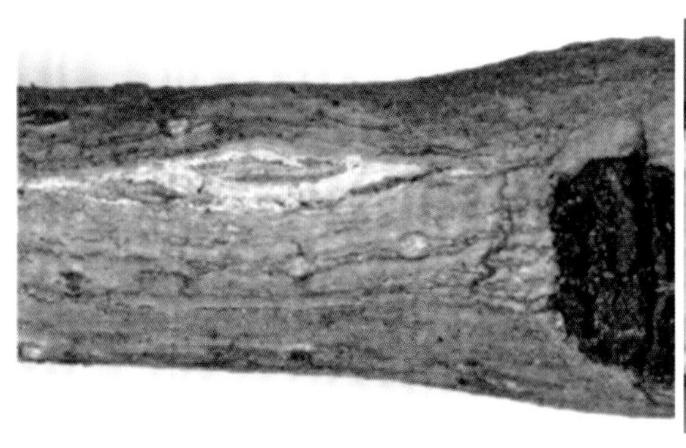
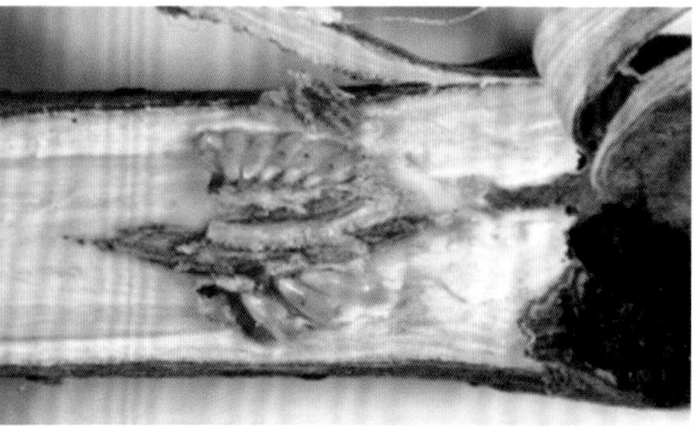

白蜡外齿茎蜂枝条产卵处外表及内部状况（李德家 摄）

白蜡外齿茎蜂幼虫为害状（李德家 摄）

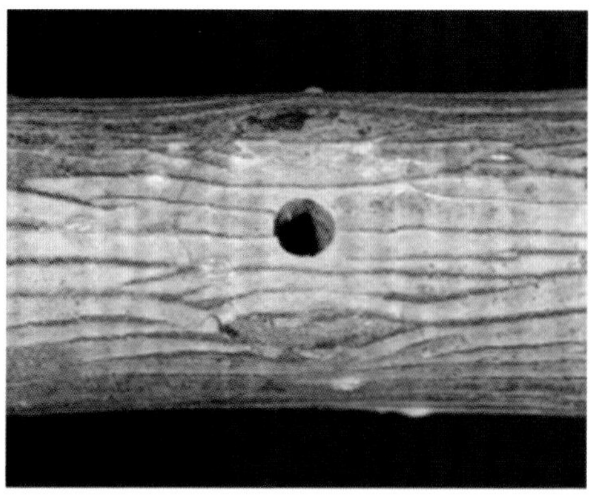

白蜡外齿茎蜂成虫羽化孔（李德家 摄）

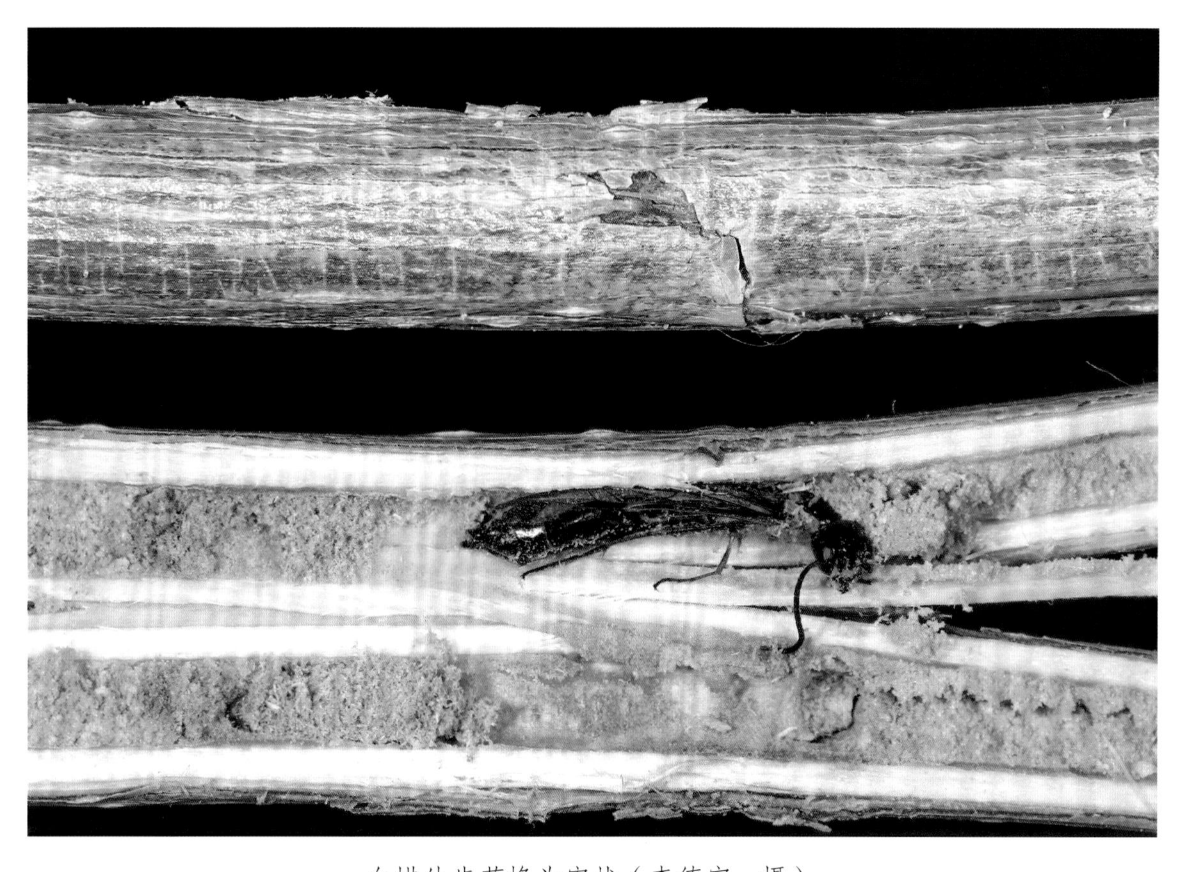

白蜡外齿茎蜂为害状（李德家 摄）

色；翅透明，前缘脉浅褐色，翅痣和其余翅脉黑褐色；头部和前胸背板光滑，无刻点和刻纹，光泽强；中胸背板包括小盾片具细小分散的刻点，中胸前侧片大部刻点细小但稍密集；腹部 2~3 背板大部光滑，刻纹模糊微弱，其余背板刻纹稍明显；触角 25 节，第 3 节 1.1 倍长于第 4 节。雄虫体色和构造与雌虫相似，但腹部 5~7 节腹板后缘黄白色横带较宽，下生殖板大部黄白色，腹部 2~3 节更窄长。卵，枝梢或叶轴茎内的卵乳白色，吸水膨胀，主体长椭圆形，上端有一直立或圆或扁平细管状的卵柄，卵主体长约 1.5 mm、宽约 0.7 mm，卵柄长约 0.5 mm。幼虫头部和肛上角突呈浅褐色，胴部中间有一绿色纵线。老熟幼虫体长约 11.7 mm、头宽约 1.4 mm，头部及各节气门淡褐色，单眼、口器及腹末的锥尖状肛上角突深褐色，各节背面及侧面具泡状褶皱。腹末背面和腹面具成簇的黄色刚毛。在枝梢髓道内蛀食的幼虫平伸，一旦离开，体型呈平躺式“S”状弯曲。蛹，离蛹。预蛹体淡白色或黄白色，体长约 10.5 mm，头部与前胸分节明显，体挺直不活动；头顶和前胸背板正中间各有 1 个小凹陷；中胸和后胸两侧向外隆起，3 对胸足较小，连同足基部明显突起。

生物学特性：1 年发生 1 代，以老熟幼虫在 1 年生枝条内越夏，以预蛹越冬。4 月下旬起（顶梢生长约 10~20 cm）成虫羽化，成虫羽化高峰期在 4 月下旬至 5 月上旬，集中而短暂；雌雄性比平均为 1.9 ∶ 1，孕卵量约 23 枚，成虫产卵于 1 年生枝梢茎部和复叶叶轴上；卵历期 7~10 天，5 月上旬为幼虫孵化高峰期，5 月中下旬至 6 月上中旬达到危害高峰致羽状复叶大量脱落。6 月下旬至 8 月上旬绝大多数以老熟幼虫在 1 年生枝条髓部滞育或休眠越夏，少量为近老熟幼虫；9—10 月气温降低未老熟幼虫仍可活动、略取食。10 月下旬至 11 月上旬气温降至 0℃以下时快速变为预蛹越冬。幼虫孵化至老熟历期 50~70 天；老熟幼虫在 1 年生枝条部位以基部最多，中部次之，端部最少。

分布：宁夏、北京、天津、河北、山东、山西、陕西、河南、江苏、安徽等地。

170 刺槐种子小蜂
Bruchophagus philorobiniae Liao

分类地位：膜翅目，广肩小蜂科。

别名：槐籽广肩小蜂。

寄主植物：刺槐。

形态特征：成虫，体长 2~3 mm，全体黑褐色、有光泽。触角屈膝状，11 节，暗褐色，柄节色较淡，半透明，梗节球状，环状节 2 节，很小；雌虫鞭状节杆状，5 节；雄虫 4 节，锯齿状；棒状节由 3 节组成；雄虫鞭节有稀疏长毛，雌虫被毛较密而短。复眼深赤褐色。头、胸背面密被粗大点刻及淡色毛，胸幅与头等宽。颜面皱纹明显，形成纵隆线。腹部卵圆形，有光泽，可见 6 节，第 4 节远大于第 3 节；腹部柄节稍长于后足基节；雌虫腹部较大而长，腹端尖，有产卵管。前翅脉淡褐色，缘脉和胫脉约等长或略短，后缘脉短，翅面有微毛。足大部分赤褐色，基节、前、中腿节基部和后腿节黑褐色，爪钩黑色。幼虫，长约 4 mm，乳白色，体弯曲，两端略尖，无足，上颚发达，赤褐色。蛹，长 2~3 mm，初化乳白色后变黑色，头、胸、腹分明，附肢裸露。

生物学特性：1 年发生 1 代，以幼虫在树上豆荚中的豆粒内越冬。幼虫在荚内蛀食籽粒，将籽粒大部吃空，种皮完整。4 月中旬开始化蛹，5 月为化蛹盛期，蛹初期乳白色，最后变为黑色。5 月上旬开始羽化，6 月中下旬达盛期。成虫羽化后咬破种皮和豆荚，飞出活动，羽化孔圆形。成虫羽化的当日即可交尾产卵。成虫出现期与种子形成期相一致。成虫产卵时，用产卵管插入幼荚内产卵，幼虫孵化后蛀入幼嫩种子为害，被产过卵的种荚表面可见到黄色胶点，随着种子生长，将大部籽粒食空，而种皮完整，被害种荚逐渐变色并出现褐色斑点。有虫种子表面凹凸不平，颜色灰暗无光泽。1 粒种子中多为 1 头幼虫，极少数有两头。幼虫在籽粒中越冬。此虫在银川平原为害刺槐种子颇为严重，局部大面积槐籽颗粒无收。

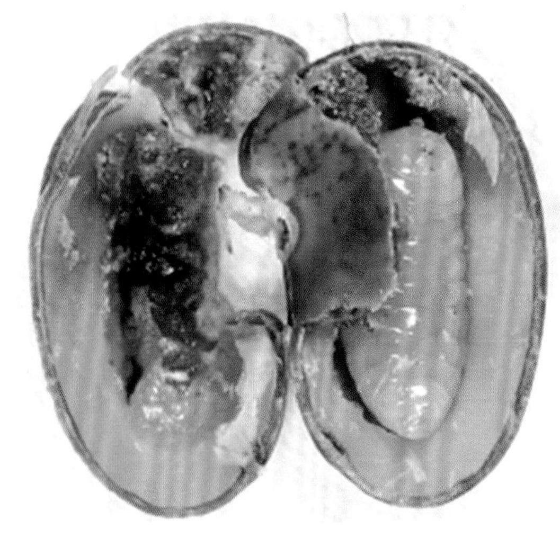

刺槐种子小蜂幼虫为害状（李德家 摄）

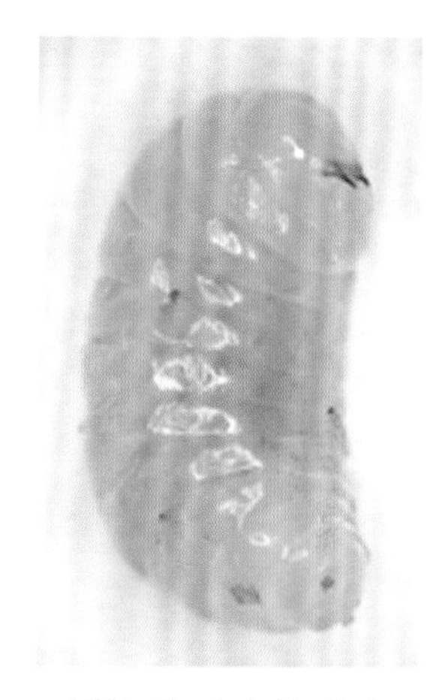

刺槐种子小蜂幼虫（李德家 摄）

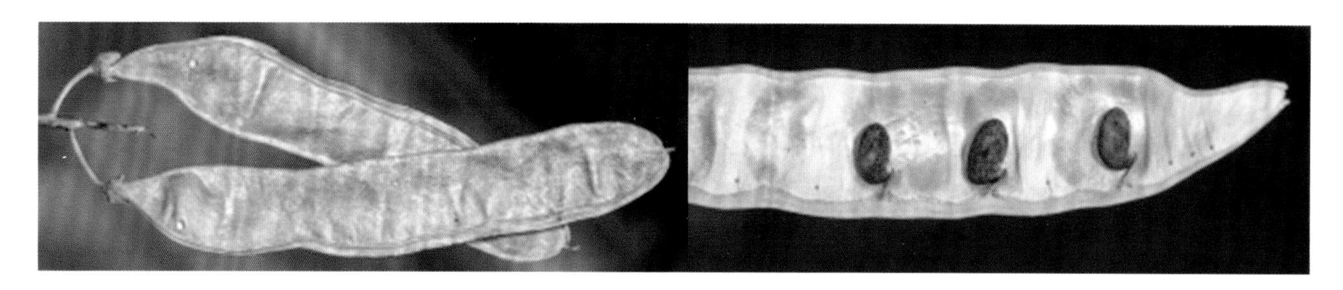

刺槐种子小蜂为害状（李德家 摄）

刺槐种子小蜂雌（左）雄成虫（李德家 摄）

刺槐种子小蜂雄成虫（李德家 摄）

分布：宁夏、陕西、甘肃、辽宁、河北、河南、山东、山西等地。

171 烟角树蜂 *Tremex fuscicornis*（Fabricius，1787）

分类地位：膜翅目，树蜂科。

别名：烟扁角树蜂、烟角扁树蜂。

寄主植物：杨、柳等多种树木。

形态特征：成虫，雌虫体长16~43 mm，翅展18~46 mm，黑褐色；触角中部数节尤其是腹面为暗色至黑色；前足胫节基部黄褐色，中、后足胫节及后足跗节基半部，第2、3、8腹节及第4至第6腹节前缘黄色；腹部除黄色部分外均为黑色；前、中胸背板和产卵管鞘红褐色。雄虫体长11~17 mm，具金属光泽；部分个体的触角基部3节，前、中足胫节和跗节及后足第5跗节为红褐色；胸部全部黑色，腹部黑色、各节呈梯形。翅淡黄褐色，透明。卵，长1~1.5 mm，椭圆形、稍弯，前端细，乳白色。幼虫，体长12~46 mm，筒形，乳白色。头黄褐色，胸足短小不分节，腹部末端褐色。蛹，雌蛹体长16~42 mm，乳白色；头部淡黄色。雄蛹体长11~17 mm。

烟角树蜂雌（左）雄成虫（李德家　摄）

烟角树蜂雌成虫侧面（李德家　摄）

烟角树蜂雌成虫腹面（李德家　摄）

生物学特性：1年1代。以幼虫在虫道内越冬。翌年4月上中旬幼虫开始活动取食，4月下旬开始化蛹，蛹期25~35天。成虫于

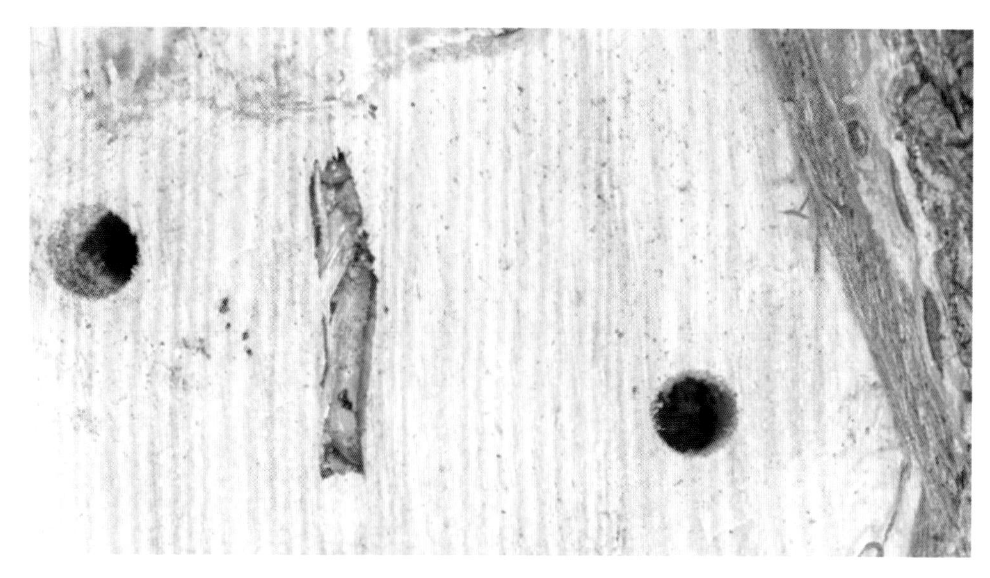

烟角树蜂为害状（李德家 摄）

5月下旬开始羽化出孔。雌成虫寿命8天左右，雄成虫7天左右。每雌产卵13~28粒，卵期28~36天，幼虫6月中旬开始孵化，11月越冬。幼虫4~6龄。成虫白天活动，无趋光性；羽化出孔1天后开始交尾，雄虫多交尾1次；交尾后1~3天开始产卵，每个卵槽平均孵出9条幼虫，幼虫孵化后蛀食木质部及韧皮部，形成多条虫道；老熟幼虫多在边材10~20 mm处的蛹室化蛹。成虫羽化后先将树皮咬成1个直径1~6 mm的羽化孔洞后飞出。羽化孔多在树干上呈纵向排列，且集中分布。该虫主要危害衰弱木，大量发生时也危害健康木。冬季因多风、少雨雪，气候干燥，造成羽化孔处韧皮部及木质部严重失水收缩，韧皮部沿蛀孔排列方向纵向开裂，树皮翘起，树体被害严重时树皮大块脱落，有的除韧皮部外木质部也沿蛀孔方向开裂，造成树体死亡。

分布：西北、华北、华东、华中、华南部分地区，西藏。

六、双翅目
DIPTERA

172 枸杞实蝇
Neoceratitis asiatica（Becker，1908）

分类地位：双翅目，实蝇科。

别名：果蛆、白蛆。

寄主植物：枸杞。

形态特征：成虫，体长4.5~5.0 mm，翅展8~10 mm。头橙黄色，颜面白色，复眼翠绿色，映有黑纹，宛如翠玉。两眼间有“∩”形纹，单眼3个。口器橙黄色。触角橙黄色，上有微毛。头部毛序齐全。

枸杞实蝇雄成虫（寇光涛　摄）

枸杞实蝇雌成虫（李德家　摄）

枸杞实蝇雌成虫头前面（李德家　摄）

枸杞实蝇雌成虫体侧面（李德家　摄）

胸背面漆黑色，有强光，中部有 2 纵白纹与两侧的 2 短横白纹相接成“北”字形纹，上有白毛。上述白纹有时不明显。小盾片背面蜡白色其周缘及后方黑色。翅透明，有深褐色斑纹 4 条，1 条沿前缘，其余 3 条由此分出斜伸达翅缘。亚前缘脉的尖端转向前缘呈直角，这是此科昆虫（实蝇科）特征之一。在此直角内方有 1 小圆圈，这是此虫与类似种区别之处。足黄色，爪黑色，腹部中宽后尖，呈倒圆锥形，背面有 3 条白色横纹，前条及中条中央有时中断。雌虫腹端有产卵管突出，扁圆如鸭嘴，雄虫腹端尖。卵，白色，长椭圆形。幼虫，体长 5~6 mm，圆锥形，前端尖大，后端粗大。口钩黑色，前气门扇形，后气门位于末端，上有呼吸裂孔 6 个，列两排。蛹，长 4~5 mm，宽 1.8~2.0 mm，椭圆形，一端略尖，

枸杞实蝇为害状（李德家　摄）

淡黄以至赤褐色。

生物学特性：1 年发生 2~3 代，以蛹在土内 5~10 cm 处过冬。翌年 5 月中旬枸杞现蕾时，成虫羽化，下旬成虫大量出土，产卵于幼果皮内。一般每果只产一卵，约数日后幼虫孵出，食害果肉。6 月下旬至 7 月上旬幼虫发育成熟，即由果内钻出，触首尾弯曲弹跳落地，在 3~6 cm 深处入土化蛹。在 7 月中下旬，大量羽化出第 2 代成虫，8 月下旬至 9 月上旬为第 3 代成虫盛期，第 4 代幼虫即在土内化蛹蛰伏越冬（也有部分第 1 及第 2 代幼虫化蛹后即蛰伏的）。幼虫食害果肉，被害果外显白斑，称为蛆果。蛆果无经济价值，使枸杞生产蒙受很大损失，严重时减产达 22%~55%。

分布：宁夏、甘肃、新疆、西藏等地。

173 柳枝瘿蚊
Rabdophaga saliciperda Dufour，1841

分类地位：双翅目，瘿蚊科。

别名：柳瘿蚊。

寄主植物：旱柳、龙爪柳等柳树。

形态特征：成虫，体长 2.5~3.0 mm，红色小蚊子，体密被黑色鳞片及长毛。触角串珠状，16 节，各节有环丝，末节有时为双结节；雄虫触角较长而多毛，每节有短颈；雌虫触角较短，节上无颈。复眼

柳枝瘿蚊雌（左）、雄成虫（李德家 摄） 柳枝瘿蚊蛹背、侧、腹面（李德家 摄）

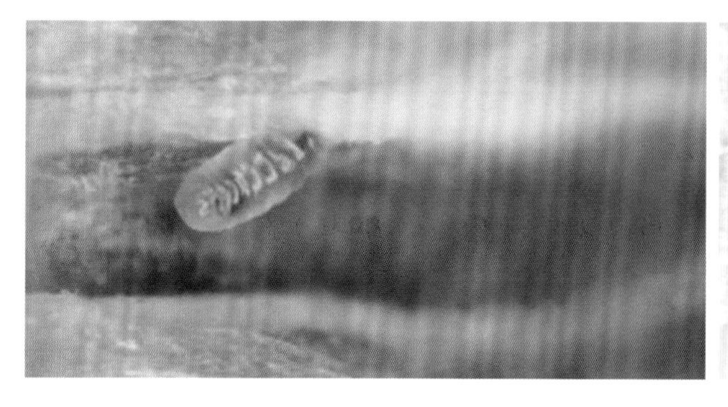

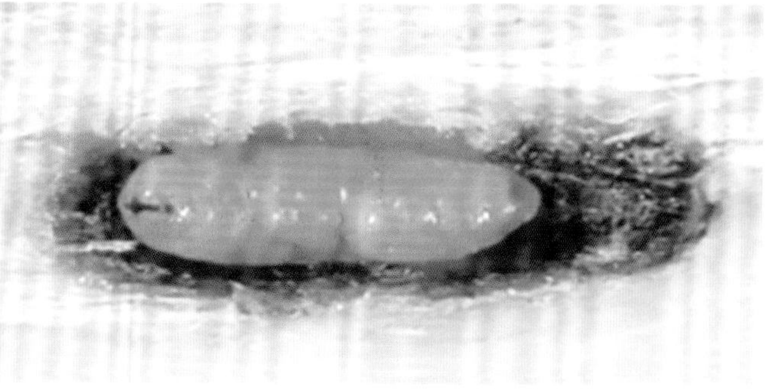

柳枝瘿蚊幼虫为害状（李德家 摄）

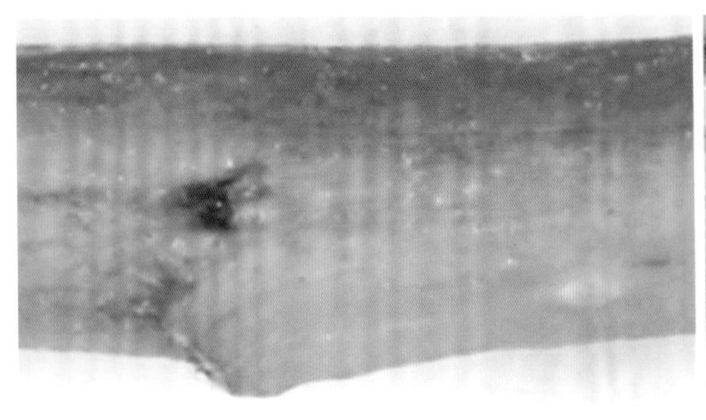
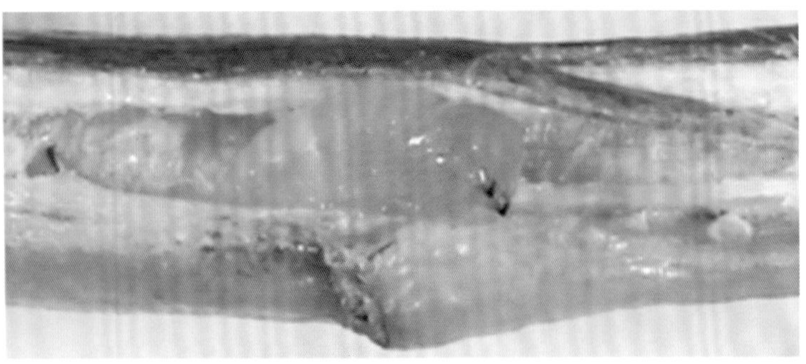

柳枝瘿蚊为害状（李德家 摄）

柳枝瘿蚊为害状（李德家 摄）

颇大，在头顶相接。下颚须 4 节。前翅后缘毛黑色颇长，纵脉 3 条，无横脉，Rs 脉达翅顶前方。第 1 跗节短于各跗节，以第 2 跗节最长。雌虫腹端尖，产卵管指状，端部有 2 瓣状突；雄虫腹端有钳状抱握器。卵，长圆形，橘红色，常十余粒散产于新芽基部。幼虫，橘红色或黄色。胸骨叉与腹节愈合，不分离。头小，与第 1 腹节可自由龟缩于第 2 腹节之中。体表密被棘突。蛹，初为橘红色，近羽化时体色变黑，特别是胸部及附器均呈黑色，头端有 2 尖突，后生 1 对弯形淡色刚毛。

生物学特性：1 年 1~2 代，以老熟幼虫在被害枝条中越冬。3 月下旬开始化蛹，4 月上旬开始羽化，中旬为羽化高峰，下旬为末期。成虫羽化将蛹壳拖出皮外，羽化后很快进行交配产卵；卵产于新萌芽的基部和叶片间，常数十粒到数百粒散排在一起。卵期 10 天左右，5 月上中旬为幼虫孵化期，幼虫孵化后即蛀入幼枝皮下为害。以幼虫蛀食 1~2 年生枝条，呈肿胀畸形弯曲，渐干枯变色，上有很多虫孔，剥开表皮可见红色幼虫，常十多个在一起为害。幼虫常被 *Platygaster* 广腹细蜂属的广腹细蜂和一种长尾小蜂寄生，每个幼虫体内可寄生 3~7 头，寄生率达 30% 以上，是生物防治上可利用的天敌。

分布：国内宁夏（银川、青铜峡）；国外苏联（欧洲部分）、欧洲中部和南部。

第二章 螨 类

七、蜱螨目 ACARINA

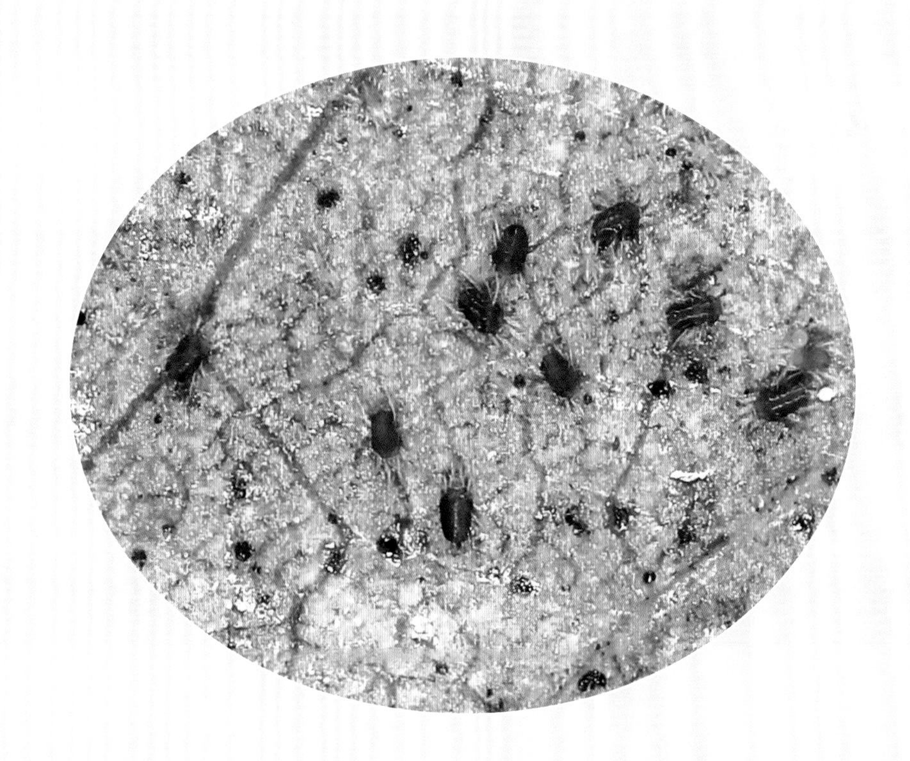

七、蜱螨目
ACARINA

174 枣树锈瘿螨
Epitrimerus zizyphagus Keifer，1939

分类地位：蜱螨目，瘿螨科。

别名：枣树瘿螨、枣锈壁虱、四脚螨，枣灰叶病。

寄主植物：枣。

形态特征：成螨，体长约 0.15 mm，宽约 0.06 mm，楔形。初为白色，后为淡褐色，半透明。足 2 对，位于前体段。胸板盾状，其前瓣盖住口器。口器尖细，向下弯曲。后体段背、腹面为异环结构，背面约 40 环，前、中、后各具 1 对粗壮刚毛，末端有 1 对等长的尾毛。卵，圆球形，乳白色，表面光滑，有光泽。若螨，体白色，初孵时半透明。体型与成螨相似。

生物学特性：以成螨在枣股老芽鳞内越冬。4 月下旬枣树萌芽期越冬成螨出蛰活动，危害嫩芽及展叶后的叶片。以成虫和若虫为害枣树叶、枣芽、花和果实及嫩枝。叶片受害叶色呈灰白色，叶片增厚变脆，

枣树锈瘿螨为害状（李德家　摄）

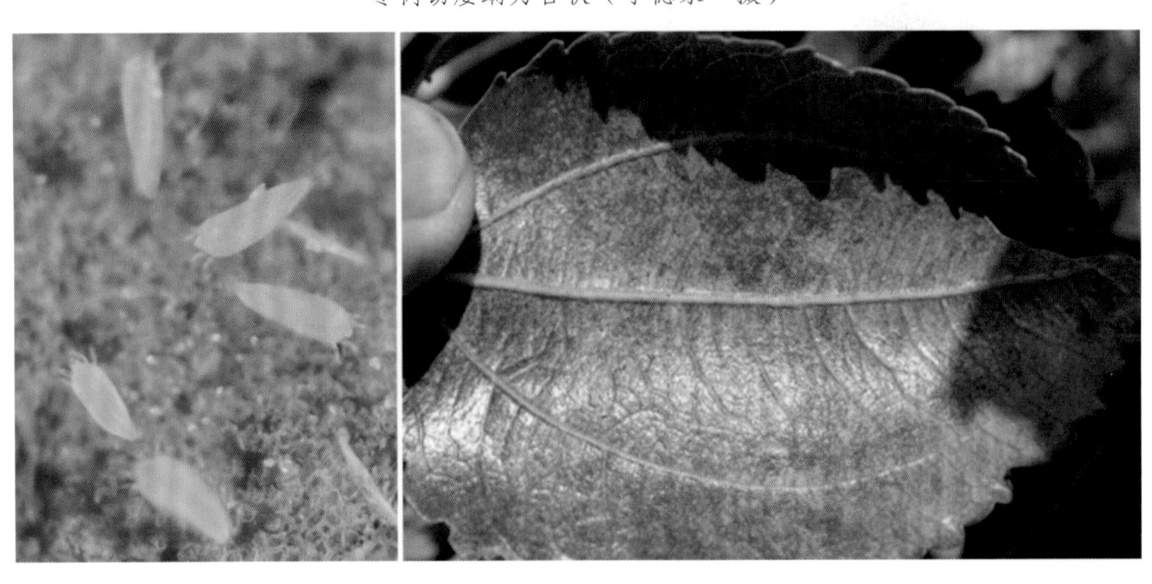

枣树锈瘿螨为害状（李德家　摄）

枣树锈瘿螨为害状（李德家 摄）

沿主脉向叶面卷曲，后期叶缘焦枯，易脱落。花蕾受害后渐渐变褐，干枯脱落。果实受害，产生褐色铁锈斑，果小，严重的变褐凋萎脱落，进入成熟期凸起部位变红，凹下去的部位不着色，果面红绿相间或凹凸不平，呈花脸型褐斑。6月中旬（枣树花期后）进入危害盛期，为害状开始显现。6月下旬虫口密度最大。整个6至7月中旬雌螨繁殖最快，为全年发生最盛期。7月下旬至8月的高温天气时，有的转入枣股老芽鳞内越夏，叶片虫口数量显著减少。9月底至10月入蛰越冬。6月至7月上旬是危害猖獗时期，虫口密度最大，此时正值枣树花期，对坐果影响很大，受害猖獗年份可造成绝产。枣树锈瘿螨在树冠上危害分布比较均匀，在树冠上、下，内膛及外围差异不显著。卵多沿叶脉两侧散生，并以叶面居多；成、若螨则多在叶背。因此喷药防治时应在树冠上下、内外及叶片背面均匀喷施。

分布：宁夏枣产区均有分布。河北、河南、山西、江苏、山东、陕西等地有分布。

175 山楂叶螨 *Tetranychus viennensis* Zacher，1920

分类地位：蜱螨目，叶螨科。

别名：山楂红蜘蛛。

寄主植物：李、杏、桃、梨、苹果、山楂、紫叶李、榆叶梅、海棠、樱桃、草莓、杨、柳、榆树、榛、栎、椴、槐、臭椿、泡桐、核桃、枫等常见花灌木、乔木、蔬菜、农作物等均可寄生。

形态特征：成螨，雌体0.5 mm，椭圆形，深红色，足及颚体部分橘黄色，越冬型为鲜红色，非越冬型为暗红色。雄螨体长0.43 mm，末端尖，橘黄色，黄绿或黄褐色。卵，圆球形，光滑，有光泽。早春及秋季初产时为橙黄色，夏季初产时为半透明，将孵化前为橙红色。卵多于叶背主脉两侧绒毛或蛛丝上。幼螨，初孵化时乳白色，圆形足3对，取食时体呈卵圆形。若螨，近球形，前期淡绿色，后变为翠绿色，

山楂叶螨成螨（李德家　摄）

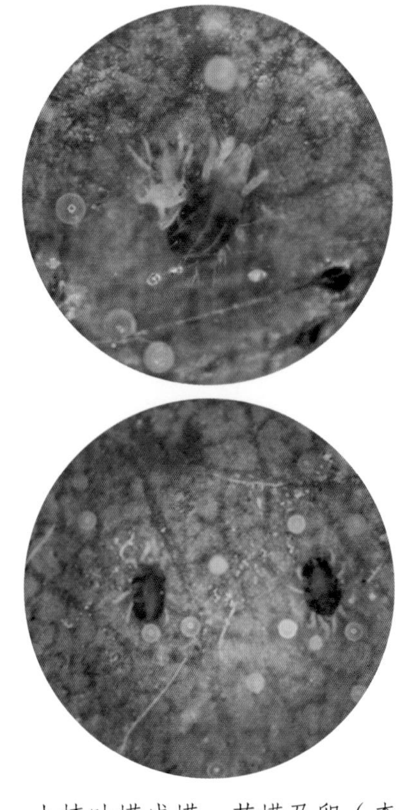

山楂叶螨成螨、若螨及卵（李德家　摄）

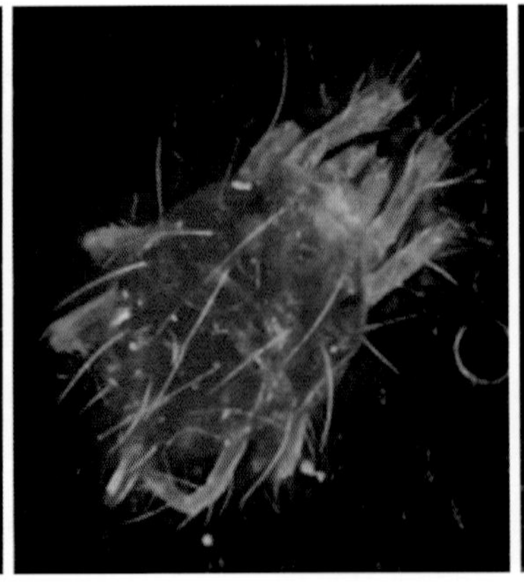

山楂叶螨越冬态（李德家　摄）

足4对。

生物学特性：年发生代数与当地有效积温密切相关。宁夏1年发生4~5代；陕西关中一带5~6代。北方地区一般1年6~9代。同一地区1年发生的代数还与营养条件有关。以受精雌成虫在树枝缝隙、树皮缝、树基部、枯枝落叶及地面土隙等处越冬。翌年3—4月，越冬成虫开始出蛰活动，适值春芽萌动嫩叶和花开放时，山楂叶螨与多种花灌木等寄主植物盛花期相吻合，食料充足，为其大繁殖提供了有利条件。若螨即群集危害。夏季高温、干旱有利于种群大发生。7—8月为发生盛期，繁殖量大，多聚集型分布于树冠的中、下部和内膛的叶背处。成螨不活泼，常群聚叶背为害，吐丝结网，在叶片主脉两侧产卵。受害初期呈现很多失绿的小斑点，逐渐扩大连片。严重时全叶苍白枯焦早落，削弱树势，造成减产。

分布：我国东北、华北、西北、华中及南方各地均有分布。

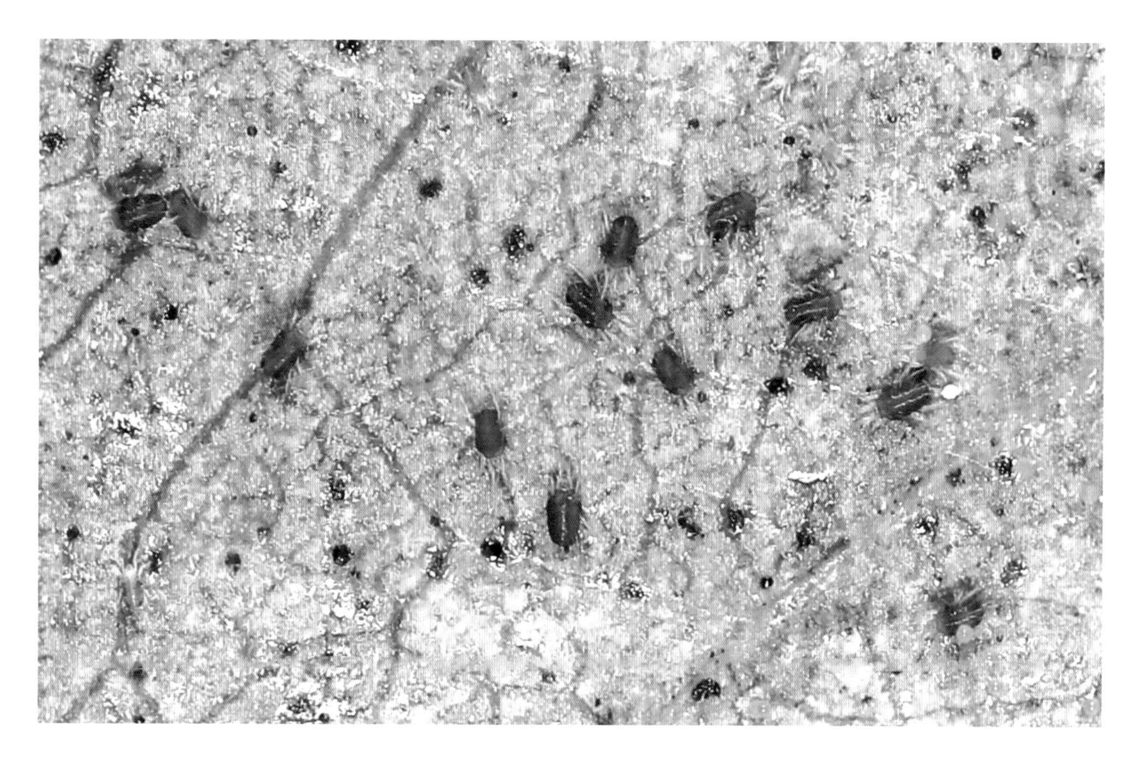

山楂叶螨为害状（李德家　摄）

176 枸杞瘿螨
Aceria macrodonis Keifer，1965

分类地位：蜱螨目，瘿螨科。

寄主植物：枸杞，枸杞专食性害虫。

形态特征：成虫，体长约 0.3 mm，橙黄色，长圆锥形，全身略向下弯曲做弓形，前端较粗，有足 2 对，这是与其他科螨类不同之处，故又名四足螨科。头胸宽短，向前突出，其旁有下颚须 1 对，由 3 节组成。足 5 节，末端有 1 羽状爪。腹部有环纹约 53 个，形成狭长环节，背面的环节与腹面的环节是一致的，连接成身体的一环，这是此属特点（其他属背环 1 个，在腹面分为数个小环）；腹部背面前端有背刚毛 1 对，侧面有侧刚毛 1 对，腹面有腹刚毛 3 对，尾端有吸附器及刚毛 1 对，此对刚毛较其他刚毛长，其内方还有附毛 1 对。卵，直径 3.9 μm，球形，乳白色透明。幼虫，与成虫相似，唯甚短，中部宽，

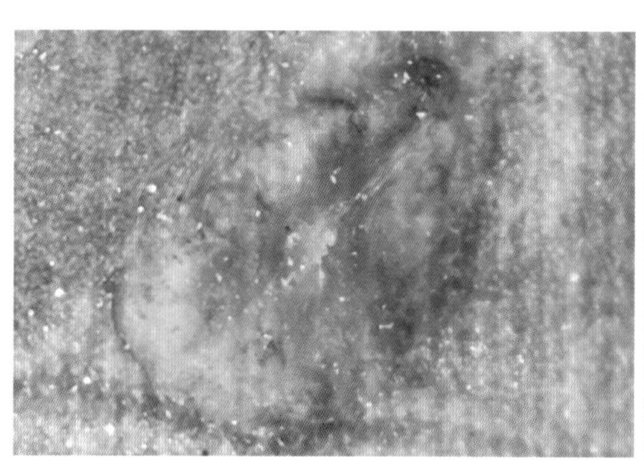

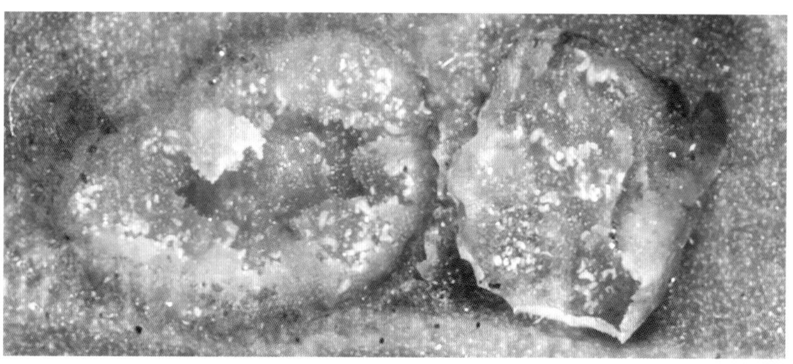

枸杞瘿螨为害状（李德家　摄）

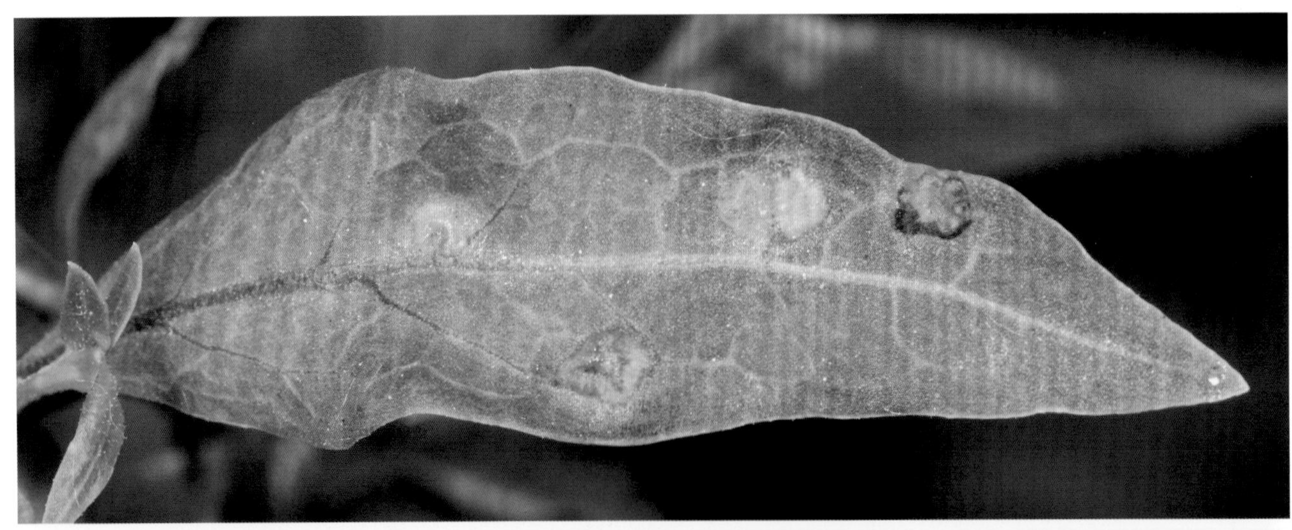

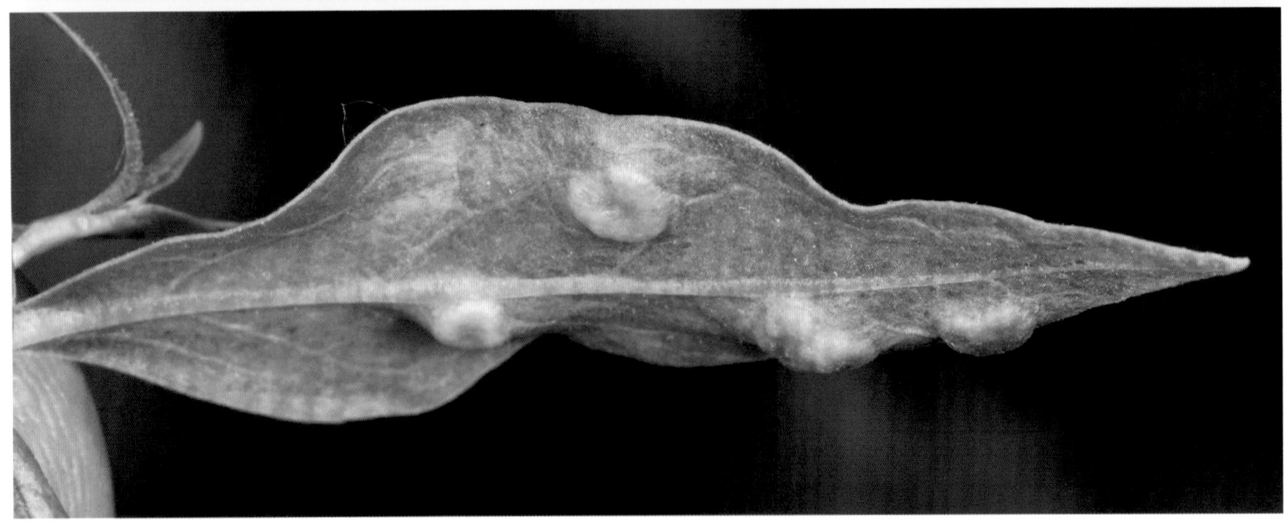

枸杞瘿螨为害状（李德家 摄）

后部短小，前端有 4 足及口器如花托。若虫，较幼虫长，较成虫短，形状已接近成虫。

生物学特性：以成虫在冬芽的鳞片内或枝干皮缝中越冬。4 月中下旬芽苞开放时，越冬虫即从越冬场所迁移到新展嫩叶上，在叶片反面刺伤表皮吮吸汁液，损毁组织，使之渐呈凹陷，以后表面愈合，成虫潜居其内，产卵发育，繁殖危害，此时在叶片、嫩茎、花蕾上形成虫瘿，在叶的正面隆起如一痣，痣由绿色转赤褐渐变紫色。5 月中下旬，春梢盛开时，瘿螨又扩散到新枝梢为害，6 月上旬达高峰；8 月中下旬秋梢发出时，瘿螨又转移危害至 9 月间达第 2 次危害高峰；10 月以后潜伏越冬。此虫为常发害虫，除主要为害叶片外，对嫩梢、花蕾、幼果也加侵害，形成瘤痣或畸形，使树势衰弱，早期脱果落叶，严重影响生产。

分布：宁夏、新疆、内蒙古、甘肃、青海、江苏、上海等枸杞产区。

第三章 鼠兔害

八、兔形目 LAGOMORPHA

九、啮齿目 RODENTIA

八、兔形目
LAGOMORPHA

177 草兔
Lepus capensis Linnaeus，1758

分类地位：脊索动物门，哺乳纲，兔形目，兔科，兔属。

别名：野兔、山兔、蒙古兔、托氏兔、高原野兔。

形态特性：草兔体形较大，体长 36~54 cm，尾长 9~11 cm，后足长 9~12 cm，耳长 10~12 cm，体重平均为 1.0~3.5 kg。耳朵长，尾巴短，上唇中间裂开，前足短，后足长。身体背面为黄褐色至赤褐色，腹面白色，耳尖暗褐色，尾的背面为黑褐色，其余白色。草兔听觉、视觉发达。其耳朵可灵活转动，稍有风吹草动即竖起双耳探听动静；耳朵布满毛细血管，是调节体温的散热器；眼睛大，置于头的两侧，视野宽广，可以同时前视、后视、侧视和上视，但眼睛间的距离大，要靠左右移动面部才能看清物体，在快速奔跑时，往往来不及转动面部，因此常常撞墙、撞树。

生活习性：草兔属植食性，夏秋季节主要取食豆类、玉米、蔬菜、杂草等农作物及草本植物，冬春或晚秋食料不足时取食各种幼树及种苗。草兔终生生活于地面，善于奔跑，独自栖息于山坡灌丛、林缘、荒坡、苗圃、河流两岸的草灌丛及农田中。清晨和傍晚外出觅食，研究发现每天 5：00—9：00、17：00—20：00 是草兔活动的两个高峰期，也是防治的最适时期。草兔无固定洞穴，白天多在隐蔽处挖掘临时藏身卧穴。草兔筑穴速度快，几分钟即可完成。繁殖期营洞巢穴。繁殖力强，每年 3~4 胎，早春 2 月即有怀胎的母兔。孕期一个半月左右，年初月份每胎 2~3 只，4、5 月每胎 4~5 只，6—7 月每胎 5~7 只，随月份增加，天气转暖，食料丰富，产仔数也增加。春夏如果是干旱季节，幼仔成活率高，秋后草兔数量大增；如果雨量多，幼兔因潮湿死于疫病的多，秋后数量较少。幼兔出生即被毛，能睁眼，不久就能跑，当年即可交配。

取食植物：多种草本植物、农作物及各种幼树、种苗。在宁夏及陕北地区，草兔喜食的幼龄树种为刺槐、油松、山杏、沙棘、仁用杏、柠条、云杉、樟子松、侧柏、法桐、五角枫、苹果等。不喜爱取食的树种有紫穗槐、小叶杨、白榆、臭椿、文冠果、狼牙刺、新疆杨、旱柳、河北杨。研究发现，草兔对不同树龄的喜食树种其幼树取食率存在差异，1~3 年生油松和侧柏幼树，3 年生油松、侧柏取食率最小；对 1~4 年生五角枫幼树取食率随苗龄增大而减小，以 4 年生幼树取食率最低；1~4 年生山桃幼树，以 2~3 年生山桃危害最重，对 4 年生山桃不危害；1~5 年生刺槐幼树危害程度从高到低为 3 年生 >1 年生 >2 年生 >4 年生，5 年生刺槐不受害。

为害特点：草兔对林木的为害分为 4 种类型，啃皮型、食根型、食苗型、剪株型。（1）啃皮型，主要是为害大树，为害部位以 1 m 以下为主，将树皮环剥，或全部啃光，或从下到上呈条状剥皮。调查发

草兔幼兔（李德家　摄）

现草兔对侧柏、山杏的取食方式以啃皮为主；（2）食根型，主要为害 1 年生幼苗，将新栽植的幼苗连根拔起，取食幼苗根部，调查中对沙棘苗、油松、云杉等的为害最为突出；（3）食苗型，为害实生苗和萌生苗，将新萌发的实生苗和萌生幼苗平地咬断，取食茎叶部分，调查中以刺槐和仁用杏表现较多。（4）剪株型，以侧柏为例，地径在 1.5 cm 以下时，草兔只在地上 10 cm 左右处将苗木咬断，取食苗木嫩枝；地径在 1.5 cm 以上时，剪株现象不明显，草兔取食干部的幼嫩枝条及鳞片。

分布：宁夏全区。我国长江以北地区均有分布。

九、啮齿目
RODENTIA

178 甘肃鼢鼠 *Eospalax cansus* Lyon，1907

分类地位：动物界，哺乳纲，啮齿目，仓鼠科，鼢鼠亚科，凸颅鼢鼠亚属。

异名：*Myospalax cansus* Lyon，1907。

别名：瞎瞎、瞎狯、地老鼠等。

形态特征：成体扁圆、肥胖，毛灰褐色，随着鼠龄增长毛尖呈锈红色。成年鼠平均体长 16.0~20.5 cm，尾长 5.0~5.5 cm，体重 215 ~ 500 g。有些个体额前有一撮白色的毛，头部略扁，鼻部圆钝无毛，白粉色，嗅觉发达，一对黄褐色的门齿比较发达，露于唇外。眼小，隐藏于毛丛中，视觉退化；外耳退化，只见耳孔隐藏于毛下；听觉发达。一般足背面及尾几乎裸露，仅具稀疏白色细毛。四肢粗短，前肢粗壮有力，肌肉有力，肌肉发达，掌心较厚，指甲坚硬，适于挖掘；后肢较前肢略显纤细，掌心较薄，掌心空间较大，指甲长，适于拨土。

甘肃鼢鼠（李德家　摄）

甘肃鼢鼠幼崽（李德家　摄）

生物学特性：甘肃鼢鼠是我国黄土高原地区的特有物种。常年生活在地下，是一种严格的营地下生活的小型食草哺乳动物。荒山宜林地、农耕地以及林灌、灌草、林缘与农田交接处较多，在排水不好、多石子和林木密集的地方几乎没有甘肃鼢鼠的巢穴，其分布范围介于海拔 1 600～2 900 m。鼢鼠对光很敏感，不适应太阳直射光，在强光下爬行迟缓，畏缩不前。鼢鼠几乎不饮水，但有舔食自己尿液的习性，特别是取食饲料中含水量少时。受伤或分娩时，鼢鼠会将流到体外的鲜血舔食干净。甘肃鼢鼠一年四季均在活动，无冬眠和夏眠现象，夜间活动多于白天。宁夏固原地区春季（4—5 月）及秋季（9—10 月）成鼠日活动比率高峰期为 21：00—5：00，傍晚和清晨一般会出现亚高峰期，此时捕鼠效果较好。降雨或阴天全昼活动，炎热、大风、暴雨时很少活动，雨后和雷阵雨前活动最盛。鼢鼠季节性活动规律明显，且终年有贮粮习性，秋季贮粮活动更烈，春季以取食、繁殖为主，秋季以储存食物为主，繁殖次之。早春 3 月大地未解冻前，甘肃鼢鼠经过漫长的冬季，储存食物多已耗尽，急需补充营养，而田间杂草和农作物还未出苗，鼢鼠常常在饥饿难忍的情况下，大批向田埂和林区转移，寻求新的食源。因此早春 3—4 月是林木被害最盛时期。甘肃鼢鼠的繁殖期为每年的 3—8 月，通常 1 年 1~2 胎，每胎产崽 2~6 只，每年 5、6 月份甘肃鼢鼠幼仔数量达到高峰期。幼仔发育较快，22 日龄时开始自行啃食草，25 日龄时开始独立活动，31 日龄起能独立生活，71 日龄时表现发情行为，当年的幼仔就可繁殖下一代。在幼仔独立前捕鼠，是降低种群数量的最佳时机。甘肃鼢鼠食性杂，食量大，在其栖居地几乎不受作物品种的限制，粮食、蔬菜、杂草、林木的幼苗、幼树等均可为其食料。食料充足的状态下，鼢鼠主要取食作物及杂草肥大多汁的主根、根茎等地下部分，对于禾本科等须根类植物，少量取食其根茎和

甘肃鼢鼠（李德家　摄）

嫩叶。最喜取食的作物如玉米、苜蓿、马铃薯、葱等，林间杂草如苦荬菜、茵陈蒿、铁杆蒿、委陵菜等。当冬春季作物和杂草紧缺的情况下，鼢鼠被迫取食林木根系，但对树木根系的取食量远远低于杂草。试验显示只用树根喂养甘肃鼢鼠，其取食量越来越小，存活时间不超过 10 天。如在林区如无杂草，纯食树根，鼢鼠无法生存。这一结论为林区鼢鼠防治提供了新的途径。对林木根系的取食主要表现为，将幼树根部皮层环状剥去 1 圈仅留下光秃的木质部，使林木根系失去输导养分和水分的能力，从而死亡。在宁夏南部山区甘肃鼢鼠最喜爱取食的树种为油松、沙棘、杏、榆树、樟子松、落叶松、华山松、云杉等，造林后 3 年内甘肃鼢鼠危害严重，郁闭后不受危害，但油松却例外，调查中发现 10 年生的油松也受到危害。杜仲、臭椿、柽柳、桧柏等树种基部不受危害。林分郁闭度与甘肃鼢鼠的发生危害关系表明，幼林鼢鼠密度较大，随着郁闭度增大，鼢鼠密度减少；完全郁闭后则没有鼢鼠发生。未郁闭幼林受害严重，一般年份受害率在 8 % 左右，严重时可达到 42 %；而已郁闭的油松林几乎不发生危害。此外，研究显示同一地区甘肃鼢鼠喜爱取食的作物随季节变化呈周期性更替的特点。所以在化学药剂防治鼢鼠时，应根据不同的季节及不同的立地条件，选用适当的食物作饵料，以便获得最佳的治理效果。早春防治时可采用马铃薯、胡萝卜等作饵料，6 月可选用莴笋和小麦料作为饵料；秋季防治以马铃薯作饵料最好。

分布：我国分布于陕西、甘肃、青海等地。宁夏主要分布于六盘山山地，包括西吉、隆德、泾源、彭阳、原州区、海原南部等地。

第四章
病　害

179 杨树破腹病

症状：杨树破腹病也被称为“日灼伤”“冻癌”等，在北方的发病率比较高。主要为害中龄树的杨树树干，有时为害主枝。该病发病部位具有选择性，主要发生在树干向阳面即南侧或西南侧。距地面 20~30 cm 处树干基部平滑处或气孔皮层开裂，裂口向下和向上延展，长度因发病程度在几厘米至数米不等，裂缝深可达木质部。

发病规律：一般是冬季气温很低，特别是昼夜温差大时易发病。第 2 年春季树开始萌动发芽时，从伤口流出树液，干后呈锈色。发病后，树皮沿着开裂的地方开始皱缩干枯，很容易从木质部上剥落。起初树皮发生纵向条状裂缝，受轻度危害的树木，在树木的生长季节冻裂口能形成愈伤组织，伤口愈合成条带状；受中度危害的树木，冻伤组织因失水风干，纵裂较宽，缝内具有许多撕裂的白色木丝。严重时，引起树枝风干，梢头失水，树体死亡。破腹病伤口一般呈开放式，还有一种情况即受中度危害的树木，冻伤部形成的愈伤组织，将破裂口包合起来，当重复发生冻害时，形成类似癌肿症状，即闭合型破腹病。由于树干裂缝的形成，为病菌、虫害的入侵造成通道，易引起烂皮病、白腐病的发生。随着发病时间的延长，病部腐朽枯烂，造成树木死亡。

病原及影响发病因素：杨树破腹病是一种非侵染性病害，也称为生理病害，其发病原因不是由病原生物的入侵引起，而是由于外界不适宜的环境条件造成。引起发病的原因有以下几点。（1）昼夜温差大。冬季气温过低，昼夜温差过大，是造成杨树破腹病发生的主要原因。杨树冻前白天气温高，属于杨树的生长适温，致使树体持续生长，未来得及休眠，而夜间气温骤降后，导致杨树树体细胞组织内结冰，细胞原生质脱水凝固，引起冻害的发生。特别是南面、西南面受阳光照射较多，温差更大而易于发病。（2）杨树韧皮部含水较多。在某些立地条件和排水不良的林地中，土壤往往含有较多的水分，从而使树皮的含水量较大。土壤为重壤的林地或者地势低洼、土壤湿度为重湿或湿的地块，发生率显著增高。而坡地和沙壤，因不存水或渗水性能好，破腹病发生很少或者不发病。（3）品种因素。杨树破腹病的发生均为

杨树破腹病害状（李德家　摄）

杨树破腹病害状（李德家 摄）

一些速生品种，树木生长过快，木质松软，根系较浅，抗逆性较差。一般黑杨发病较重。（4）管理因素。一些林农为了促使林木早日成材，往往大水大肥管理，且偏施一些氮肥，促使杨树徒长，抗逆能力减弱。（5）风速大于 6 m/s 时，在外界低温、温差的共同作用下，风力会造成树干韧皮部和木质部受力不均衡，导致皮层与木质部分离，造成树干皮层撕裂。

分布：宁夏、河北、北京、天津、内蒙古、山东、辽宁、吉林、黑龙江、河南、新疆、山西、陕西、甘肃等北方地区。

180 杨树锈病

症状：杨树锈病主要为害叶片，有时也为害叶柄、嫩梢和冬芽。发病严重时远望杨林一片枯黄锈色，近看杨树叶片上黄粉状孢子布满叶片。正常芽展出的叶片受侵染，先在病部形成淡黄色小斑点，之后在病斑的叶背面可见到散生的黄色粉堆，即锈病病菌的夏孢子堆。严重时夏孢子堆可连成块，且叶背病菌部隆起。受侵叶片提早落叶，严重时形成大型枯斑，甚至叶片干枯死亡。病菌为害嫩梢，形成溃疡斑。芽被病菌为害，形状像黄色绣球花的畸形病芽。受侵染严重的病芽经 3 周左右便干枯。杨树锈病病菌属于转主寄生长循环型生活史真菌，性孢子和锈孢子阶段在落叶松上，夏孢子和冬孢子阶段在杨树上。在杨树叶背面初生淡绿色的小斑点，很快出现橘黄色小疱，疱破后散出黄粉即夏孢子堆，在秋初杨树叶正面可见到多角形铁锈色斑，即冬孢子堆，叶片卷曲、早落。

病原：落叶松杨栅锈菌 *Melampsora larici—populina* Kleb，寄生范围很宽，可侵染青杨派和黑杨派很多树种。该菌被认为是长循环型转主寄生菌，在北方转主寄主为落叶松。但也有报道该菌在北京以南地区，能以夏孢子或菌丝越冬，不需要转主寄主。夏孢子堆主要生在叶背面，布满整个叶面，散生或聚生，粉状，鲜黄色，近圆形；夏孢子黄色，长椭圆形或矩圆形，（29.0~44.0）μm×（11.8~24.8）μm，平均大小为35.2μm×18.4μm（n=50）基部刺细密较大，顶部刺稀疏较小。夏孢子萌发可生成多个芽管。产生有隔菌丝，菌丝分枝，并且在叶面形成白色菌丝层。

发病规律：杨树锈病以菌丝体在冬芽和枝梢的病斑内越冬。随着春季温度升高，冬芽开始活动，越冬的菌丝逐渐发育产生并形成夏孢子堆。受害的冬芽不能展叶，形成覆盖孢子的绣球状畸形，这些病芽成为田间初侵染的中心。病落叶上的夏孢子经过冬天后虽有萌生和侵染能力，但随着夏季气温逐渐升高，其萌发力迅速丧失，因此在初次侵染中的作用远不如带病的冬芽重要。在自然条件下，病菌虽然也形成冬孢子，但数量不多，所以从田间发病实际情况可以肯定冬孢子在侵染中并无重要作用。病菌夏孢子新生后，可直接穿透叶片、嫩梢角质层侵入，靠风力传播。3月底至4月初气温上升到15~16℃时，感染了锈病的病芽陆续出现，一般病芽比健芽早1~2天展开，经3周左右便干枯，病芽多在枝条上部，其出现时间长达25~30天，但集中出现时间在4月中下旬，因夏孢子的重复侵染，5—6月份为发病高峰期；7—8月份因气温不断升高，不利于夏孢子的萌发侵染，病害发展进入平缓期。到9月初气温逐渐下降，随着枝叶的2次抽发，病害又进入发展阶段，形成第2个发病高峰，直到10月下旬因气温不断下降，病害便停止发展。一般春季温度高、发病早、降雨多、湿度大、发病重。苗木密度大，水浇条件好或低洼地发病重。温度和湿度是影响发病的主要因素。

分布：宁夏全区。我国东北、华北、西北、华中、福建、云南等地。

杨树锈病症状（李德家　摄）

181 杨树皱叶病

别名：杨树缩叶病。

症状：该病症有 2 种类型，分皱缩型和卷团型。皱缩型主要为害插条、幼苗，卷团型从苗木到大树均能为害。西北等地常见的皱叶病类型为卷团型皱叶病。卷团型皱叶病主要为害山杨、毛白杨等，5 月中旬杨树出现皱叶，苗木、大树均能见到为害状。新吐出的幼叶皱缩变形，肿胀变厚，卷曲成团，初呈紫红色，似鸡冠状。1 个病芽中几乎所有的叶片均受害，病芽通常比健芽展叶早，展叶后即表现症状。后随树叶长大，皱叶不断增大，形成“绣球”状的病瘿球，因此又称“绣球病”。皱叶内常有大量蚜虫藏在虫瘿内外为害。直至 7 月后，病叶逐渐干枯，悬挂在树上，整个瘿球呈黑色，遇风雨后瘿球脱落。皱缩型皱叶病与卷团型皱叶病症状的主要区别在于，皱缩型皱叶病叶片皱缩卷曲后，后期叶片仍呈绿色，直至叶片干枯，不呈现紫红色。发病的林间常见大量叶蝉。

病原：卷团型皱叶病标本在室内解剖后观察，可见四足螨 *Eriophyes dispar* Nal。皱缩型皱叶病在电镜下可见大小为 500~800 nm 的植原体，用土霉素处理的插条病苗栽植后病害有明显的抑制效果。证明该类型皱叶病是由植原体引起。林间的叶蝉可能是媒介昆虫。

发病规律：为害杨树的一种叶部病害，受害杨树提早落叶，严重影响苗木质量和树木的正常生长。卷团型杨树皱叶病以成螨在冬芽鳞片间越冬，主要在枝条顶端的 1~11 芽内，以 5~8 个芽内最为集中。绝大多数枝条为 1 个芽受害，少数枝条为 2~3 个芽受害。1 年发芽展叶后即开始发病。病害主要随苗木调运作远距离传播。当年受害重的树，翌年发病往往较重。一旦发现皱叶即可见越冬的成螨，5 月上中旬可见大量的四足螨，肉眼观察到病叶上有 1 层土黄色的粉状物。

杨树缩叶病害状（李德家 摄）

分布：卷团型杨皱叶病在宁夏全区分布。我国河北、北京、河南、山西、山东、陕西、甘肃、安徽、新疆、东北等地亦分布。皱缩型杨皱叶病主要分布于东北。

182 杨柳腐烂病

别名：杨树烂皮病。是杨树的常见病和多发病，传染性极强。

症状：杨树烂皮病一般多发于树干下端根部，大枝和树干分杈处也有发生。根据发病部位，杨树烂皮病可分干腐型和枯梢型两种，其中干腐型较为常见。干腐型。干腐型主要发生在主干、大枝及分杈处，在光皮树上发病初期，病部产生暗褐色水渍状病斑，略微肿起，病健组织界限明显，病部皮层组织腐烂变软，手压有软感，流出酒糟味褐色液体后失水下陷甚至产生龟裂，并具有明显的暗褐色边缘，无固定形状。发病后期，在病斑上长出许多黑色针头状突起，即病菌分生孢子器，遇潮湿天气或雨后便从分生孢子器顶端孔口处破裂，挤出乳白色黏液，渐变为橙黄或橙红色并呈卷丝状的分生孢子角，分生孢子座有时呈同心环状排列，在适宜条件下病斑不断扩大（纵向扩展较横向快），受害严重的树木，病斑包围树干 1 周，皮层腐烂，树木的木质部和韧皮部很容易剥离，整株树即死亡。在粗皮树上，病皮部位没有卷丝状物体，但在皮缝处却能挤出橘红色黏液，为分生孢子堆，病皮部位的韧皮部和内皮层常呈暗褐色，皮层腐烂后呈乱麻杨的纤维条状，特别容易和木质部脱离。枯梢型，枯梢型多发生于 1~4 年生幼树或大树树梢上。病斑多发生在植株的芽痕、叶痕、伤痕、皮孔、冻伤等处，由于病斑横向发展快，常造成树木成片死亡。发病初期病部呈暗灰色，无明显病斑，病斑横向迅速扩展，发病枝条很快失水枯死，病斑边缘不明显。在老树干及伐根上有时也发生杨树烂皮病，但症状不明显，只有当树皮裂缝中出现分生孢子角时才能发现。6—8 月时，病皮部位会生出许多黑色的小点，此为病菌有性世代的子囊壳。杨树烂皮病以烂皮为典型病状，也常常伴随枯枝、焦梢和干枯等症状，极易被大风折断。

病原：杨树烂皮病属真菌性病害，其病原的有性阶段为污黑腐皮壳菌 *Valsa sordida* Nit.，属子囊菌亚门核菌纲球壳菌目真菌，系弱寄生菌。子囊壳多个，埋生在子座里，长颈瓶状，初黄色，后变黑，直径 350~380 μm。病原的无性阶段为金黄壳囊孢菌 *Cytospora chrysosperma*（Pers.）Fr.，属半知菌亚门腔孢纲球壳孢目真菌。病原菌分生孢子器以不规则形状埋藏于子座内，多室或单室，直径为 0.89~2.23 μm，高为 0.79~1.19 μm，顶部孔口突出寄主表皮而外露。分生孢子单胞，无色，腊肠形。分生孢子器遇水后，分生孢子单胞从成熟的分生孢子孔口呈纽带状溢出，其大小为（0.68~1.36）μm ×（3.74~6.80）μm。子囊壳埋生于子座中，瓶状，单个散生，未成熟时呈黄色或黄绿色，成熟时变成暗色或黑色。

发病规律：杨树烂皮病病原是弱寄生菌，衰弱、有伤口的树木、幼树、嫩枝易发病。病原菌以子囊壳、菌丝或分生孢子器在植物病部组织内越冬。翌年春天，越冬孢子借风、雨和昆虫等媒介传播，自整枝切口、虫蛀伤口、冻伤裂口、日灼伤口、枯死枝条、枝杈皮层裂缝等处进入树体。寄生于伤口内的病菌非常顽强，可从衰弱树体的皮层直接侵入枝心，造成极大破坏。病原菌潜育期一般为 6~10 天。当温度（10~15 ℃）、

千腐型和枯梢型杨柳腐烂病（李德家　摄）

湿度（60 % ~ 80 %）等条件适宜时，病原菌就生长发育产生分生孢子进行传播和反复侵染，若温度超过 20 ℃，则不利于病害发展。杨树烂皮病一般于每年 3、4 月开始发生，因各地气温条件不同，发病迟早和侵染次数也有所差异。华北等地区病原菌自 3 月中旬、西北地区 3 月下旬至 4 月上旬开始活动，东北地区则稍迟，多在 4 月上旬至 4 月中下旬开始活动。5、6 月为杨树烂皮病发病盛期，7 月后病势渐趋缓和，至 9 月病害基本停止发展。但野外观测记录表明，初秋气温降低也有益于病害发展，然而由于树液流动缓慢，所以病势发展比春季慢。故一些地区 3 月份病皮内越冬的菌丝开始活动，5—6 月为发病高峰期，7—8 月随气温升高发病缓慢或不发展，9 月以后天气凉爽，病害再次发作，出现第 2 次发病高峰，10 月以后停止，病菌在病部越冬。

影响因素：（1）树木自身抗病能力。树木自身抗病能力取决于长势和树种的抗病性。因杨树烂皮病菌只能侵染生长不良、长势衰弱或受到外部损伤的树木，故长势强、外在损伤少的树木受杨树烂皮病病菌侵染的可能性较小，抗病能力强。不同树木品种对杨树烂皮病的抗病性具有明显差异。小叶杨、加杨、钻天杨、银白杨、胡杨等树种较抗病，而小青杨、北京杨、毛白杨和箭杆杨等树种抗病性差。另外，生长速度对树木的抗病性也具有一定影响，在相同条件下，速生杨较生长慢的杨树抗病能力弱。（2）环境条件。环境条件通过影响树木长势和病原菌活性而影响杨树烂皮病发病程度。影响杨树烂皮病病原菌活性的气候条件主要有气温、日照和空气相对湿度。其中，平均气温升至 7.7 ℃时，越冬菌丝开始活动，并随气温的升高而活动加快，平均气温为 10 ~ 15 ℃时病菌活动迅速，平均气温上升至 20 ℃时则病菌活动受到抑制。杨树烂皮病危害程度受环境条件影响较大，凡是能使植株生长不良的因子均能导致杨树烂皮病发生。例如冬、春异常低温，春季出现“倒春寒”。春、夏两季异常干旱，夏季高温高湿等天气条件，均利于杨树烂皮病病菌的侵染和繁殖，导致发病程度加重。另外，土壤条件对杨树烂皮病发病程度也具有一定影响。土质贫瘠或土壤黏重板结、盐碱化、地势低洼积水或长期干旱，都可使树木根系营养生长不良或水分严重失调，造成树势减弱，因而引起杨树烂皮病发生。（3）树龄及树形。树龄和树形也是影响杨树烂皮病发生发展的重要因素之一。一般情况下苗木携带杨树烂皮病病菌概率很高，故条件适宜时发生病害的可能性大；另外新栽植的树木由于根系生长不完善，长势不良，树势衰弱，容易感染烂皮病。研究表明，杨树烂皮病发病率与树龄之间存在密切相关关系。树龄越大，感病株率越小，树龄越小，感病株率越大，杨树幼林平均感病株率为 3.0 %，杨树新植林平均感病株率为 45%。研究表明，同一树种条件下，杨树烂皮病的发病率与胸径呈极显著负相关关系，即发病率随胸径的变小而增大；胸径不足 3.5 cm 的树木易发病且发病程度重。（4）造林及管理。造林及管理不当均会造成杨树烂皮病发病面积增加，程度加重。造林时苗木过大、不及时灌水、移植时根系损坏严重、移植次数过多、长途运输树体水分损失过多、假植太久的大苗或幼树、强度修剪伤痕过大和水肥管理不当等不同造林管理措施，易导致树体受病菌感染而发病。另外，杨树烂皮病的传播途径主要是真菌的分生孢子随风、雨等传播，大面积单一树种极容易造成病害扩散。造林密度过大、株行距过小、林木间竞争激烈或病虫害严重会导致树势衰弱，有利病害发生。

分布：宁夏全区。我国东北、西北、华北地区普遍发生，尤其以东北尤为严重。

183 杨树水泡形溃疡病

症状：病斑多发生于主干和粗枝树皮上，发病初期在皮孔附近出现不明显的水渍状或水泡，圆形或略圆形，大小不等，直径 0.5 ~ 15.0 cm，随后水泡破裂，流出淡褐色液体，遇空气而成为赤褐色，并把病斑周围染成黑褐色，最后病部干缩下陷，中央有一纵裂小缝。严重受害的树木，树皮上病斑累累，病疤密集，相互联结，使树皮养分不能输送，植株逐渐死亡。有的病斑第 2 年可以继续扩大和危害，后期病斑上有黑色针头状小点。一般光皮树种症状明显，粗皮树种仅在树皮下呈褐色腐烂，流出赤褐色液体，不形成水泡状。杨树水泡溃疡病的典型症状是形成水泡。水泡的形成与当时的温湿度有密切的关系，在高温干燥的条件下，很难形成水泡，即便形成水泡很快便干缩下陷；相反，在低温高湿的条件下，容易形成水泡，且不易干缩下陷。水泡的形成与树皮含水量、树皮结构、根系发达程度及自然降水量、温度等因素有关。人工室外接菌时，从接种到杨树发病出现水泡最短为 27 天，最长为 90 天，一般为 30 天左右。

病原：杨树水泡型溃疡病病原为 *Dothiorella gregaria* Sacc 小穴壳菌，在杨树上春季产生病斑，秋季形成分生孢子器，秋季病斑在翌年春季形成分生孢子器。分生孢子器暗色球形，生于寄主表皮下，后外露，单生或集生，分生孢子器大小为 97 ~ 233 μm × 97 ~ 184.3 μm，有明显的子座，后期突破表皮孔外露；

杨树烂皮病症状（雷银山 摄）

分生孢子梗短，不分枝；分生孢子椭圆形或梭形，单胞，无色，具云纹（孢子中有纵向无色条纹），大小为 19.4～29.1 μm×5.0～7.0 μm。秋季病原菌形成较分生孢子器稍大的黑色粒状物，即为病菌的有性阶段。该菌的有性阶段为 *Botryosphaeria dothidea* Moug.et Fr. Ces. & et de Not.

形态特征：子座埋生于表皮下，后突破表皮外露，黑色近圆形，子座单生直径为 0.2～0.4 mm，集生为 2～7 mm，子囊腔埋生于子座，散生或簇生，呈梨形，黑褐色，具有乳头状孔口，子囊腔大小为 116.4～175.0 mm×107.0～165.0 mm；子囊棒形，具短柄，壁为双层透明，顶壁稍厚，易于消解，大小为 49～68.0 mm×11.0～21.3 mm，含孢子 8 个，双列，子囊间有假侧丝；子囊孢子单胞，无色，倒卵形至椭圆形，大小为 15.0～19.4 mm×7.0～11.0 mm。此菌为害杨、胡桃、苹果、柳、刺槐、油桐、雪松、杏、梅、海棠等树木。

发病规律：（1）发病与温湿度的关系。该病在 5 月上中旬开始发病，7 月初为第 1 次发病高峰期，9 月为第 2 次高峰。10 月以后逐渐停止发展，病原菌进入越冬阶段。病原孢子飞散高峰期常与降雨高峰期相对应，孢子飞散高峰之后 1 个月就是发病高峰，因为该病菌潜育期 1 个月。该病的发生发展与降水量、相对湿度呈正相关，凡是在降水量和相对湿度出现高峰的时间或其后不久，必然出现发病高峰。（2）发病与树势的关系。该病原孢子可从皮孔或表皮直接入侵，但主要是通过树皮表面的机械伤口入侵。衰弱的树感病后，病害发展快，树木死亡率高。而冻害、日灼、机械损伤造成的伤口是病菌入侵的关键。树木根系营养生长不良或水分严重失调，造成树势衰弱，易而引发杨树溃疡病。（3）发病与树皮光滑度的关系。一般光皮树种发病重于粗皮树种。就同一树种而言，由于树干不同部位树皮的粗糙程度不同，发病轻重也不同，这与树皮含水量有关。（4）发病同寄主种类的关系。自然条件下黑杨派和白杨排很少感病，如加杨、小黑杨、沙兰杨、I-214 杨等，青杨派及青杨派与黑杨派杂交的杨树、毛白杨杂交无性系的品种容易感病，如北京杨、群众杨、大冠杨等极易感病。

分布：宁夏全区。我国东北、华北、西北、华东、华中、西南、西藏、湖南、湖北等地均有分布。

184 柳树根结线虫病

症状：柳树侧根和须根遭根结线虫侵染后，诱致细胞增大、增生，形成许多大小不等的瘤状物（根瘤）。严重感病的根比未感病的要短，侧根和根毛均少，使植株吸收水分和养分减少，同时由于根瘤中疏导结构的破坏，使水分和养料的正常运输受阻，导致叶片变小，生长衰弱，还可诱发其他病害，造成根系腐烂植株枯死。

病原：为害柳树的根结线虫主要是南方根结线虫 *Meloidogyne incognita* Chitwood，极少数为短小根结线虫 *Meloidogyne exigua* Goeldi。根结线虫雌雄异形雌虫呈梨形，雄虫呈管状。在解剖镜下用细针挑开病根根瘤的表皮，就可看到乳白色、梨形的雌成虫，肛阴门位于虫体末端，靠近肛阴门周围角质膜形成各种会阴花纹，是鉴定种的依据。南方根结线虫，雌虫 0.88 mm × 0.45 mm，排泄孔的位置与口针基部球平行，会阴花纹长椭圆形，弓纹高而最上端呈圆形，略平，横线排列紧密，侧线分叉，切割背腹纹不明显。雄虫 0.850 mm × 0.026 mm，线形、管状，体表环纹较粗。虫体长，头部唇区发达，唇盘大而圆，口针长而粗大，尾末端钝圆，无环纹，交合刺 1 对，幼虫体长 0.376 ~ 0.403 mm × 0.016 mm，乳白色。短小根结线虫，雌虫 0.94 mm × 0.53 mm，球状，有 1 个短颈，虫体比南方根结线虫大，会阴花纹呈卵圆形，弓纹略平，侧边锯齿状，线纹纹间较宽，有细碎和分叉的线纹从腹部伸向不明显的侧线处。雄幼虫体长 0.342 mm × 0.018 mm，比南方根结线虫粗短。

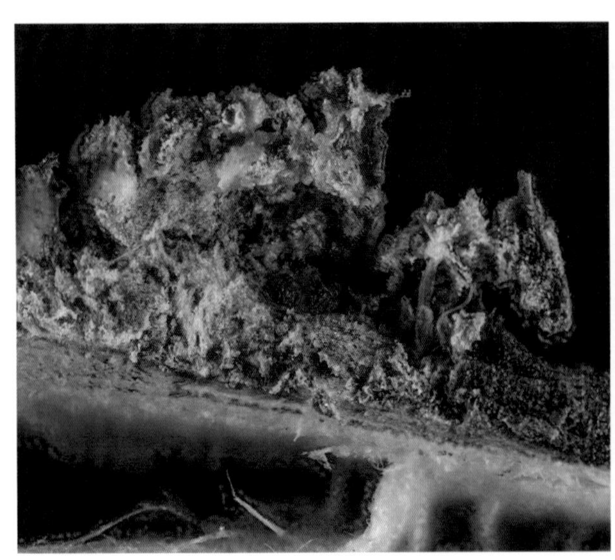

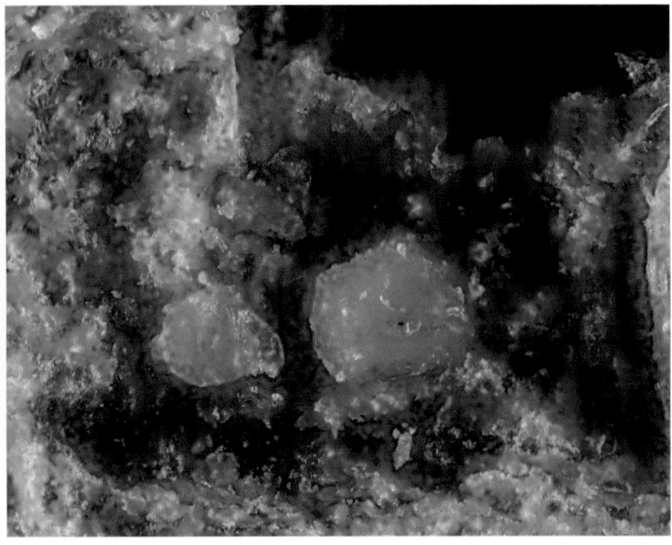

柳树根结线虫雌成虫（李德家 摄）

柳树根结线虫病轻度、中度为害状（李德家 摄）

柳树根结线虫病重度为害状（李德家 摄）

发病规律：根结线虫以幼虫在土中或以成虫和卵在病根的根瘤中越冬。当环境条件适宜时，2 龄幼虫即侵染寄主根系，并分泌物质刺激根部细胞形成肿瘤。病根的残留组织和病土均可传播病害。柳树在 3 月开始长新根，到 4 月中下旬新根上出现芝麻大小的根瘤。根结线虫世代重叠明显，发生代数尚不清楚。另外，根结线虫病常伴随着白纹羽病，导致一些柳树死亡。一般根结线虫喜干燥环境，因此地势高、土壤干燥、疏松的砂质土发生较重。但柳树根结线虫不同之处是在地下水位高、土壤易板结的环境下发病率依然很高，柳树受害严重，因此柳树根结线虫与其他植物上的根结线虫有所不同。

分布区域：宁夏灵武市曾检疫截获销毁一批柳树根结线虫病带疫苗木，目前尚无分布。国内河北、河南、山东、江苏、浙江、湖南、广东、广西等地分布。

185 苹果锈病

别名：赤星病、羊胡子、羊毛疔、苹桧锈病。

症状：主要为害苹果叶片、新梢、果实。发生时，苹果叶片先出现橙黄色、油亮的小圆点即病斑。后扩展，中央色深，并长出许多小黑点（性孢子器），溢出透明液滴（性孢子液）。此后液滴干燥，性孢子变黑，病变组织增厚、肿胀。叶背面或果实病斑四周长出黄褐色丛毛状物（锈孢子器），内含大量褐色粉末（锈孢子）。果实发病时，多在萼洼附近出现橙黄色圆斑，直径 1 cm 左右，后变褐色，病果生长停滞，病部坚硬，多呈畸形。受害轻者，只在叶片上出现个别病斑，一定程度上影响产量；严重时，整个叶片都布满病斑，果实上也出现病斑，使果实滞长、畸形、早落，造成大幅减产甚至绝收。

病原：山田胶锈菌 *Gymnosporangium yamadae* Miyabe ex G.Yamada，1904，又称苹果东方胶锈菌，属担子菌亚门冬孢菌纲锈菌目柄锈菌科胶锈菌属真菌，是一种转主寄生菌，在苹果树上形成性孢子和锈孢子，在桧柏上形成冬孢子，后萌发产生担孢子。苹果叶片正面产生性孢子器、性孢子。性孢子无色，单胞，纺锤形。叶背面产生锈孢子器、锈孢子。锈孢子球形或多角形，栗褐色、单胞、膜厚，有瘤状突起。

桧柏嫩枝上的苹果锈病冬孢子角（李德家　摄）

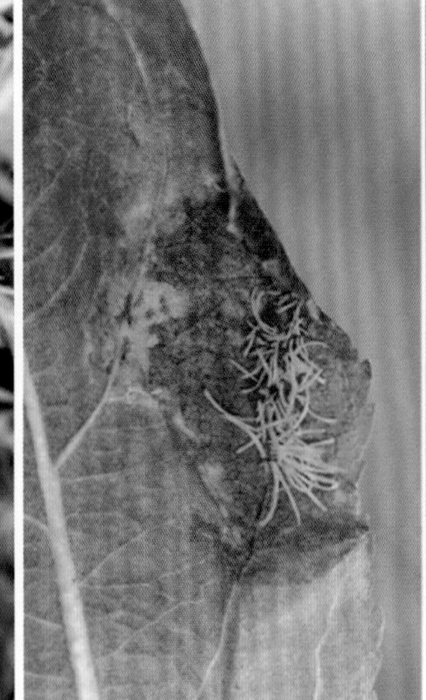

苹果锈病锈孢子器（李德家　摄）

苹果锈病病原菌山田胶锈菌与梨锈病 *Gymnosporangium asiaticum* 的病原菌梨胶锈菌 *Gymnosporangium haraeanum* Syd 在分类学上为同属不同种，亲缘关系近，但彼此不互相传播。山田胶锈菌的转主寄主是针叶型桧柏，只具针叶，但它不同于刺柏 *Juniperus formosana*；反过来，即针叶型桧柏上的担孢子只侵染苹果。梨胶锈菌的转主寄主是两型叶桧柏，既有针叶也有鳞叶，这种锈菌可寄生于龙柏，反过来，两型叶桧柏和龙柏上的担孢子侵染除苹果外的其他几种植物，即海棠、梨、山楂、杜梨、木瓜等。苹果锈菌的冬孢子堆产生于桧柏的叶、绿茎和木茎上，梨锈病菌冬孢子堆产生于桧柏的叶、绿茎、木茎和花序上。

发病规律：山田胶锈菌以菌丝体在桧柏菌瘿中越冬，于小枝一侧或环绕枝形成球状瘿瘤。瘤径 3~5 mm，后中心部隆起、破裂，露出冬孢子角。冬孢子角深褐色，鸡冠状，遇春雨后呈花瓣状，称“胶花”，次年春形成冬孢子角。冬孢子萌发产生大量担孢子，随风传播至 2.5~5 km 的范围，落在苹果树的叶片、叶柄、果实及当年新梢上，形成病斑。在病部产生性孢子器和性孢子，锈孢子器和锈孢子。性孢子结合形成双核菌丝，再发育成锈孢子器。锈孢子成熟后，秋季再随风传到桧柏树上，形成菌丝体、菌瘿越冬，完成生活史。

发病条件：（1）5 km 内存在转主寄主。此病发生的必要条件是苹果种植区周围 5 km 内种植有针叶型桧柏，才能完成生活史。（2）气候适宜。早春多雨多风，温度 17~20 ℃发病重，反之则轻。

分布：宁夏全区均有发生。山东、陕西、甘肃等苹果主产区。

中文名索引

拉丁学名索引

主要参考文献

[1] 吴福桢，高兆宁．宁夏农业昆虫图志（修订版）：第2版〔M〕．北京：农业出版社，1978.

[2] 吴福桢，高兆宁，郭予元．宁夏农业昆虫图志：第二集〔M〕．银川：宁夏人民出版社，1982.

[3] 高兆宁．宁夏农业昆虫图志：第三集〔M〕．北京：农业出版社，1999.

[4] 萧刚柔．中国森林昆虫：第2版（增订本）〔M〕．北京：中国林业出版社，1992.

[5] 徐公天，杨志华．中国园林害虫〔M〕．北京：中国林业出版社，2007.

[6] 王小奇，方红，张治良．辽宁甲虫原色图鉴〔M〕．沈阳：辽宁科学技术出版社，2012.

[7] 虞国跃，王合．冯术快．王家园昆虫〔M〕．北京：科学出版社，2016.

[8] 虞国跃，王合．北京蚜虫生态图谱〔M〕．北京：科学出版社，2019.

[9] 虞国跃．北京蛾类图谱〔M〕．北京：科学出版社，2015.

[10] 张广学，钟铁森．中国经济昆虫志同翅目蚜虫类（一）〔M〕．北京：科学出版社，1983.

[11] 张广学．西北农林蚜虫志〔M〕．北京：中国环境科学出版社，1999.

[12] 虞国跃，王合．北京林业昆虫图谱（I）〔M〕．北京：科学出版社，2018.

[13] 虞国跃，王合．北京林业昆虫图谱（II）〔M〕．北京：科学出版社，2021.

[14] 王建义．宁夏蚧虫及其天敌〔M〕．北京：科学出版社，2009.

[15] 李忠．中国园林植物蚧虫〔M〕．成都：四川科学技术出版社，2016.

[16] 张巍巍，李元胜．中国昆虫生态大图鉴〔M〕．重庆：重庆大学出版社，2011.

[17] 任国栋．宁夏甲虫志〔M〕．北京：电子工业出版社，2019.

[18] 王新谱 杨贵军．宁夏贺兰山昆虫〔M〕．银川：宁夏人民出版社，2010.

[19] 张蓉，魏淑花，高立原，等．宁夏草原昆虫原色图鉴〔M〕．北京：中国农业科学技术出版社，2014.

[20] 王直诚．中国天牛图志〔M〕．上海：科学技术文献出版社，2014.

[21] 华立中，(日)奈良一，(美)G.A.塞缪尔森，等．中国天牛(1406种)彩色图鉴〔M〕．广州：中山大学出版社，2009.

[22] 李法圣．中国木虱志〔M〕．北京：科学出版社，2011.

[23] 陆水田，康建新，马新华．新疆天牛图志〔M〕．乌鲁木齐：新疆科技卫生出版社，1993.

[24] 刘广瑞，章有为，王瑞．中国北方常见金龟子彩色图鉴〔M〕．北京：中国林业出版社，1997.

[25] 周尧. 中国蝴蝶分类与鉴定〔M〕. 郑州：河南科学技术出版社，1998.

[26] 李子忠，汪廉敏. 贵州农林昆虫志同翅目叶蝉科〔M〕. 贵阳：贵州科技出版社，1991.

[27] 蒲富基. 中国经济昆虫志鞘翅目天牛科（二）〔M〕. 北京：科学出版社，1980.

[28] 赵养昌，陈元清. 中国经济昆虫志鞘翅目象甲科（一）〔M〕. 北京：科学出版社，1980.

[29] 蒋书楠. 中国天牛幼虫〔M〕. 重庆：重庆出版社，1989.

[30] 刘国卿，郑乐怡. 中国动物志昆虫纲半翅目盲蝽科合垫盲蝽亚科〔M〕. 北京：科学出版社，2014.

[31] 黄复生，陆军. 中国小蠹科分类纲要〔M〕. 上海：同济大学出版社，2015.

[32] 刘友樵，白九维. 中国经济昆虫志鳞翅目卷蛾科〔M〕. 北京：科学出版社，1985.

[33] 邱强. 原色枣·山楂·板栗·柿·核桃·石榴病虫图谱〔M〕. 北京：中国科学技术出版社，1996.

[34] 朱弘复等. 蛾类图册〔M〕. 北京：科学出版社，1973.

[35] 花保祯，周尧，方德齐，等. 中国木蠹蛾志〔M〕. 西安：天则出版社，1990.

[36] 李后魂，尤平，肖云丽，等. 秦岭小蛾类〔M〕. 北京：科学出版社，2012.

[37] 王绪捷. 河北森林昆虫图册〔M〕. 石家庄：河北科学技术出版社，1985.

[38] 王树楠，张威铭，余吉河，等. 甘肃林木病虫图志〔M〕. 兰州：甘肃科学技术出版社，1989.

[39] 白晓拴，彩万志，能乃扎布. 内蒙古贺兰山地区昆虫〔M〕. 呼和浩特：内蒙古人民出版社，2013.

[40] 王洪建，杨星科. 甘肃省叶甲科昆虫志〔M〕. 兰州：甘肃科学技术出版社，2006.

[41] 施登明，陈梦. 新疆林木害虫野外识别手册〔M〕. 北京：中国林业出版社，2014.

[42] 袁克，杜国兴. 进口木材小蠹虫鉴定图谱〔M〕. 上海：上海科学技术出版社，2007.

[43] 张雅林. 中国叶蝉分类研究〔M〕. 西安：天则出版社，1990.

[44] 虞国跃，王合，王长月，等. 中国新外来害虫——洋白蜡卷叶绵蚜〔J〕. 昆虫学报 2015，58（4）：467-470.

[45] 虞国跃，胡亚莉，王合，等. 榆树脐腹小蠹的识别与防治〔J〕. 植物保护，2014，40（6）196-198.

[46] 武海卫，骆有庆，汤宛地，等. 重要林木害虫松幽天牛危害特点的研究〔J〕，中国森林病虫，2006，25（4）：15-18.

[47] 顾耘，王思芳，张迎春. 东北与华北大大黑鳃金龟分类地位的研究（鞘翅目：鳃角金龟科）〔J〕，昆虫分类学报，2002，24（3）：180-186.

[48] 邓仕生. 云杉树叶象生物学特性的观察及防治〔J〕. 西南林学院学报，1993，13（1）：52-55.

[49] 郭仲树. 云杉树叶象生物学特性初步研究〔J〕. 甘肃林业科技，2001，26（1）：9-11.

[50] 马永军．海原县南华山云杉树叶象生物学习性初步探讨〔J〕．现代园艺，2014（12）：78.

[51] 虞国跃，周在豹，王 合．枣树重要害虫——枣星粉蚧和枣树皑粉蚧的识别 [J]. 植物保护，2020a，46（3）：163-166.

[52] 王小艺，曹亮明，杨忠岐．我国新上升的四种吉丁甲科蛀干害虫记述 [J]. 应用昆虫学报，2019a，56（5）：1079-1087.

[53] 王建伟，李月华，韩卫东等．沙蒿尖翅吉丁生物学特性的研究 [J]. 应用昆虫学报，2011，48（1）：141-146.

[54] 曾凡勇，王涛，宗世祥．沙蒿尖翅吉丁幼虫 [J]. 林业科学，2012a，25（2）：223-226.